自然災害

減災・防災と復旧・復興への提言

―――― 編著者 ――――
梶　秀樹・和泉　潤・山本佳世子

―――― 執筆者 (五十音順) ――――

朝倉はるみ
（淑徳大学経営学部）

浅野　聡
（三重大学大学院工学研究科）

阿部宏史
（岡山大学大学院環境生命科学研究科）

和泉　潤
（名古屋産業大学大学院環境マネジメント研究科）

氏原岳人
（岡山大学大学院環境生命科学研究科）

押谷　一
（酪農学園大学農食環境学群）

梶　秀樹
（筑波大学名誉教授）

片山健介
（長崎大学大学院水産・環境科学総合研究科）

鎌田裕美
（一橋大学大学院商学研究科）

川﨑興太
（福島大学共生システム理工学類）

木谷　忍
（東北大学大学院農学研究科）

苦瀬博仁
（流通経済大学流通情報学部）

近藤光男
（徳島大学大学院社会産業理工学研究部）

瀬田史彦
（東京大学大学院工学系研究科）

髙尾克樹
（立命館大学政策科学部）

堂免隆浩
（一橋大学大学院社会学研究科）

徳永幸之
（宮城大学事業構想学群）

秀島栄三
（名古屋工業大学大学院工学研究科）

山本佳世子
（電気通信大学大学院情報理工学研究科）

若井郁次郎
（モスクワ州国立大学地理・生態学部）

技報堂出版

執筆者一覧

編　者

梶　秀樹	筑波大学名誉教授
和泉　潤	名古屋産業大学大学院環境マネジメント研究科
山本佳世子	電気通信大学大学院情報理工学研究科

執筆者（五十音順）

朝倉はるみ	淑徳大学経営学部
浅野　聡	三重大学大学院工学研究科
阿部　宏史	岡山大学大学院環境生命科学研究科
和泉　潤	前掲
氏原　岳人	岡山大学大学院環境生命科学研究科
押谷　一	酪農学園大学農食環境学群
梶　秀樹	前掲
片山　健介	長崎大学大学院水産・環境科学総合研究科
鎌田　裕美	一橋大学大学院商学研究科
川﨑　興太	福島大学共生システム理工学類
木谷　忍	東北大学大学院農学研究科
苦瀬　博仁	流通経済大学流通情報学部
近藤　光男	徳島大学大学院社会産業理工学研究部
瀬田　史彦	東京大学大学院工学系研究科
髙尾　克樹	立命館大学政策科学部
堂免　隆浩	一橋大学大学院社会学研究科
徳永　幸之	宮城大学事業構想学群
秀島　栄三	名古屋工業大学大学院工学研究科
山本佳世子	前掲
若井郁次郎	モスクワ州国立大学地理・生態学部

（所属は 2017 年 8 月現在）

目　　次

序　章　計画行政の視点からの自然災害の減災・防災と
　　　　復旧・復興への提言 ——————————————————— 1
　1　日本計画行政学会における災害対策に関する研究活動 ······················1
　2　本書の目的と構成 ···4

I　総　　論

第 1 章　自然災害対策の動向と課題 ——————————————— 9
　1.1　自然災害と科学技術 ···9
　　1.1.1　天災と人災 ··9
　　1.1.2　想定内と想定外 ···11
　　1.1.3　都市と自然災害 ···13
　コラム　覚悟なき選択 ···14
　1.2　自然災害被害の多様性と対策 ···15
　　1.2.1　被害概念の変化 ···15
　　1.2.2　新たな対策の検討 ···20
　1.3　復興とその組織 ···23
　　1.3.1　復興の指針 ··23
　　1.3.2　災害復興の組織体制 ···26

第 2 章　国土政策と防災・減災 ——————————————————31
　2.1　防災・減災の空間計画 ···31
　2.2　現地再建と移転 ···33

iii

2.2.1　防災・減災の空間的対応 ······················33

　　2.2.2　東日本大震災後の津波対策の防災・減災 ···········35

　2.3　国家にとって重要な中枢機能を守る ·················39

　　2.3.1　東京一極集中のリスク ························39

　　2.3.2　これまでの日本の対応 ························41

　2.4　経験と科学の融合 ·····························43

　　2.4.1　経験はどこまで有効か ························43

　　2.4.2　科学的予測が必要になる場合 ···················45

　2.5　まとめに代えて ······························46

　コラム　国家の中枢機能の防災・減災 ···················46

第3章　災害と復興の歴史に学ぶ ──────────49

　3.1　災害の歴史の重要性 ····························49

　3.2　市町村史における災害の記録 ·····················51

　3.3　地区別災害記録の再整理 ·························55

　3.4　まちづくりと復興の歴史 ·························58

　3.5　災害の記憶と災害時の行動 ·······················61

　コラム　末の松山 浪こさじとは ·····················64

第4章　原子力災害と復興政策 ──────── 67

　4.1　福島原発事故と"2020年問題" ····················67

　4.2　福島復興政策の転換 ····························67

　4.3　避難指示区域外の地域の現状と課題 ·················69

　　4.3.1　問題の所在 ·······························69

　　4.3.2　住民の意識 ·······························70

　　4.3.3　環境回復を目的とする"除染"の実施 ··············73

　　4.3.4　自主避難者に対する住宅セーフティネットの構築 ········75

　4.4　避難指示区域内の地域の現状と課題 ·················77

　　4.4.1　避難指示区域の状況と住民の帰還意向・状況 ··········77

　　4.4.2　除染と帰還を前提としない復興政策の充実 ···········79

4.4.3　広域単位での復興政策の確立 ……………………………………82

4.5　複線型復興政策の確立に向けて ………………………………………84

コラム　震災関連死と震災関連自殺 ………………………………………84

第5章　気象災害（豪雨災害）対策
──教訓の継承と都市計画の役割── ── 91

5.1　気象災害とは……………………………………………………………91

5.1.1　気象災害 ……………………………………………………………91

5.1.2　豪雨災害 ……………………………………………………………91

5.2　気象災害（豪雨災害）の対策 …………………………………………94

5.2.1　恒久対策と応急対策 ………………………………………………94

5.2.2　観測・予測・予報 …………………………………………………94

5.2.3　災害から身を守る …………………………………………………96

5.3　大水害の記憶と継承──長崎大水害の経験から ……………………99

5.3.1　長崎大水害の概要 …………………………………………………99

5.3.2　大水害後の対策 …………………………………………………101

5.3.3　中心市街地の防災と災害の記憶の継承 ………………………103

5.3.4　都市計画の役割 …………………………………………………106

5.4　今後の気象災害（豪雨災害）対策に向けて ………………………107

コラム　環境管理・都市計画と広域的視点 ……………………………108

II　社会・経済

第6章　強靭な都市−脆さある都市からしなやかな都市へ− ── 113

6.1　都市の脆さ ……………………………………………………………113

6.2　都市を強靭にするための国際的な動き ……………………………115

6.3　都市を強靭にする 10 の基本 ………………………………………117

6.4　しなやかな都市に向けて ……………………………………………120

コラム　IDNDR・ISDR ……………………………………………………123

第7章　活断層への土地利用対策－徳島県における事例－ —— 125

7.1　背　景 ……………………………………………………… 125

7.2　経　緯 ……………………………………………………… 128

7.3　内　容 ……………………………………………………… 129

7.4　特　徴 ……………………………………………………… 130

7.5　課題と今後の展望 ………………………………………… 131

7.6　参考［条例における活断層への土地利用対策に関する条項］ ……… 131

第8章　「三方一両得」の漁業づくり
　　　　－日本漁業の潜在的収益力とレントの検討－ —— 137

8.1　日本の漁業の現状 ………………………………………… 137

8.2　潜在的収益力と帰属レント ……………………………… 138

8.3　対象範囲と資料 …………………………………………… 140

8.4　結　果 ……………………………………………………… 141

8.5　レントの推定 ……………………………………………… 144

8.6　「三方一両得」の政策 …………………………………… 148

8.7　結びに代えて ……………………………………………… 152

　　コラム　里山と里海 ……………………………………… 153

第9章　遊撃手として機能する大学 —— 157

9.1　大学あるいは研究者の多様なスタンス ………………… 157

　　コラム　自助・共助・公助 ……………………………… 158

9.2　大学あるいは研究者の災害との関わり合い …………… 158

　　9.2.1　研究者の関わり方 ………………………………… 158

　　9.2.2　東海ネーデルランド高潮・洪水地域協議会 ……… 159

　　9.2.3　南海トラフ地震対策中部圏戦略会議 …………… 161

　　9.2.4　土木学会中部支部巨大災害タスクフォース ……… 162

　　コラム　タイムライン …………………………………… 163

　　9.2.5　土木学会調査研究委員会 ………………………… 163

　　9.2.6　東海圏減災研究コンソーシアム ………………… 165

9.3　取り組みの比較 ·· 166

9.4　連携とその構造 ·· 168

9.5　おわりに ·· 170

コラム　大　学 ·· 171

第10章　生活復興を迅速に進めるために重要な暫定的な住まいづくり
－「応急仮設住宅計画」と
「暫定的土地利用計画」の提案－ ———— 173

10.1　東日本大震災でクローズアップされた

　　　暫定的な住まいの復興に関する課題 ······················ 173

　10.1.1　震災復興の遅れに伴う被災地の地域衰退の深刻化 ········· 173

　10.1.2　震災復興が遅れた要因

　　　　　——用地確保に時間を要した暫定的土地利用への対応 ········· 174

10.2　東日本大震災における応急仮設住宅の供給状況の特徴 ········· 176

　10.2.1　住まいの基本的な復興プロセス ························· 176

　10.2.2　応急仮設住宅の供給状況と特徴 ························· 177

10.3　応急仮設住宅の課題と被災地の住まいの現状 ················· 179

　10.3.1　応急仮設住宅の課題 ································· 179

　10.3.2　被災地の住まいの現状——3度目の引っ越しとコミュニティの再構築···· 181

10.4　提案Ⅰ：「応急仮設住宅計画」の策定

　　　——「応急仮設住宅ガイドライン」の作成と活用 ··············· 181

　10.4.1　応急仮設住宅計画の策定のための新しいガイドラインの作成 ········· 182

　10.4.2　応急仮設住宅計画の策定の手順 ························· 183

　10.4.3　応急仮設住宅充足度評価マップの作成と活用 ··············· 183

10.5　提案Ⅱ：震災復興前期における

　　　「暫定的土地利用計画」の策定と活用 ······················ 185

　10.5.1　暫定的土地利用とは ································· 185

　10.5.2　暫定的土地利用計画の内容 ························· 186

　10.5.3　暫定的土地利用計画の策定手順と活用 ··············· 187

　10.5.4　暫定的土地利用計画図の活用の可能性 ··············· 189

vii

10.6 今後の展望 ……………………………………………………… 190

コラム 「応急仮設住宅」のこれまでとこれから ………………………… 191

第11章 災害のロジスティクス計画
ー生活物資の補給・備蓄と都市防災計画ー ─── 195

11.1 災害におけるロジスティクスの重要性 …………………………… 195

11.2 ロジスティクスの内容とインフラ ………………………………… 195

  11.2.1 サプライチェーン・ロジスティクス・物流の階層構造 ……………… 195

  11.2.2 ロジスティクスのシステムとインフラ …………………………… 196

  11.2.3 サプライチェーンやロジスティクスが途切れる状況 ……………… 197

11.3 物流からみた災害対策とその目的 ………………………………… 198

  11.3.1 災害のカタストロフィーと予防・応急・復旧段階 ………………… 198

  11.3.2 災害対策の目的（A. 減災，B. 応急早期完了，C. 復旧期間短縮）…… 198

11.4 生活物資の補給対策（災害発生後の応急措置）…………………… 199

  11.4.1 過去の震災に学ぶ緊急支援物資供給の課題 ……………………… 199

  11.4.2 政府・自治体による緊急支援物資の補給対策 …………………… 200

  11.4.3 提案1：緊急支援物資の供給システムの高度化 ………………… 200

  11.4.4 提案2：補給のための統制システムの整備 ……………………… 202

  11.4.5 提案3：補給のための官民協力体制 ……………………………… 203

11.5 生活物資の備蓄対策（災害発生前の予防措置）…………………… 203

  11.5.1 大規模災害における「補給」の限界 ……………………………… 203

  11.5.2 提案1：家庭における「防災グッズの備蓄」……………………… 204

  11.5.3 提案2：家庭における「生活物資の備蓄」………………………… 205

  11.5.4 提案3：職場における「生活物資の備蓄」………………………… 206

11.6 災害時のロジスティクスを維持するための都市防災計画 ………… 207

  11.6.1 ロジスティクスからみた都市計画の施設整備と制度導入 ………… 207

  11.6.2 提案1：都市施設の整備（シェルター化，物流拠点化，自治体補助）… 207

  11.6.3 提案2：都市計画制度の導入

       （防災マスタープラン，防災アセスメント）……………………… 208

11.7 これからの災害のロジスティクス ………………………………… 209

11.7.1 ロジスティクスの意識改革への期待 ······················· 209

11.7.2 先人の知恵を活かした都市防災計画への期待 ············· 209

コラム ロジスティクス ·· 210

第12章 災害対策における情報インフラの利活用 ─── 211

12.1 災害対策における情報インフラの利活用の必要性 ·············· 211

12.2 情報通信環境の変化に伴うコミュニケーション手段の多様化 ········ 212

12.2.1 超スマート社会の到来 ·································· 212

12.2.2 情報通信環境とコミュニケーション手段の多様化 ······· 213

12.2.3 情報インフラの基幹としての GIS の機能と役割 ········· 215

12.3 災害時の情報インフラの利活用 ······························ 217

12.3.1 東日本大震災時の情報通信手段の多様化・重層化 ······· 217

12.3.2 災害対策としての情報インフラの強靭化の必要性 ········ 219

12.4 災害対策のためのシステム開発例 ···························· 221

12.4.1 システム開発の背景 ·································· 221

12.4.2 システム開発 ······································ 221

12.5 災害対策における情報インフラの課題 ························ 226

コラム ソーシャルメディアによる双方向性の
コミュニケーションの実現 ································ 227

Ⅲ 生活，行動・意識

第13章 解決困難な状況におかれた人々の思い
　　　　─防潮堤建設の是非，救命艇への
　　　　　乗員選択をめぐって─ ─── 231

13.1 被災住民による復興まちづくりを支援するために ·············· 231

13.2 解決困難な状況におかれた被災住民を理解しようとする ·········· 232

13.2.1 防潮堤建設をめぐる合意形成の問題 ···················· 232

13.2.2 合意形成における共感と他者視点の獲得 ················ 233

13.2.3 他者視点獲得のためのゲーミング実験の設計 ············ 233

ix

13.2.4　ゲーミング実験の評価のためのアンケート･･････････････････ 235

　　13.2.5　実験結果の分析枠組み ･････････････････････････････････ 235

　　13.2.6　ゲーミング実験の実施と結果 ･･･････････････････････････ 236

　　13.2.7　ゲーミング実験による被災住民の理解と課題 ･･･････････ 238

　13.3　自らが困難な状況におかれるときを想定する ･････････････････ 239

　　13.3.1　内部観測からのゲーミングの評価について ･･･････････････ 239

　　13.3.2　ゲーミング実験「ロストインスペース」の概要 ･･･････････ 240

　　13.3.3　ゲーミング参加者の思考形式と2つの環境設定 ･･･････････ 241

　　13.3.4　ゲーミング実験のデザインと実施手順 ･･･････････････････ 242

　　13.3.5　実験参加者の態度（人物の選択）について ･･･････････････ 245

　　13.3.6　ロストインスペースを用いたゲーミング実験結果のまとめ ･････ 246

　13.4　まとめ ･･ 246

　コラム　内部観測 ･･･ 247

第14章　自然災害による農業への影響 ━━━━━ 249

　14.1　自然災害と農業･･ 249

　14.2　気候変動による農業へ被害･････････････････････････････････ 251

　14.3　日本における近年の農業被害 ･･･････････････････････････････ 252

　14.4　自然災害に対する備え ･････････････････････････････････････ 255

　14.5　今後の対策のあり方･･････････････････････････････････････ 257

　コラム　自然に対して脆弱な農業 ･･････････････････････････････ 259

第15章　観光地のリジリエンシー向上に向けた
　　　　　地域防災計画と BCP ━━━━━ 261

　15.1　観光地と自然災害 ･･･････････････････････････････････････ 261

　15.2　観光地・観光客の現状認識･････････････････････････････････ 262

　　15.2.1　観光地と自然災害との関係 ･･･････････････････････････ 262

　　15.2.2　観光客＝「一時住民」として認識 ･･･････････････････････ 263

　15.3　自然災害発生前後の時間軸と観光地の取り組み ･･･････････････ 264

　15.4　自然災害発生前――観光地・観光業の防災・減災 ･････････････ 265

15.4.1 地域の各種計画への観光地・観光業の防災・減災施策の反映 ········· 265

コラム 地域防災計画 ··· 266

15.4.2 総合計画・観光計画への防災・減災施策の反映 ·················· 267

15.4.3 観光地としての BCP 策定 ································· 268

15.4.4 官民連携の防災・減災対策……すぐにできること ··········· 272

15.5 自然災害発生直後——観光地・観光業の対応 ·················· 273

15.5.1 観光客・観光業従業員の安全および

観光地・観光施設の被害情報の収集 ·················· 273

15.5.2 観光客への情報提供 ································· 274

15.5.3 観光地外への情報発信 ······························ 274

15.5.4 観光客の帰宅支援 ··································· 275

15.6 自然災害発生後——観光地・観光業の復旧・復興 ·············· 275

15.6.1 BCP の発動 ······································· 275

15.6.2 各種計画の見直し ································· 277

15.6.3 自然災害「記憶」保存の検討 ······················· 277

第16章 コミュニティの継承と復興事業
－被災者における交流の継続と
自治組織の機能強化－────────── 281

16.1 コミュニティ継承の重要性 ································· 281

16.2 コミュニティの被災 ······································· 282

16.2.1 交流の喪失 ······································· 282

16.2.2 自治組織の機能不全 ································· 284

16.3 コミュニティに配慮した復興事業への改善 ···················· 286

16.3.1 交流継続の取り組み ································· 286

16.3.2 自治組織の機能強化 ································· 288

16.4 コミュニティ継承のための復興事業 ························· 290

16.4.1 復興事業の決定過程に対する再検討 ·················· 290

16.4.2 コミュニティ関与の必要性 ························· 291

16.4.3 コミュニティ関与の事前制度化 ···················· 292

xi

16.5　まとめ ··· 293

コラム　被災者生活再建支援の変遷 ······························· 295

第17章　津波非常襲地域の防災意識と備え ———— 299

17.1　なぜ，津波非常襲地域なのか？ ···························· 299

17.2　人々の防災意識と備え ································· 300

17.3　人々の備え方の特性を知る ····························· 303

17.4　備えが避難行動にどのように影響するか ···················· 304

17.5　自動車避難とその抑制可能性 ·························· 305

17.6　リスクの見える化 ······························· 308

17.7　地域とともに意識を変える ·························· 311

第18章　減災の文化化——序論 ———————— 313

18.1　防災から減災へ ······························· 313

18.2　減災の文化化 ······························· 314

18.3　減災文化の形成基礎 ··························· 316

　　18.3.1　自然力の理解 ························· 316

　　18.3.2　社会力の理解 ························· 317

18.4　最近の巨大地震被害の相違 ····················· 318

18.5　震災の教訓の利活用 ······················· 320

18.6　ハードウェアとソフトウェアの結合 ················· 322

コラム　自助・共助・公助 ························ 323

結章　教訓の継承と提言のまとめ ——————— 327

1　教訓の継承 ···························· 327

2　提言のまとめ ·························· 330

xii

序　章

計画行政の視点からの自然災害の減災・防災と復旧・復興への提言

和泉　潤・山本佳世子

1　日本計画行政学会における災害対策に関する研究活動

　日本計画行政学会は，2011 年 3 月 11 日に発災した東日本大震災の復旧・復興に関して，学会が持てる資源を十分に活用することを目的として，東日本大震災復旧復興支援特別委員会（2011 ～ 2013 年度）を設立し，復旧復興支援活動，研究を行ってきた。「震災復旧復興に係る計画行政の現状と課題の把握」，「復旧復興に係る日本計画行政学会としての提言」，「震災復旧復興に係る計画行政への支援」，「同趣旨の活動を行う学術組織との連携」の 4 つの目的を掲げ，2 名の代表，6 名の幹事に加えて，東北支部役員，災害に関連した研究を行う会員の参加による 17 名の委員から構成された。

　東日本大震災復旧復興支援特別委員会では最初に，活動を「研究・提言」，「情報交換」，「支援」の 3 つの分野に分類してそれぞれを推進することを示すロードマップを作成した。「研究・提言」では会員有志による研究チームの結成，会員の自主的な研究活動，支援活動，「情報交換」では被災地における半年に 1 回程度の ON SITE 復興フォーラムの開催，OFF SITE におけるミニシンポジウム，ワークショップの開催，バーチャルでのインターネットを利用した情報交換，「支援」では直接支援として学生の研究助成，間接支援として行政・NPO の支援を行うこととした。これらの活動については，2011 年度 4 ～ 5 月にかけて開催した特別委員会からのきびしい要望を受け，幹事会で案を作成し，特別委員会の承認を得るという綿密な議論のプロセスを経て決定した。また 14 の研究チームが結成

1

され，毎年度，全国大会でワークショップを開催するチーム，復興フォーラムを主体的に開催するチーム，提言書を刊行するチームなどもあった。被災地の復旧・復興に関する研究を行う学生を対象として，学生の研究助成が併せて行われた。研究成果については，毎年度の全国大会，毎年度末の関東支部・社会情報学会共催若手研究交流会で報告されていた。東日本大震災復旧復興支援特別委員会の詳細については，日本計画行政学会（2012）を参照されたい。

日本計画行政学会の機関誌において，2011年の第34巻3号には34名の会員による東日本大震災の復旧復興に向けた会員提言が掲載され，「東日本大震災復旧復興支援特別委員会の活動をテーマとした2回の特集が組まれた。2012年の第35巻2号では，「東日本大震災復旧復興支援特別委員会特集　東日本大震災からの復興と計画行政」を特集テーマとし，委員有志の論説，研究グループからの報告，学生助成研究報告が掲載された。2014年の同第37巻3号では「東日本大震災の復旧復興支援のための特別委員会特集」を特集テーマとし，過去3年間の活動報告，委員有志の論説が掲載されているので，こちらを参照されたい。

また，同学会の計画理論研究専門部会が計画理論に関するこれまでの既存知見のサーベイを行ったうえで，現在の社会的ニーズ，未来展望を考慮した計画理論について提案することを目的とし，2009年に設立された。東日本大震災の発災に際しても，有志などの参加により復興計画研究会を上記の研究チームとして発足させて，本章の筆頭著者が代表を務めた。東日本大震災に関しては発災直後から合計4回の専門部会を連続的に開催し，この専門部会内外の参加者とともに議論を行ってきた。この成果を「東日本大震災の復旧・復興への提言」としてまとめ，東日本大震災の1周年の2012年3月1日に技報堂出版より出版した。上記の書籍に関しては，日本計画行政学会の会員だけではなく，非会員からも，これまでに多くのご意見をいただき，震災からの復旧・復興についてさらなる課題を抽出するとともに，専門部会や研究チームで新規または継続的に議論すべき論点を整理しつつある。そして計画理論研究専門部会では，以上の背景を基盤として，計5回の東日本大震災にかかわる内容をテーマとした専門部会，全国大会における災害対策をテーマとしたワークショップを開催し，多くの参加者とともに積極的な議論を重ねてきた。

さらに，日本計画行政学会・大西会長（当時）の呼びかけにより，巨大地震対

策に関連が深い土木学会，日本都市計画学会，日本計画行政学会，日本都市計画家協会の会長・副会長・幹事が，防災担当大臣と南海トラフ巨大地震対策に関する懇談会をもった。この懇談会での議論を受けて，「南海トラフ巨大地震提言連携会議」を立ち上げ，同時にワーキングメンバーが指名され（本学会では本章の第二著者が参加），南海トラフ巨大地震対策として必要とされる具体的なアクションをまとめた。2012年9月12日には，中川正春防災担当大臣（当時）に南海トラフ巨大地震提言連携会議（代表：大西隆日本学術会議会長）から「南海トラフ巨大地震事前対策に係わる提言」を手渡した。

　このような状況下において，2014年9月には御嶽山が噴火警戒レベル1の段階で噴火し，日本の戦後最悪の火山災害が発生したことや，気象災害の豪雨災害，土砂災害などが国内外では多発していることを考慮して，東日本大震災復旧復興支援特別委員会による復旧復興支援を今後も継続し，日本各地の近い将来，高い確率で発生が心配されている地震，火山災害，気象災害などの多様な災害の防災・減災対策支援のために，学会が持てる資源を十分に活用することを目的として，2014年度には，災害対応研究特別委員会を設置し，支援活動，災害研究をこれまでに継続してきた。2名の代表，4名の幹事に加えて，災害に関連した研究を行う会員の参加による15名の委員から構成された。そして，日本学術会議との連携，防災学術連携体（2016年1月設立，東日本大震災の総合対応に関する学協会連絡会が前身）への参加など，学協会連携活動にも注力している。

　さらに，2016年4月には熊本地震が発災し，阿蘇山の噴火，梅雨時期の豪雨による土砂災害なども連続的に発災したことにより，複合継続災害の様相を呈している。日本計画行政学会では熊本地震に関しても，防災学術連携体が主催する熊本地震・緊急報告会（2016年4月），熊本地震・3ヶ月報告会（同年7月），第1回防災学術連携シンポジウム（同年8月），熊本地震・1周年報告会（第3回防災学術連携体，2017年4月）において，災害対応研究特別委員会によるこれまでの活動および研究成果の報告を行ってきた。防災学術連携体，その前身の東日本大震災の総合対応に関する学協会連絡会の活動成果については，「学術の動向」の2011年3月号の特集「巨大災害から生命と国土を護る－三十学会からの発信－」，2016年11月号の特集「防災学術連携体の設立と取組」を参照されたい。

2 本書の目的と構成

　以上のような背景に基づき，災害対応研究特別委員会および計画理論研究専門部会のメンバー有志が，多様な災害の頻発する現状，近年のわが国を取り巻く社会的，経済的環境の変化を考慮して，本書は前回の提言「東日本大震災の復旧・復興への提言」を主として理工系諸分野に焦点を絞って改訂するととともに，さらに多様な学問分野の新しい視点も加えて，自然災害の減災・防災と復旧・復興への提言を行うことを目的とする。本書は，「総論」，「社会・経済」，「生活，行動・意識」という3部から構成されている。

　まず，第Ⅰ部の第1章では，本書の筆頭編著者の梶秀樹教授から自然災害対策の動向と課題について提示し，続く第2章では国土計画と防災・減災の関連性，第3章では災害と復興の歴史から得た成果を紹介する。さらに第4章と第5章では，東日本大震災の中でも甚大かつ長期的な課題を呈した福島県における原子力災害と復興政策，近年多発している気象災害対策について紹介する。第Ⅱ部では，行政・地域・企業による都市の脆弱性対策（第6章），徳島県の活断層への土地利用対策（第7章），漁業への影響と漁業の構造改革（第8章），災害対策において大学の果たす役割（第9章），生活復興のための土地利用計画と住宅対策（第10章），災害時のロジスティクス計画（第11章），災害対策における情報インフラの利活用（第12章）という観点から，社会・経済に関する課題について論じる。第Ⅲ部では，解決困難な状況下における人々の意識（第13章），自然災害による農業の影響（第14章），観光地における災害対策（第15章），コミュニティの継承と復興事業（第16章），津波非常襲地域における防災意識と備え（第17章），減災のための文化の醸成（第18章）という観点から，生活，行動・意識について論じる。

　最後に，結章では，第Ⅰ部における総論，第Ⅱ部における社会・経済に関する課題に関する議論，第Ⅲ部における生活，行動・意識の課題に関する議論を受け，本書の筆頭編著者が計画行政の視点からの自然災害の減災・防災と復旧・復興への提言について示す。

＜参考文献＞

1) 梶秀樹，和泉潤，山本佳世子編著：『東日本大震災の復旧・復興への提言』，技報堂出版，228p（2012）
2) 日本計画行政学会：『計画行政』，Vol.34，No.3（2011）
3) 日本計画行政学会：『計画行政』，Vol.35，No.2（2012）
4) 日本計画行政学会：『計画行政』，Vol.37，No.3（2014）
5) 南海トラフ巨大地震提言連携会議：『南海トラフ巨大地震事前対策に係わる提言』，12p，（2012）
6) 日本学術協力財団：『学術の動向』，3月号（2011）
7) 日本学術協力財団：『学術の動向』，11月号（2016）

I

総　論

第 1 章
自然災害対策の動向と課題

梶　秀樹

1.1　自然災害と科学技術

1.1.1　天災と人災

　自然災害は天災とみなされ，人災と対比される。しかし，地球温暖化と近年の災害の激化との関係を持ち出すまでもなく，両者を完全に分けることは難しい。

　国際連合は，1990 年からの 20 世紀最後の 10 年間を，自然災害軽減のための「国際防災の 10 年」と定めて，防災活動を推進したが，干ばつや蝗害（バッタの大発生による災害）を自然災害に含めるかどうかで意見の対立があった [1]。干ばつが降雨の不足によるもので，自然災害であることに疑問の余地はなさそうであるが，当時常襲的にアフリカで発生していた干ばつは，1960 年代の初頭の多雨期に，その生産地域が乾燥地に大幅に拡大し，その後降水量が減少するに連れて，もともと乾燥地であったところを中心に干ばつ被害を受けるようになった。蝗害についても状況は同様で，1987 ～ 1988 年にかけて，サヘル地域において砂漠バッタが大発生し，農作物を食い尽くしていたが，それも，耕作放棄された土地に残された植物が，1985 年の大雨により生育し，バッタが産卵し幼虫が成長するための好条件がつくりだされたと考えられたのである。わが国でも，2007（平成19）年，オープン直前の関西空港 2 期空港等で，トノサマバッタが大発生したことを考えると，人為的要素が大きく関係していることは間違いない。

　天災か人災かの議論は，科学技術とも不可分に関係する。現代社会では，誘因となる自然現象が人間社会に被害を与え，災害と呼ばれる現象に至るまでには，

I　総　　論

その間にさまざまな科学的知見や技術が関係するからである。

　2014（平成 26）年の 9 月に御嶽山の噴火で死亡した登山者 5 人の遺族 11 人が，「気象庁が噴火警戒レベルの引き上げを怠った」として，2017 年 1 月，国と長野県に総額 1 億 4 000 万円の損害賠償を求める訴訟を，長野地裁松本支部に起こした。

　火山の噴火自体は自然現象で，死傷者や建物・農作物などへの被害がなければ，これを我々は災害とは呼ばない。実際，同時期に噴火した西ノ島火山を災害と考える人はいないであろう。御嶽山の場合も，もし気象庁が噴火警戒レベルを 1 から 2 に上げて，火口周辺規制をしていれば，死傷者は出ず，御嶽山の災害は無かったかもしれない。とすると，この災害は人災なのだろうか？

　2011（平成 23）年の東北地方太平洋沖地震における福島第一原子力発電所の爆発事故についても，同様の議論があった。原発の建設時に想定した津波の高さ 5.7 m を根拠として，主要設備の標高を 10 m にしたこと，非常用発電機等を地下においていたことなどが人災といわれた。

　この 2 つの例はいずれも，災害を起こすような自然現象の予測は，現代の科学的知見や技術でどこまで可能か？　という問いと関係している。結果的に見れば，予測ができなかったわけだが，実際には，現代の科学的知見と技術は，予測できる・できないという白か黒かがはっきりしたレベルにあるわけではなく，グレーゾーン，それも限りなく白に近いところから限りなく黒に近いところまでの大きな幅を持った間にあることがほとんどである。科学技術の「未熟」といえる。したがって，対策の根拠としては，あいまいなことしか示せず，経済的・社会的制約との相克もあり，意思決定者に対し大きな選択の余地を残すことになる。

　天災か人災かが議論となったもう 1 つの例をあげよう。2015（平成 27）年 9 月，北関東から東北を襲った豪雨により，鬼怒川が決壊して，茨城県常総市を中心に，死者 2 名，全壊家屋 53 戸，家屋浸水 3 000 戸という大災害になった。この災害も，自然堤防の役割を果たしていた丘陵地が削られ，太陽光発電パネルが設置されたから人災だといわれた。しかし，この丘陵は私有地で，パネルを設置した業者には自然堤防という認識はなく，また，河川管理者も開発を制限できなかった[1]。いわば，誰もまったく予想していなかったのであり，対策がとられようがない状況にあった。人災とは，通常は，知っていた，あるいは予測できたにも拘らず手を打たなかった場合に使われる非難の言葉であって，知らなかったことそれ自体，

10

あるいは常識的にみて予想もしなかったことを咎めるものではないだろう。

そうした直接的な人災論とは別に，これまでの治水政策が問題の根源だとする議論がある。すなわち江戸の町を洪水から守るために，利根川の流路を変更して（「背替え」と呼ばれる），もともと独立の河川であった鬼怒川の河道を利根川の支流とし，さらに人口堤防で直線化した結果，一気に下流に水が集中するようになったというわけである。人口堤防も，以前の河道を横切って築くため，新しい川から地下水が流れ込み，崩れやすかったという。つまり，今回の洪水は，こうした洪水に弱い堤防や地域をつくった過去の治水政策にその根源的原因があるため，人災だとするのである[2]。

確かに我々は自然を改変して，自分たちの住みやすい環境をつくり上げてきた。東京湾一帯に広がる埋め立て地や，多摩地域に多く見られる宅地造成地などはその代表で，小規模なものを含めると，枚挙にいとまがない。そして，災害，とくに地震では，こうした人工的に改変された地域で液状化被害や造成地の崩壊被害が起こる。これらはすべて人災とするべきなのだろうか？

これもまた，科学的知見と技術が関係している。ただし，この場合は，災害を予測できなかったというわけではなく，そうした現象が起こることは予測できたし，それを防ぐ対策もないわけではないが，被害を完全に防ぐには膨大なお金がかかってしまう。しかもそのような被害をもたらす大きな災害の発生の頻度や可能性はきわめて低い，という状況の下では，どこまでお金をかけてその対策を講じるかが判断の分かれ目になる。経済性をまったく無視した安全の追及は理想論でしかないからである。そして，結果として十分な対策が取られず，何十年・何百年に一度の災害で大被害となる。そう考えると，この場合は，前述した科学技術の「未熟」というよりは，科学技術の現実社会への適用の「限界」といえよう。そして我々は，それを覚悟で日々生活しているのであって，被害が起きた時に人災だと自虐するより，覚悟していた天災だと考えるべきではないだろうか？

1.1.2　想定内と想定外

以上の天災と人災にかかわる2つの議論は，東日本大震災の時に巷間を賑わした「想定外」論争と密接に関係する。地震学者がM 9.0の地震を想定していなかったこと，10 mを超す津波を想定した堤防を建設しなかったことが，「最悪の事態

I　総　　論

を想定して対策を進めることが危機管理の原則であり，それを想定外というのは許されない」と，多くの専門家が想定者責任を問われ，非難されたのであった。

つまり1つは，科学的知見や技術の未熟にかかわる「想定外」で，もう1つの方は，想定できたけれども対策を取る範囲には含めなかったという，科学的知見と技術の社会的適用の限界に関する「想定外」である。

第1の予見性に関する想定外については，宮城県沖を震源とする大きな地震の今後30年以内の発生確率は，地震調査研究推進本部の2009（平成21）年1月の長期評価では99％とされていたが[3]，過去200年の間に起きた地震は，いずれもM7.3～7.4クラスであり，M9.0というような巨大地震が起こることは想定不可能であったといえよう。

第2の津波に対する防潮堤の対策の想定外については，1896年の明治三陸津波で15mの津波が来ており十分に想定された。岩手県普代村ではそのため，15mの防潮堤を築き被害を免れている。また，地震後の原子炉の冷却については，すべての補助電源が使用不能になる可能性や，格納容器内での水素爆発の可能性を指摘した評価報告が行われていたが，東京電力はそれらについての対策を，発生の可能性の低さから「考慮する必要がない」と判断したといわれる。

安全性の追求は常に経済的制約の下にあって，堤防を10mにするか15mにするか，また，全補助電源の喪失を考慮するかしないかを，片や予見の信頼度や事象の発生確率を睨みながら，両者を天秤にかけて判断することになるのであって，その結果，1つの対策が選択されたときには，自ずとその対策が有効な内と外が生ずることになる。そして，その選択は，本来的には被害を受ける側（通常は政治と行政が代行する）との「覚悟の合意」に基づくべきものである。

実際，東日本大震災の復興が進んでいる東北地方の太平洋沿岸被災地で新しく建設する堤防の高さを，海岸の機能の多様性への配慮，環境保全，周辺景観との調和，経済性，維持管理の容易性，施工性，公衆の利用等を総合的に考慮して，今回起きた津波の高さより低くしたり，既存の高さのままとしている。つまり，同じような津波が来た場合，ふたたび被災することを「覚悟」した選択であり，防潮堤以外の対策で対応することを選択したものといえる[4]。

こうした例とは別に，事象の発生が十分に想定され，しかも発生確率が必ずしも低くないにも拘らず，対策を取る場面で「想定外」とせざるを得ない場合があ

る。それは，取るべき対策がまったくない場合である。例えば，地震後に発生する可能性の高い同時多発火災による火災旋風等がそれである。1923（大正12）年の関東地震において，本所の被服廠に避難した4万人の死者をもたらしたこの現象は，その後の地震でも，ごく小規模ながら観測されている。したがって，出火点の位置や風向・風速の条件次第で，現在予想されている首都直下地震でも発生する可能性は十分にある。しかし，この被害を防ぐ対策は，今のところ見つかっていない。科学技術との関係でいえば，「未開」の分野とみなされよう。

1.1.3　都市と自然災害

　自然災害と科学技術の関係は，自然災害の誘因となる異常現象が都市を直撃した時により複雑な様相を呈する。というのも，都市という居住空間はきわめて高度な科学技術の粋を集めて構築されたものだからである。

　都市は，いわば，もともとそのままでは人間の居住に適さない自然空間を，科学技術によって改変し，居住可能な空間としたものである。当然，改変の及びうる範囲にのみ居住することとなるため，高密度集合体となるが，それも都市居住を特徴づけている。

　そこに誘因としての異常な自然現象が発生したら，都市を支えていた科学技術は破壊され，都市を元の「そのままでは住めない」状態へと戻してしまうため，都市生活全般が完全に麻痺する結果，被害として表面化する。近年はそうした災害の様相を，都市特有のものであるという意味で「都市災害」と呼んでいる。

　つまり都市災害とは，こうした都市居住の本質に根ざし，居住空間を支えていた技術なりその集積としての人工的構築物なりが，何らかの原因により破壊されたとき，居住空間としての機能が失われることによって被害として顕在化する場合，ならびに，その高密度化のゆえに被害が拡大する場合に総称される災害概念に他ならない。

　都市災害という概念は，従来は，ガスや危険物の爆発事故，大規模建築物火災による多数の死傷者の発生，あるいは市街地延焼火災など，都市を構築している技術の脆弱性，あるいは「失敗」による人為的災害について，天災である自然災害と相対する災害概念であった。しかし，その誘因の人為性を問わず，自然現象であっても結果の形だけからみて都市災害と見做すことになったとはいっても，

コラム　覚悟なき選択

　2017（平成29）年3月27日，前橋地裁は，福島県から群馬県に避難した45世帯137人が原告となって，国と東京電力に慰謝料など総額約15億円の損害賠償を求めた民事訴訟で，国も東電も巨大津波の到来を予想できたとして，その責任を認める判決を下した。つまり，この被害の人災性を認定したものである。

　この裁判のポイントの一つは，2002（平成14）年7月に文部科学省の地震調査研究推進機構が公表した「日本海溝沿いで大津波を引き起こす巨大地震が30年以内に20%の確率で発生する」とした長期評価が科学的にどれだけ高い確度のものであったかという点であったが，これについては，専門家の間でも異論があり，また，東京地検が原発建設当時の東京電力の元会長ら3人を，業務上過失致死罪で起訴することを見送ったことなどからみて，グレーゾーンにあることは間違いない。したがって，前橋地裁の「予見できた」という判決には疑問が残る。

　この判決のより重要なポイントは，予見の可否ではなく，対策の想定内として「考慮すべきであった」としたことであろう。科学的にグレーゾーンの予見に対し，経済的な制約の中でどのような対策を選択するかは，原則として被害を受ける側の社会的合意によるべきである。この場合選択をしたのは東京電力ではあるが，原発建設の場合，国は東京電力に対し安全対策を取らせる権限を持つという意味で，民意を代表する機能を有しており，国は社会的合意を代弁する立場にあった。今回はその権限を行使しなかった。つまり，合意したものといえる。

　結果として，このような大災害が起こったわけであり，地裁の判決にいうように，責任の一端が，国の「規制権限の不行使」にあることは明白である。それは，被害を覚悟した上での想定外の選択であった筈であるが，国にその覚悟があったかどうかは疑わしく，単に「安全より経済合理性を優先した」という地裁の非難が，問題の正鵠を射ているものと思われる。

第1章　自然災害対策の動向と課題

その被害は，都市を構築している技術と不可分であるが故にその人為性を排除できない。そのため都市災害という言葉には，常に何がしか「人災」の響きがつきまとう。そして，自然災害を誘因とする被害の場合には，技術の「失敗」というよりは，多くの場合，技術の「未熟」や「限界」に起因している。それは，事前には想像もできなかったような新しい状況への技術的対応の欠如だけにとどまらず，技術を使う人間の側にその技術を受け入れるだけの充分な態度が醸成されていないという未熟さをも含む。したがって，自然災害を誘因とする都市災害への対応は，技術そのものの向上もさることながら，技術と社会，技術と人間の関係に着目しなければならないのである。

1.2　自然災害被害の多様性と対策

1.2.1　被害概念の変化

自然災害による被害といえば，かつては，人の死傷や物の損壊など，直接的なかつ目に見える形のものを意味していたが，近年はそうではない新しい被害が注目されてきた。ここではそれらについて事例を交えて考察してみたい。

■機能被害

機能被害とは，人や物が被災し，その機能（サービス）が停止することによる被害で，東日本大震災においては，首都圏通勤者の足を支えていた鉄道網が一斉に停止し，約500万人の帰宅困難者が発生したのがその実例である。

人の死亡や負傷といった人的被害についても，こうした機能被害が発生する。両親を亡くして孤児となった子供達，一家の大黒柱を亡くした家族や遺児，あるいはリーダーを亡くした組織等は，災害後多くの辛苦を味わうことになるが，それは人的な機能被害の表れといえる。阪神・淡路大震災のときは，こうした震災孤児・遺児が369人，東日本大震災のときは1698人にも及んだ。

■経済被害と間接被害

首都圏直下地震の切迫性が叫ばれるにつれ，首都圏に一局集中する経済活動への影響の懸念から，これまでの人的・物的な損傷やそれに伴う機能被害といった

15

直接被害以上に，より間接的な経済被害に関する関心が高まった。

　経済被害という場合には，2つの意味がある。1つは，物的な被害や損失を金額換算したもので，これは直接被害の別の表現であり，復興費用などの目安を立てるのに役立つ。もう1つは，日本の経済活動全般に与えるマイナスの影響で，それが間接被害であり，首都圏直下地震が起きた場合の試算が行われている。

　しかし，間接被害の定義については，いまだにはっきりとした合意がなく，試算の中には，生産施設の破壊による生産額の低下など，明らかに物的機能被害とみなされるようなものもあって，かならずしも論理的でない。筆者の個人的見解によれば，間接被害とは「当該地域もしくは個人・企業自体は直接的な被害を受けていないか，または活動が継続できる状態にありながら，市場機能の低下により通常の活動が維持できないことによる機会損失」と考えている。したがって，需要の減少や素材調達の困難による生産調整額，ならびに，交通寸断による機会損失と時間損失などが，間接被害ということになる。

■災害関連死

　災害関連死という概念は，1995（平成7）年の阪神・淡路大震災の時，仮設住宅に入居した高齢者の孤独死に対して，当時の厚生省が，「震災と相当な因果関係があると災害弔慰金判定委員会等において認定された死者」であるとの認識を示したことにより，公的に認められた。当初は「認定死」とも呼ばれたが，警察による検視を受けた「直接死」と区別する意味で「関連死」という語が定着した[5]。

　災害関連死とは，このように，災害の発生時に，直接その災害で亡くなったものではないが，避難所生活の疲労や，既往症の悪化，ストレス，初期治療の遅れなど，災害に起因すると判断された死亡である。災害関連死は時間が経過すると，一般の死との区別が難しくなるため，通常，医師や弁護士などの専門家による委員会を立ち上げて，個々の事例を審査して判断する。その結果，災害関連死と判断された場合は，遺族に災害弔慰金が支給されることになる。

　東日本大震災の場合，2016（平成28）年10月20日現在の死者数は19 475人，行方不明者2 587人であるが（総務省消防庁，第154報[6]），この内，震災関連死の死者数は3 523人となっている（2016年9月30日現在，復興庁[7]）。そして，2016（平成28）年の現在もなお，毎年100人程度の関連死が認定されている。

第 1 章　自然災害対策の動向と課題

　2016（平成 28）年の熊本地震では，地震後の警察の検視による直接死は 50 人であるのに対し，10 か月後の関連死は 149 人認定され，直接死の 3 倍に上り，その後も増え続けている。このように，震災関連死は地震後，長期にわたって発生し，当然ながら，復興の進捗状況と被災者への支援のあり方と密接に連動する。

■エコノミークラス症候群と感染症

　エコノミークラス症候群は，2004（平成 16）年の新潟県中越地震で，車中泊をしていた被災者の内，4 人が肺塞栓症で亡くなったため注目された。

　熊本地震においては，本震となった 2 度目の震度 7 の地震後，18 万人もの避難者が避難所に集まり，避難所の収容力をはるかに超えたため，車中泊をする人々が続出し，発症者が多発して結局 33 人が亡くなった。これは関連死の 22％に及ぶ（朝日新聞デジタル，2017 年 2 月 21 日）。新潟県中越地震での教訓がここで生かされることはなかったのである。

　避難所での感染症も，被害連鎖の一つである。東日本大震災の場合，発生 1 週間後から感染症の患者が増え始めたという。熊本地震では，地震発生後 1 週間経って，南阿蘇村の避難所で 25 人がノロウイルスに集団感染した（読売新聞，2016 年 4 月 24 日）。避難生活で体力が低下すること，水不足で手洗いや食器の洗浄が十分にできないこと，集団生活のため容易に拡散することなどが原因である。

■ PTSD（心的外傷後ストレス障害）

　大災害の被災者で，生命の安全を脅かされるような経験が，深い心の傷（トラウマ）となって，1 か月以上経ってもその経験が頭から離れず，突然思い出して不安や緊張が続いたり，頭痛や不眠といった症状を見せたりするのが PTSD である。PTSD は，周囲の人々の対応によって，時間がたてばしだいに軽減するが，傷の深さや個人の性格によっては長期にわたって回復しないこともある。厚生労働省が実施している，宮城県と岩手県の被災者の 5 年間の追跡調査によると，宮城県で心理的苦痛を感じている被災者の割合は，直後の 18.4％から，2015 年には 14.3％まで低下したが，それでも全国平均の 10.0％を上回っているという。これは，同時期に東北大学が宮城県沿岸 6 市町村の 3 744 人を対象に実施した調査で「5％に PTSD の疑いがある」とする結果とおおむね整合している[9]。

17

Ⅰ　総　　論

　PTSD症状がみられるのは，被災者に限らない。国立病院機構災害医療センターが，東日本大震災の被災地に派遣された災害派遣医療チーム隊員を4か月後に追跡調査したところ，PTSD症状が強く見られる隊員がいたと報告している[10]。

■風評被害

　風評被害とは，ある社会問題（事件・事故・環境汚染・災害・不況）が報道されることによって，本来「安全」とされるもの（食品・商品・土地・企業）を人々が危険視し，消費，観光，取引をやめることなどによって引き起こされる経済的被害を指す（関屋[11]）。最近ではSNSも，風評被害に大きく関与している。災害後は，事態が時々刻々変化して正確な情報が入りにくくなる一方で，被災者が情報を求める気持ちが強くなるため，根拠のない噂やデマが広がる素地が醸成され，結果として風評被害が起き易くなる。

　東日本大震災における風評被害については，前著でも詳述しているが[12]，古くは1923（大正12）年の関東大震災後に起きた自警団による朝鮮人虐殺事件や，最近では2007（平成19）年の新潟県中越沖地震における柏崎刈羽原発の変圧器の火災で，観光客の大量キャンセルや近海海産物の不買が起こり，観光だけでも500億円の損失となった例が挙げられるなど（毎日新聞，2007年9月6日），大災害には付き物となっている。

■その他の現象

　こうした被害以外に明らかなマイナスの経済的影響を与えた出来事を，東日本大震災を事例として考察してみよう。

　図-1.1は，東日本大震災後に起こった社会経済的な現象を，フローダイヤグラムにまとめたものであるが，ここに見るように，東日本大震災では，地震後の社会全体の経済活動を停滞させた大きな要因に，計画停電と社会的な自粛ムードがある。

　計画停電の企業活動への影響については，オフィス内ではOA機器や通信機器の停止，生産現場では生産ラインの停止，店舗では冷凍管理や駐車場の出入庫システムの停止，交通機関では路線の運休，それによる各企業の社員の出社不能等など，多様な障害が発生し，企業の活動に多大の影響を与えた。しかし，震災後

第1章　自然災害対策の動向と課題

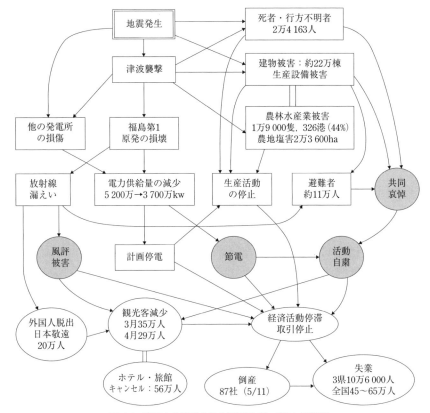

図-1.1　東日本大震災の社会経済的インパクトの構造

で経済活動が全般的に停滞している状態であったため，計画停電それ自体の影響を取りだして計測することは難しい。とはいえ，相当のマイナス要因となった事は想像に難くない[13]。これは，新しい形の機能被害とも考えられる。

　災害後の各種の活動の自粛ムードは，基本的には共同哀悼によるもので，未曾有の大災害に対する被災者への哀悼の念から，個人消費の一斉自粛が起こった。東日本大震災の場合は，それがマスメディアを含めて全国的な規模で，1か月以上の長期にわたって続いた。最もこうした自粛ムードは，阪神・淡路大震災のときも見られ，大阪のホテルの宴会が25％のキャンセルされた例や，四国の道後温泉旅館組合の減収が35％に及んだ例などが報告されている。

Ⅰ　総　　論

　個人消費の自粛は，こうした共同哀悼に限らず，単なる豪奢や遊興の自粛とい
う形でも現れる。復旧や復興に係る被災者の出費を考えると，贅沢な商品の購入
や遊興費への支出は「不謹慎」だとして控える気分が，社会全体に蔓延するから
であろう。これは，どうも日本人の奥深い心情に起因しているようで，1855 年
の安政江戸地震後にもみられた。こうした消費の自粛は，経済活動の停滞を助長
するため，却って好ましくないとする意見もあるが，なかなか改まりそうにもな
い。

1.2.2　新たな対策の検討

　以上のような，多様な被害に対し，どのような対策を立てればよいだろうか？
　地震についていえば，直接的被害が少なければ，後に続くこうした被害も軽減
されるから，建物の耐震化や耐火化などの構造的対策が最も有効であることは間
違いない。とはいえ，耐震・耐火化は早急には進まず限界がある。
　また，非構造的な対策としての自助や共助による事前の防備と応急対応力の強
化は，身の安全を守り，種々の機能が停止した社会で被災者が 1 〜 2 週間を耐え
るために不可欠な対策である。しかし，前節で述べたような新しい形の災害被害
に対するには，こうした対策だけでは対応しきれず，それらを補完するような防
災体制が必要となる。ここではそうした諸点について考察したい。

(1)　防災職員能力の向上と復旧の加速

　機能被害は復旧の速度と密接に関係する。当然ながら，復旧が早ければ少なく，
復旧が長引けば大きくなる。そこで，重要なのが，行政における防災職員の対応
能力である。とりわけ「罹災証明」の迅速な発行は，被災者救援の要である。現
在，罹災証明発行は，新潟県中越地震の際，防災科学技術研究所と京都大学らが
共同で開発した「り災証明書発行システム [15]」が用いられている。まずはその
取扱いを学ぶことを，全防災担当者に義務付けたい。
　また，災害救助法の運用や他の法制度との相互関係や，被災者支援のための各
種の法律・制度・事業についても習熟しておく必要がある。

第1章 自然災害対策の動向と課題

(2) 復旧から見た防災対策のプライオリティの検証

　機能被害は，基本的にその機能（サービス）に対する需要と供給のギャップとして計測できる。災害後は，当然ながら，サービスの需要構造が激変する。市役所・病院・消防・警察等々，災害後の復旧を担当する部署は，激増する需要に対応しなければならないのに対し，被災して人の住まなくなった地域へのライフライン供給は不要となるため，機能被害が発生しない等である。したがって，迅速な復旧の観点からは，このように，需要が激増する施設・機能については，高いプライオリティを与えて耐震・耐火対策を進める必要がある。

(3) 間接被害低減のためのサプライチェーンの確保

　間接被害は市場機構に依存するため，制御することが難しい。前節の「その他の現象」でも述べたように，一般的に災害後は，観光や遊興娯楽関連産業の需要が激減し，また，高級商品を中心に個人消費の自粛が見られる。これらは明らかな間接被害であるが，ある意味では不可避的現象とも思われる。

　この種の需要の落ち込みにかかわる間接被害とは別に，生産現場で部品調達の困難による生産調整として観測される間接被害がある。これは，被災地に下請け等の企業がある場合や，流通経路の確保ができなくなる場合などを原因とする。これに対しては，流通網の早期の復旧とサプライチェーンの多角化で対応できる。サプライチェーンについては，民間の努力の問題であるばかりでなく，公的には道路や鉄道，空港などの流通網の確保が必要となる，この流通網については，機能被害軽減の一環であり，前述の2つの対策と重なる。

(4) 関連死軽減のための方策

　関連死の原因は多様であるが，ここでは，避難所ならびに仮設住宅での生活やエコノミークラス症候群に関するものについて検討する。

　新潟県中越地震では，阪神・淡路大震災の教訓から，高齢者の孤独死を防ぐため，仮設住宅への入居は被災地区の旧コミュニティ単位で行うとともに，玄関を向かい合わせにして，お互いに顔の見える路地空間を作るよう工夫された。こうした貴重なノウハウはしかしながら，東日本大震災では継承されず，仮設住宅での孤独死は，仮設住宅への入居が本格化するにつれ急増し，2016（平成28）年

21

12月までの6年間で230人に及んでいる（産経ニュース，2017年3月4日）。

　熊本地震では，熊本市は，市営住宅に要援護者を優先的に入居させたが，3人1組となった保健士チームが，丁寧なマッチングを実施して，孤独死の発生に配慮している。市営住宅は早期提供が可能であることから，要援護者の避難所生活の負担も軽減されている。新しい試みとしてそのノウハウを継承すべきであろう。

　エコノミークラス症候群に対する対処として，車中泊を全面的に禁止するという案は現実的ではない。避難所の収容力を超える避難者が発生することは十分考えられるし，プライバシーが保てる点，避難所より快適でもある。またペットを連れてきている避難者は避難所に入れない。さらに，車中泊だけが問題という訳ではなく避難所内でも発症する。エコノミークラス症候群の予防には，4～5時間ごとに歩くこと，歩けない人は周囲の人に脚部のマッサージをしてもらうこと，食事面では炭水化物と水分を取ることが重要であるとされる。そこで，避難所ならびに車中泊集団に対し，専門の体育指導員やボランティアが時間を決めて体操を実施することを，支援プログラムの一つに組み込むなどのことが肝要である。弾性ストッキングの配給なども効果的であろう。

(5)　心の病に対処する避難所の運営

　PTSDと診断されるのは，少なくとも災害後1か月後以降であるが，その心因となるのは，災害体験それ自体の衝撃，悲嘆・喪失・怒り・罪責，避難所などでの生活ストレスにわけられる[16]。ここでは，とくに避難所でのストレスを軽減させるための避難所の運営について検討する。

　避難所運営は，避難民との高度なコミュニケーション能力を要求されるが，ほとんどの場合，経験の浅い行政職員によって運営されるため，問題が多い。そうした現状から，2016（平成28）年12月，政府の中央防災会議・防災対策実行会議の作業部会は，同年4月の熊本地震を踏まえて，被災地で適切な助言ができる専門家を「避難所エキスパート（仮称)」に選任する制度の創設を求めた。避難所エキスパートは，避難所運営のノウハウを平時から各自治体や住民に提供する役割を担うもので，求められる能力は，今後詳細に検討されると思われるが，大きくは以下の3点となろう。早急の実現が望まれる。

　①　避難所開設の事前対応についての準備のあり方。

第 1 章　自然災害対策の動向と課題

②　避難所開設の手順や必要資機材，救援物資配給の方法など，主としてマニュアル的な知識。

③　被害者の悩みを聞くというコミュニケーション上の心構え，そしてそれに臨機応変に対応するといったと判断力。

(6)　風評被害を防ぐ情報の収集と伝達

福島第一原子力発電所事故に伴う風評被害に対しては，放射線の漏えいに関する正確な情報の把握と政府の情報発信のあり方，放射線検査情報の周知体制，そして何よりも放射線教育の充実など，一般の災害による風評被害とは異なった多様な対策が必要となろう。

一般の自然災害についていえば，災害報道は被害のひどかった場所だけを，繰り返し取り上げる傾向があるという特性と欠陥があり，その結果，実際より過大な被害の印象を与えることになる。このギャップが風評被害に繋がる1つの原因となっている。したがって，それを補完するような情報発信体制を整えることが必要であろう。そこで期待されるのが，被災地の居住者自身からの情報発信である。とくに，被害情報ではなく，どこは被災せず安全かといった正確な情報を，SNS その他の広報手段を通じて発信することが風評被害を防ぐ1つの道である。一般的に観光産業は災害リスクにきわめて弱く，災害が起きると同時にキャンセルが相次ぐことになるため，被害がなかった場合は，ただちに宣伝を行い，思い切った割引を行って客を引き留める努力をすることも検討すべきであろう。

1.3　復興とその組織

災害復興は，早期の現状復旧を原則とする災害復旧事業と異なり，災害対策の長期的サイクルにおいて，次の災害に対する予防と減災の対策となる。本節では，そうした視点から，ふたたび同様の被害を受けないで済むような災害復興のあり方と実施のための組織体制について検討する。

1.3.1　復興の指針

2015（平成 27）年に仙台市で開かれた「第3回国際連合防災世界会議」で採

23

Ⅰ　総　　論

択された「仙台防災枠組 2015–2030」では，4 つの優先行動の一つとして，"Build Back Better"（より良い復興）が挙げられた[17]。災害の多いわが国では，こうした考え方は当然で，都道府県の管理する河川では，延長比で 4 分の 3 が災害復興により整備されたとの報告もある[18]。しかし，多くの開発途上国では，急場しのぎの復旧と，防災対策を無視した経済的成長優先の復興を急ぐあまりに，同様の被害を繰り返す悪循環に陥っているのが一般的である。したがって，開発計画の中に防災対策を組み込むことが不可欠であり，仙台枠組みはそれを「開発における防災の主流化」と呼んで，やはり優先行動の一つに位置付けている。

　また，「よりよい復興」の方向性として仙台枠組みは，2015（平成 27）年に国連で採決された「持続可能な開発のための 2030 アジェンダ」を受けて，「強靭性（Resilience）」の強化を強調している。強靭性とは，もともとは 1973 年にカナダの生態学者 C.S.Holling によって提唱された生態学分野の言葉で，「外部からの妨害を吸収し，以前と変わらぬ機能と構造を保持するシステムの能力（Walker and Salt（2006））」と定義される[19]。国連ではこれを防災分野に適用し，「ハザードに曝されたシステム・コミュニティ・社会が，基本的な機構および機能を保持・回復するなどを通じて，ハザードからの悪影響に対し，適切なタイミングかつ効果的な方法で抵抗，吸収，受容し，またそこから復興する能力」と定義している（UNISDR（2015b））。

　結局，仙台枠組みは，災害に遭った場合の復興と開発計画の実施には，以前よりも災害に「強靭に」耐えられるような社会の実現に向けて，通常の開発計画の中の主要な柱として防災を位置付けるべきであるとするものである。

　我が国では，これに先駆け 2013（平成 25）年 12 月 4 日に，「強くしなやかな国民生活の実現を図るための防災・減災等に資する国土強靭化基本法」を成立させた（同月 11 日施行）。この法律の基本理念は，大規模自然災害等に対する既存社会の脆弱性を評価し，優先順位を定め，事前に的確な施策を実施すること，ならびに災害等の発生から 72 時間を経過するまでの間において，人員，物資，資金等の資源を，優先順位を付けて大規模かつ集中的に投入することができるよう，事前に備えておくことを目指すものである。

　基本法では，国土強靭化のための事前防災の取組方針（目標）として，人命の保護，重要機能の維持，国民の財産・公共施設の被害の最小化，迅速な復旧の 4

第 1 章　自然災害対策の動向と課題

項目を挙げている。また，その実現のために，内閣総理大臣を本部長とする国土
強靱化推進本部を設置し，その第 1 回会合で，「国土強靱化政策大綱」と「脆弱
性評価の指針」が決定された。指針では，基本法の 4 つの目標をさらにブレーク
ダウンして，事前に備えるべき 8 つのサブ目標を設定し，これらの目標の妨げと
なる「起きてはならない最悪の事態」を 45 項目挙げている。

　さらに，翌 2016（平成 26）年 4 月に「脆弱性評価の結果」が報告され，6 月
には「国土強靱化計画」が閣議決定された。その詳細については，ここでは立ち
入らないが，計画では，12 の個別施策分野と 3 つの横断的分野の合計 15 分野ご
との推進方針が示されている。

　ここで問題となるのは，我が国にはこの法律とは別に災害対策基本法があるこ
とで，その違いに関し，本法では，

①　災害対策基本法は被害の最小化とその迅速な回復を目的とするが，本法で
　は，災害時といえども失われない主要な社会機能の維持を目標とすること。
②　起きてはならない被害を具体的に想定し，それが起きないようにするため
　の施策の実施を目指していること。
③　そのために，現時点での社会に存在する災害脆弱性を洗い出し，優先順位
　をつけてその解消を図ろうとしていること。
④　発災前における（＝平時の）対策のみを対象とし，発災時および発災後の
　対処は対象としないこと（ただしそのための事前の備えは対象となる）。

といった違いがある。とはいえ，災害対対策基本法で定める災害予防対策につい
ては，当然ながら項目的には重複がある。

　なお，地方公共団体に対しては，国土強靱化地域計画の策定が義務付けられて
いるが（基本法第 13 条），災害対策基本法の地域防災計画との関係でいえば，そ
の上位計画として位置づけられる。したがって，地域防災計画にすでに入ってい
るもので，重複するものは強靱化計画に移行することになる。おそらく，地域防
災計画の予防計画の大部分がその対象になろう。

　現在，地方自治体で国土強靱化計画を策定したところはまだあまり多くはない
が，従来，地域防災計画における予防計画は必ずしも十分ではなかったので，両
者が揃えば，総合的な災害予防計画と応急対応・復旧・復興計画が，わが国の防
災対策における車の両輪として整合的に機能することが期待される。

Ⅰ　総　　論

1.3.2　災害復興の組織体制

　東日本大震災では，「復興庁」が創設されて，10年の復興期間の前半の集中復興期間である5年を終え，後半の復興期間に入った。復興庁設立については議論が紛糾し，そのためほぼ1年の遅れが生じた。

　これだけ災害の多い我が国で，災害後の復興に関する恒久法を持たず，災害の度にどうするかを議論して決める，ということ自体信じがたいことであるが，そうした船出の混乱はともかく，この復興庁体制は，近未来に発生するであろう首都圏直下地震や，東海・東南海・南海地震からの復興の際の1つのプロトタイプとなるものと思われる。とすれば，この復興庁がどの程度有効か，またどの点に問題があるかを検証することは，きわめて重要である。

　現在の復興庁は，権限的には，他の府省庁より格上の組織として内閣直下に置かれ，その主たる機能としては，内閣補助事務の「東日本大震災からの復興に関する施策の企画および立案ならびに総合調整」と，分担管理事務としての，①従来各省庁が管轄していた事業の内，復興に関する行政各部の事業を統括・管理し，②復興にかかわる事業に関し，関係公共団体の要望を一元的に受理して復興交付金等の予算を配分すること，③復興特別区域の指定の許認可を行うこと，となっている。その本部は東京に置かれているが，被災3県に復興局が設けられ，その下に各2箇所の支所を置くことによって，被災地との近接性を確保している。

　復興庁に対して当初こそ批判的であった被災自治体の評価も，河北日報が被災自治体に対して，発足5年となる同庁の評価を調査した結果では，おおむね好感を持って受け入れられ[21]，その意味では，復興庁による復興体制は，ある程度有効であったといえる。では，現在の復興庁の形は，首都圏直下地震や，南海トラフ沿いの地震など近い将来予想される大災害に対して，モデルとなるだろうかと考えると，いくつかの疑問を抱かざるを得ない。

　疑問の根源は，復興庁と被災自治体の役割分担にかかわることで，復興計画の策定と事業の執行がほぼ100％被災自治体主義で進められることにある（防災基本計画）。そのことが被災自治体における圧倒的人材の不足となり，事業の遅れの大きな原因となっている。とりわけ土木建築関係の事業契約の発注に通じた人材の不足などはとくに深刻で，6年経った現在も，全国の自治体から2200人の職員が被災自治体に派遣されている[22]。UR等による工事の計画から施工管理ま

第 1 章　自然災害対策の動向と課題

でを一括委託する CM 方式（Construction Management）なども導入されているが，被災自治体の負担を減らすような体制を事前に整備しておくべきであろう。

　被災自治体主義の問題は，復興計画全体の整合性という観点からも大きな問題を生じている。それは，地域開発戦略の欠如である。もちろん，復興計画の立案において，こうした地域開発戦略が必要なのは，災害規模がきわめて大きい時に限られよう。東日本大震災の場合がそれに相当するのは明らかであり，例えば被災した 319 漁港についても，完全復旧ではなく，漁業の近代化や大資本の参入といった漁業全体の構造改革という枠組みの中で，地域全体の流通道路の整備計画と併せて統合と廃港を検討すべきであった [2]。これがグローバルスタンダードを睨んだ復興の地域開発戦略に他ならない。農業についても状況は同様であり，TPP を念頭に置いた復興戦略が必要となる。

　こうした大局的復興戦略が被災自治体の描く復興計画の中から出てくることは考えられにくく，まさしく復興庁の仕事であるが，市町村や県境を越えた戦略的地域開発計画の立案と，それに沿った被災自治体の復興の誘導などは，はじめから念頭になかったと思われる。

　寺迫によれば，こうした批判も当初のことで，民主党から自民党の政権交代によって新たに復興大臣となった根本匠議員による「タスクフォース方式」の立ち上げを契機に，徐々に「司令塔」機能を獲得していったと評価している [23]。タスクフォース方式とは，復興大臣の下に復興庁幹部だけではなく，関連する政策を所掌する各府省の局長級も構成員とする会議体で，政策課題ごとに設置され，現在，5 つのタスクフォースが設置されている。

　確かにタスクフォース方式は，復興大臣が各省庁を先導するという形を取っているため，「復興にかかわる行政各部の事業を統括・管理」する権限を行使できたこと，被災地域の復興を促進するための省庁横断的な加速装置が措置できたことなどから見て，復興庁が「司令塔」機能を獲得した仕組みであったといえよう。

　他方，地域の復興ヴィジョンに対して復興庁が果たしている先導的役割という点から見ると，「新しい東北」の創造支援事業が注目される。これは，インフラや住宅等（ハード）の復旧がある程度進みつつある中で，震災復興の最終目標は「まちの賑わい」を取り戻すことであり，そのためには，「人々の活動（ソフト）」の復興が必要であるという観点から，各地域において，「産業・なりわいの再生」

27

と「コミュニティの形成・地域づくり」に関する課題を解決し，自律的で持続的な地域社会を目指している取組を「新しい東北」創造事業と呼んで支援するものである。実際，被災地では，国・自治体のみならず，民間企業・大学・NPO など，多様な主体が，まちの賑わいを取り戻すために，これまでの手法や発想にとらわれない新しい挑戦をしており[24]，復興庁は，財政的な支援だけでなく，多様な主体間での情報共有の場を提供するなどの支援を実施している。

　前述したタスクフォースはその実現・推進に必要な施策を体系づけるものとしても機能しており，両者は車の両輪となって復興を推進しているといえよう。

　復興庁のこうした「司令塔」としての役割は大いに評価されるが，東北地域全体の開発の整合性という点からみると，個々の「新しい東北」活動がどのように連動し，全体の中にどのように位置づけられ，結果として地域がどの方向に向かっていくかは明らかでなく，ばらばらとなってしまっても，それをコントロールする権限を持つものではない。やはり，上位・下位計画を明確にし，復興庁が上位計画の監督執行権限を持つことが必要であろう。

　近い将来発生すると考えられている首都圏直下地震や東海・東南海・南海地震の被害は，物理的にも経済的にも，東日本大震災を数倍上回ると考えられる。そしてその復興戦略は，国家存亡の視点から考えねばなるまい。現在復興庁は，経験を通じて確実に効果的復興のノウハウを蓄積しつつある。そして，10 年の復興期間が終わった時には，その問題点が整理され，復興事業全般に関する国と被災自治体との役割分担や，広域的な視点に立った復興計画立案権限の強化などについて，より適切な組織体制のあり方がイメージできよう。

　復興庁の経験から得られる最大の教訓は，ワンストップ機能などをはじめ，国と地方自治体の意思疎通に新たな可能性を開いたことで，それは平時の行政手順の中でも十分に有効であり，現復興庁と同様の機能を持つ機関を各県に常設し，災害時には復興庁として移行するべきであるという議論があるが，傾聴に値する[23]。ともあれ，常設は無理だとしても，少なくとも災害が発生してからではなく，発生と同時には稼働できるように，「復興基本法」を恒久法として整えておくことが強く望まれる。なお，これについては，結章において再考したい。

第1章　自然災害対策の動向と課題

＜注釈＞

[1]　蝗害は漢語であり，日本では「蝗」の字に「いなご」という訓読みを与えたが，いなごが大発生することはない。

[2]　宮城県知事は，震災直後，被災した142漁港について，経典漁港60港に集約し，他は必要最小限の復旧にとどめるとしたが，結局，統廃合ができたのは，気仙沼市本吉町の土台磯漁港を廃港し隣接する大沢漁港に統合（河北日報（2016.6.24））したケースだけであった。岩手県の場合，被災108漁港の全港復旧方針を打ち出している。

＜参考文献＞

1)　「鬼怒川氾濫，ソーラーパネル業者『下線事務所は何も心配ないとの話だった』」，THE HUFFINGTON POST（2015.9.15）http://www.huffingtonpost.jp/2015/09/14/kinugawa-solar-panel_n_8137396.html

2)　高橋学：「鬼怒川大水害－これは偏った治水政策が招いた『人災』だ！」（2015.09.15）http://gendai.ismedia.jp/articles/-/45315

3)　仙台管区気象台：「宮城県沖を震源とする地震の長期評価」http://www.jma-net.go.jp/sendai/jishin-kazan/soutei.htm

4)　国土交通省：「東日本大震災からの海岸の復旧・復興の取組「地域の状況に応じた海岸堤防高さの見直し」」http://www.mlit.go.jp/river/kaigan/main/fukkyufukko/pdf/fukkyufukko02_1702.pdf

5)　災害関連死，Wikipedia

6)　総務省消防庁災害対策本部：「平成23年（2011年）東北地方太平洋沖地震（東日本大震災）について（第154報）」http://www.fdma.go.jp/bn/higaihou/pdf/jishin/154.pdf

7)　復興庁：「東日本大震災における震災関連死の死者数」http://www.reconstruction.go.jp/topics/main-cat2/sub-cat2-6/20160930_kanrenshi.pdf

8)　復興庁：「全国の避難者の数」http://www.reconstruction.go.jp/topics/main-cat2/sub-cat2-1/20170228_hinansha.pdf

9)　「東日本大震災の後遺症－心の病，PTSDが増加傾向」https://matome.naver.jp/odai/2133792543549782801

10)　「東日本大震災の救援者の心的外傷後ストレス障害に関する調査－災害後のPTSD予防に向けて」http://www.jst.go.jp/pr/announce/20120426/

11)　関屋直也：『風評被害：そのメカニズムを考える』，光文社新書（2011）

12)　梶秀樹，和泉潤，山本佳代子編著：『東日本大震災の復旧・復興への提言』，技報堂出版（2012）

13)　東京海上日動リスクコンサルティング：「計画停電による影響と企業に求められる夏期の電力需給対策」http://www.tokiorisk.co.jp/risk_info/up_file/201104281.pdf

14)　安政地震鯰絵，「地震失火後角力」

15)　開発グループ：防災科学技術研究所，京都大学防災研究所，富士常葉大学，長岡造形大学，ESRIジャパン，ニコントリンプル，京都科学，日本IBM，中央グループ，ナカノアイシステム

16)　（災害時）心の情報支援センター：「2.災害時における心理的な反応」http://saigai-kokoro.ncnp.go.jp/document/medical_personnel05_2.html

17)　仙台防災枠組2015-2030　http://www.gender.go.jp/policy/saigai/pdf/sendai_framework_relation.pdf

18)　石渡幹夫：「開発協力文献レビュー」，No.3，JICA Research Institute（2016.3）

Ⅰ 総 論

19) Brian Walker and David Salt : "Resilience Thinking, － Sustaining Ecosystems and People in a Changing World － ", Island Press（2006）

20) 国土強靭化推進本部：「脆弱性評価の結果」（2014.4） http://www.cas.go.jp/jp/seisaku/kokudo_kyoujinka/pdf/hyouka-h2604.pdf

21) 河北新報社：「＜復興庁5年＞被災自治体……評価と注文と」,『河北日報』（2017.2.10） http://www.kahoku.co.jp/tohokunews/201702/20170213_71040.html

22) 復興庁：「被災自治体の復興体制の支援」 http://www.reconstruction.go.jp/topics/post_108.html

23) 寺迫剛：「集中復興期間最終年の復興庁 -『司令塔機能』から『管制塔機能』へ」,『季刊行政管理研究』, No.150, pp.27-35（2015.6）

24) 復 興 庁：「 新 し い 東 北 」 http://www.reconstruction.go.jp/topics/main-cat1/sub-cat1-11/creationnewtohoku.html

第2章
国土政策と防災・減災

瀬田史彦

2.1　防災・減災の空間計画

　大災害に対する防災・減災は，国土計画や都市計画をはじめ，地理的領域を対象とするすべての空間計画にとって，究極の課題であるといえる。

　災害は人々の生命や財産に決定的な影響を及ぼすため，どんな巨大な災害に対しても，生命や財産を守れることを計画で示さなければならない。国や自治体などの公の主体が，国民・市民の生命を守れないと宣言するのは難しい。公以外の多様な主体の力を借りる前提であったとしても，災害に対して生命や財産を守れる姿を公が具体的な計画で示すことが求められている。

　しかし災害対策として具体的な計画を実行に移すには，巨大なコストをかけなければならない。市街地をそのままの姿で災害から守ろうとすれば，巨額の費用で強固な構造物（防潮堤，堤防，耐震建築物，地盤のかさ上げ等）を整備する必要がある。また移動によって災害のリスクを避けようとするなら，これまでそこで日常生活を営んできた人々を説得して移動してもらい，新たな場所でも生活できるような仕組みをハード・ソフトとも再構築しなければならず，これも大きなコストを必要とする。そしてひとたび災害が起これば，国・自治体はもちろん，他のさまざまな主体も，時間と費用をかけて復旧・復興に力を尽くさなければならない。

　また災害の予測が難しいことも大きな問題である。防災・減災に巨大な金銭的・時間的コストがかかるとしても，起こり得る災害が想定可能なものであれば，現在の土木・建築技術を駆使した事前の対応，また事後に備えるための基金の整備

Ⅰ　総　　論

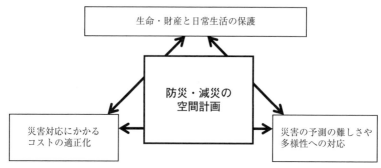

図-2.1　防災・減災の空間計画の3つの要素のバランス

等によって備えることも不可能ではない．しかし，東日本大震災をはじめとした近年の災害を思い浮かべただけでも，現代の科学技術では災害の予測がいかに難しいかがわかる．計画の立案・策定の根拠となる将来の災害の情報は，他の分野や政策課題についての情報と比べても不確実なものが多い．

　情報が不確実であり，対策に巨大なコストがかかるが，それにもかかわらず国民・市民の生命や財産を守るため，何らかの想定を示して対応を考えていく，というのが，空間計画における防災・減災である．

　図-2.1はその要諦をまとめたものである．3つの要素はいずれも，防災・減災の空間計画に不可欠な要素であるが，互いに背反するトレードオフの関係にある場合も多い．

　現在の生命・財産，また日常生活を保護することは防災・減災の使命である．しかし日常生活をまったく変えない防災・減災計画は，コストがきわめて高くつき，また仮にコストをかけたとしてもすべての災害に対応しきれない．津波や洪水の危険性が高い地域については，より安全な場所に立ち退くといった対応や，その場で日常生活を営みながら発災時にすぐに逃げられるような体制を平時から整えておくといった，日常生活の改変や財産の移転が不可欠になる．

　災害対応にかかるコストの適正化は，とりわけ高齢化や生産年齢人口の減少で財政のひっ迫が予想される日本ではきわめて重要なことである．ただ，何をもって適正と考えるかは，不確実かつ影響が甚大な災害の特質を考えると，判断がきわめて難しい．市民の生命を守るために，不確実な災害に対してどのくらいの投資を行っていくのかは，各地域にとってきびしい決断となる．通常の事業の実施

第2章　国土政策と防災・減災

判断に一般的に用いられる費用便益分析についても，結果の解釈に熟慮を要する。

東日本大震災で経験したような複合的な災害や気候変動に伴う未知の災害など
を踏まえると，災害の不確実性・多様性への対応は不可避である。しかし，想定
されるものもすべて入れ込んでいくと，コストも膨れ上がり，また日常生活を破
壊しかねない。

このように，3つの要素は個々に取り上げると不可欠な要素であるが，絶対視
すると，偏った計画となり結果的に防災・減災の計画として適切でないものとな
る。3つの要素のバランスをとりながら，あるべき姿をプランニングしていくこ
とが防災・減災の空間計画に求められる。

2.2　現地再建と移転

2.2.1　防災・減災の空間的対応

空間計画で災害リスクに対応する際，その場所での生活や生業を守るのか，そ
れともより安全な新たな場所へ移動し適応していくのかは，大きな決断を伴う。

むろん，被災後もその場所でこれまで通りの日常生活や生業が保てるのがベス
トである。しかし現在の科学技術では，あらゆる災害からのリスクをゼロにする
ことは難しい。とりわけ都市化の進んだ現代では，日常の生活や生業が行われて
いる場所が，沿岸であったり埋立地であったり，人工的に盛土・切土された場所
であるなど，一般的な土地より災害リスクが高い場所にある。生命・財産と日常
生活を現地で再建することと，コストを適正化すること・あらゆる災害に備える
こととのバランスを考えると，明らかに危険な場所からは離れて，新たな場所へ
移転する方が望ましい場合も多く見受けられる。

空間計画による防災・減災の要諦は，その場所で何を守るか，その場では守り
切れないものをどこに移動するかを話し合いながら決めることとなる。

たとえば津波対策の場合，現地での生活や生業を守るのならば，それぞれの建
築物や設備を強固にし，大津波にも対応できる防潮堤を整備したり地盤のかさ上
げを行うとともに，孤立した時にも支援の手が差し伸べられるまで耐えられるよ
う，備蓄を多くしておくことなどが基本的な対応として挙げられる。こうした対
応にはかなりのコストがかかる。また新たに大きな災害が想定される状況になる

33

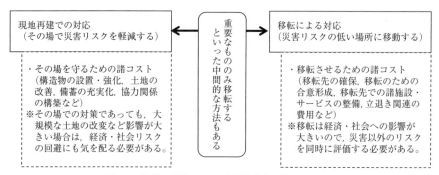

図-2.2　防災・減災における空間的対応の基本的な分類

と，その場にとどまる場合でも，従来の生活や生業を少し，またはかなり変えていく必要が出てくる。

　他方，安全な場所への移転は，災害リスクが自動的に低下する代わりに，その他の経済・社会リスクと十分に向き合うことが求められる。長い間その地域で形成されてきた経済・社会の仕組みが，移転後もうまく回るように再構築してあげなければならない。新しい仕組みが整わない状況が続くと，災害リスクから生命や財産を守るはずが，かえって人々はさらに他の場所に移転して姿を消し，地域として守るべき財産も失われてしまうかもしれない。

　このような理由から，災害に対応するための計画による空間への働きかけは，他の課題への対応に比べてもきわめて幅広い選択肢が俎上に載せられる。生命を守るためであれば，平時のみを考慮に入れた計画ではまったく不要と結論づけられるような巨大・巨額な基盤整備も，必要なものと位置付けられる場合がある。逆に今まで市街地であったところから完全に撤退すべきといったことが定められる場合がある。

　空間計画では，その場を完全に守ることから，すべてを安全な場所に移転することという両極端の考え方の間に，さまざまな中間的な選択肢を設定する場合も多い。移動弱者への対応や就寝中の災害に備えて居住のための空間はすべてより安全な場所に移転しつつ，生業を営む場所はややリスクが高いが利便性に優れた場所に残すということも考えられる。また物理的なリスクが同程度であっても，その場所で生活・活動する人々の間で密接な協力・連携が見込めれば，その場に離れずに暮らし，被災時に対応することが可能と判断できるかもしれない。

2.2.2　東日本大震災後の津波対策の防災・減災

　東日本大震災では，津波によって沿岸部で多くの命が奪われた。大西（2013）によれば，沿岸部の居住を規制したり，危険な地域からの自主的な退避を促したりする動きは，その前の明治三陸津波，昭和三陸津波のころからあったものの，対策は一部の地域を除いて総じて限定的であったとされる。そのことが今回の甚大な被害につながった。

　東日本大震災後，津波から人々の生命・財産と日常生活をどのように守るかについての議論が，各地で，また国から各集落までさまざまなレベルで行われた。津波の被害を受けた広大な地域のうち，とくに三陸海岸沿岸は，もともとリアス式海岸の平地に乏しい地域に市街地が発展してきたことに加え，集落の主な生業が漁業や水産加工業であったことから，生活も沿岸と密接に結びついていた。

　現地再建を第一優先に考えるならば，大規模な防潮堤や盛土によって津波を防ぐことがまず第一の選択肢となる。しかしこれまで長い時間をかけて強固に建設された防潮堤の多くが破壊された今回の経験を踏まえると，防潮堤をさらに高く積み増すことで，低地の安全がそのまま守られると考える人は少なかった。土地のかさ上げ・盛土についても，同様の印象があった。また巨大な防潮堤や盛土自体が，その場の人々の生活を大きく変える可能性がある。防潮堤は居住地から海への視界を遮り，まちの景色を一変させる。盛土も同様に大きな影響が想定され，人々を海に近づけにくくすることが懸念された。

　そこで集落の高台や内陸への移転がもう1つの大きな選択肢となった。高台や内陸に移転すれば津波のリスクは除去できる。ただし，そのためには生活と生業が沿岸部で完結していたこれまでの仕組みを抜本的に改変しなければならない。例えば漁業の場合，港や漁船をはじめ，生業にかかる主要な施設・設備は沿岸部にある。そこから離れた内陸や，海抜も大きく異なる高台に生活しながら，生業を営むことができるかが課題となった。

　また平坦な可住地が極端に少ない三陸海岸沿岸では，安全でかつ人が住める土地を新たに見つけることも難しかった。集落を高台で再生できるだけのまとまった土地を見つけることは困難を極めた。また適地が見つかっても，もともと衰退しつつあった第一次産業と被災でのダメージから，今後もこの土地に住んで生業を継続する意思を集落の多くの人が持っているかどうか確証は得られなかった。

I　総　　論

　このようなさまざまなジレンマの中で，各地域が，自分たちの防災・減災のあるべき姿を考え，それを空間に具現化しようと，現在まで悪戦苦闘してきた。

　国は，2011年の中央防災会議の結論（中央防災会議「東北地方太平洋沖地震を教訓とした地震・津波対策に関する専門調査会報告」平成23年9月26日）を踏まえて，津波のレベルを，レベル1（俗にエルワン）とレベル2（エルツー）に分け，各地域での対応を考える際の基本的な考え方を提供した。災害対応のコストが場合によっては莫大になることから，生命・財産と日常生活の保護について分離して考えることとしている。財産や日常生活は，レベル1の数十年から百数十年に1度程度の頻度の津波から守る。しかし数百年から千年という低頻度だが甚大な影響を及ぼすレベル2の津波に対しては，生命を優先して守る。その際，レベル1への対応は，その場での生業や経済・社会システムを保つため，コストをかけて現地での対策を中心に行うが，レベル2への対応は，避難や移動などを含めて対応するという想定をしていることがわかる。

　こうした対応を踏まえて，各地域では，防潮堤やかさ上げによる現地での対応と，高台等への移転による対応を組み合わせて対策を進めている。三陸地域は数十年に1度は数mの津波に襲われることが分かっており，その度に施設・設備が流されたのでは地域経済・社会の衰退につながる。地域の経済・社会のシステムを少なくとも百〜数百年の単位で維持するためには，かなりのコストがかかったとしても，現地での生業を死守していくことが求められている。

　他方で，今回の東日本大震災の津波のように，低頻度だが巨大な津波に対しては，もっぱら生命を守るために現地を守るための対策だけでなく，移転も含めた

表-2.1　東日本大震災を踏まえた今後の津波想定の考え方

	発生頻度	考え方
レベル1	概ね数十年から百数十年に1回程度の頻度で発生する津波	人命保護に加え，住民財産の保護，地域の経済活動の安定化，効率的な生産拠点の確保の観点から，海岸保全施設等を整備
レベル2	概ね数百年から千年に1回程度の頻度で発生し，影響が甚大な最大クラスの津波	住民等の生命を守ることを最優先とし，住民等の避難を軸に，とりうる手段を尽くした総合的な津波対策を確立

［出典］　平成23年度国土交通白書（中央防災会議：東北地方太平洋沖地震を教訓とした地震・津波対策に関する専門調査会報告，平成23年9月26日を再引用）

36

図-2.3 水産団地で新たに建設される防潮堤（気仙沼市気仙沼港近傍，2017年2月撮影）

図-2.4 小さな漁村集落で築かれる防潮堤（陸前高田市長部漁港，2017年2月撮影）

あらゆる手段を尽くすという考え方で防災・減災が進められている。移動が容易でない高齢者・障がい者や，就寝中の災害にも対応できるように，津波が到達しえないところに移転して生活してもらうようにするか，またはどうしてもリスクが消えないところに住む場合は，付近の山への避難路や中層以上のビルを整備し，

I　総　　論

必ず命が守れるように手を尽くすことが考えられている。またこうした低頻度の災害に対しては，生命以外の財産はあきらめ，生業は命を守った後に再興することが想定されている。

　こうした取り組みは，東日本大震災後には，被災地以外でも検討が進められている。2012年に公表された南海トラフ巨大地震の津波の想定は，津波の高さが最大で30 m以上，また到達時間も場所によっては数分というレベルのきわめてきびしいものであった。紀伊半島や高知県の太平洋岸など東南海・南海地震による津波が想定される地域では，こうしたきびしい想定に対しても，何とか市民の

図-2.5　高台での震災復興区画整理事業（陸前高田市，2017年2月撮影）

図-2.6　旧中心市街地での盛土市街地の整備（陸前高田市，2017年2月撮影）

命を守ろうとさまざまな対策を講じようとしている。

こうしたところでは，移転促進や防潮堤の建設などコストのかかる対策は順次考えていくとして，当座は津波避難タワーの整備や住民同士の助け合いによる高台への避難など，比較的早くできる対策を中心に，また現地での対応を中心に行われている。

空間計画による防災・減災で重要なことは，防災・減災のリスクのみを絶対視しないことである。守るべき地域社会自体が壊れないよう，防災リスクと経済・社会リスクを分類・体系化し，それぞれの事象にあった適切な対応を目指していくべきである。とりわけ，災害が起こらない状態でも高齢化や人口減少で地域社会の衰退リスクが高い状況の中では，防災・減災と地域の維持とのすり合わせが必要となってくる。そのためには，災害のリスクと，地域が衰退し消滅するリスクを相対化したうえで，計画を策定することが重要である。

例えば巨大な防潮堤や大規模なかさ上げで安全が確保されても，そのことにより地域社会のシステムが著しく損なわれたり再生不可能になってしまっては本末転倒となる。災害のリスクともある程度向き合いながら，地域の維持と魅力向上を図る必要が出てくるだろう。

2.3 国家にとって重要な中枢機能を守る

2.3.1 東京一極集中のリスク

国土レベルの防災・減災には，単に日本の領土でくまなく防災・減災を行う使命の他に，国全体の政治・経済システムを被災後もなるべく通常時と同じように機能させる，または被災してもなるべく早く回復させられるよう，とくに重要な中枢機能を守るという課題がある。とくに戦後の日本は東京に政治・経済の主要機能の多くが集積してきたことから，東京の機能をどう守るのか，そして集中しすぎた東京の機能を分散させリスク分散を図ることはできないのか，といった観点から長らく議論が行われてきた。

災害からのリスク分散だけを考えるならば，東京という1か所に国家の中枢を担うさまざまな機能が地理的に集中していることは，明らかに好ましくない状況である。東京または関東平野という土地は，直下型地震の発生確率やその地震の

I　総　論

影響を受ける地盤の状況，また低地に都心部が形成されているといった現状から
も，日本の他の地域に比べてもリスクが高い。政治・経済の意思決定の多くを担
う東京が被災することによって，被災地以外も含めた日本全体の経済や行政の機
能が損なわれ，対応を間違うと中長期的な国力の減退にまでつながりかねない。

　しかしながら戦後の日本のように，産官が東京都心の地理的にも近い距離で連
携し発展してきた日本の仕組みのうちの一部を，人為的に移動させることによる
経済的なリスクが，もう1つの不可欠な考慮点として挙げられる。被災リスクを
低減するために，本来の機能を大きく損なってしまっては，やはり本末転倒になっ
てしまう。

　日本はとりわけ戦後の高度成長期から政産官のトライアングルが強固に形成さ
れ国家経済の司令塔として機能してきた。地理的には，国会のある永田町，官僚
が集まる霞が関，企業本社の集まる大手町，金融機能が集中する兜町といった地
区が東京都心の近いところに集中し，互いに直接の意思疎通を行うことで機能し
てきた。また東京圏という巨大な市場，労働力，人材，資本，情報といった経済
活動を構成するあらゆる要素が地理的に近接して存在することは，大きな長所と
もなっている。そしてこの長所は，災害時に受けるダメージとトレードオフの関
係にあると考えられる。

　このような状況の中，技術が発達することによって新たな選択肢が生まれ，国
土政策としてどのような対応をすべきかの議論が展開されていく。ITをはじめ
とした情報技術の進展や，在宅勤務・テレワークなどビジネススタイルの変化な
どで，こうした集積の長所が必ずしも地理的な集積を前提としない場合も出てき
ている。海外では，もともと分散的な国土構造を維持しつつ高い生産力を保って
いるドイツや，主要な行政機能を新都市に分散させた韓国など，中枢機能を集中
させていない国々も多い。分散の議論が進めば，東京から一部の中枢機能を意図
的に分散させて，地理的なリスクを分散させることにつながるだろう。

　他方，東京に機能を集中させたままでの災害リスクの低減もさまざまな仕組み
や技術によって進化している。東京都心部の中枢を担うオフィス街では，BCP（業
務継続計画）を策定し，予備電源，食料備蓄などを備えて被災後のダメージを軽
減する取り組みが進んでいる。地震に対する建物や設備のリスクは免震構造など
での対応が進みつつある。またバックアップ機能を遠隔地に設置して，被災時の

40

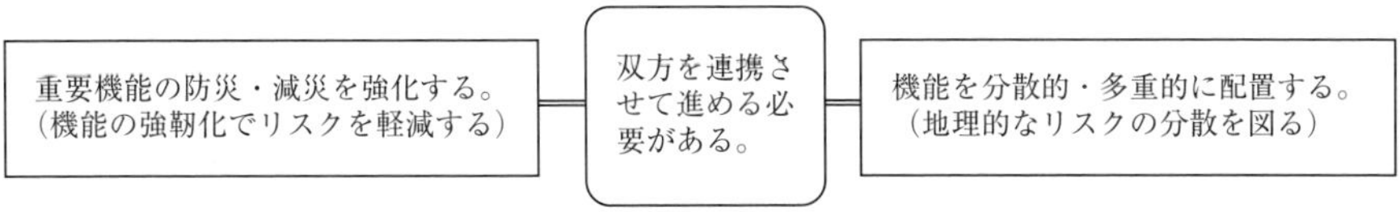

第 2 章　国土政策と防災・減災

| 重要機能の防災・減災を強化する。（機能の強靭化でリスクを軽減する） | 双方を連携させて進める必要がある。 | 機能を分散的・多重的に配置する。（地理的なリスクの分散を図る） |

図-2.7　国土構造の強化のための対応

み機能を一部移転するという取り組みも進んでいる。

　国土政策における国の重要機能の保全，被災リスク回避は，この両面を技術の進化と対応させながら考えていく必要があるといえる（図-2.7）。

　ここでは国土の中枢としての首都・東京の機能について触れたが，他にも，たとえば国の人流・物流・通信を担う基幹幹線道路・鉄道・通信網なども類似の議論となる。東日本大震災では，東北地方の太平洋側の交通網が寸断され，ライフラインやサプライチェーンとしての機能を大きく損なったが，その間，新潟や秋田などを経由する日本海側の交通網が威力を発揮した（斉藤（2015））。機能を分散的・多重的に配置し，さまざまな災害の状況に対応できる国土づくりを進めることが非常に重要になる。

2.3.2　これまでの日本の対応

　日本では，高度成長期には東京圏や大阪圏への人口集中によって過密問題が深刻となり，地方分散政策が取られた。またオイルショック後の安定成長期からバブル期にかけては，東京一極集中の問題が顕在化し，その解決についての議論が繰り広げられた。その過程で，防災という課題は，過密や一極集中の弊害の 1 つとして認識されていたものの，最もクリティカルなイシューとして認識されてはこなかった。

　東京は，10 万人以上の死者を出した 1923 年の関東大震災という経験もしているし，東海地震や首都直下型地震の予測は東京のリスクの高さを市民に常に意識させてきた。しかし，結局のところ，東京のリスク分散はきわめて限定的にしか行われず，今日に至るまで東京への主要機能の集中はほぼそのままの状態で続いてきている（瀬田（2012））。

　このような中，2011 年 3 月の東日本大震災は，地震・津波・原発による放射能汚染という複合災害のリスクと，それが東京を脅かすリスクを日本国民全体に

41

I　総　　論

知らしめた。とりわけ福島第一原子力発電所の事故は，東京都心を含めたきわめて広範囲の放射能汚染を引き起こし，一時は都市の基本的な成立要件となる飲料水の汚染が報告されたほどであった。

結果的に東京の中枢機能に中長期的な影響は認められなかったものの，東日本大震災を契機に，東京に集中している機能のリスク軽減が，官民の双方で再び検討されることになった。

国では，2011 年の年末に「東京圏の中枢機能のバックアップに関する検討会」（国土交通省）が立ち上がり，中枢機能のリスク軽減のあり方が，主にバックアップという観点から具体的に検討された。バックアップ機能自体をいくつかに分類し，平時と急時に必要な具体的な事項がまとめられた。東京から離れた拠点として大阪や福岡など，いくつかの都市がバックアップの拠点として名乗りを上げ，具体的な候補地区も検討された。民間企業では，大手企業が東京本社が被災した際の臨時拠点を設定したり，銀行や金融機関がデータベースを多重化したり，製造業ではサプライチェーンの複線化や部品供給の多元化が図られたりした。

他方，2013 年の法制定を踏まえて進められている国土強靱化の取組みは，東京一極集中からの脱却をうたいながらも，東京圏も含めたそれぞれの地域の社会基盤を増強することによる災害リスクの軽減と，多重性・代替性の強化やハード・ソフトの組み合わせによるリジリエンス（強靱性）の強化を図るものとなっている（『国土強靱化基本計画』平成 26 年 6 月 3 日）。

東京圏での防災も進められており，とりわけ BCP による急時への対応や，帰宅困難者に対する施策（食料の備蓄やエネルギーの供給など）は急速に進みつつある。現状ではどちらかというと，中枢機能の地理的な分散化・多重化は限定的であり，東京など現在の拠点や重要機能の強化が中心になっていると考えられる。

中枢機能のオンサイトでの防災・減災の強化はもちろん進めなければならないが，現代の災害の不確実性・多様性および現在可能な対策の内容を考えると，それだけでリスクを十分に軽減するのは難しい。

地震災害は面的な広がりがあり，個別の地点を強化しても線的・面的に強化しないと物流などは全体が機能しなくなる。また自然災害以外にも，テロ・戦災や放射能汚染などの事故・複合災害に対して，機能の地理的な集中は高いリスクを常にさらしている状況にあると考えられる。こうしたことを考えると，**図-2.7**

に示すように，重要機能自体の防災・減災と，機能の地理的・多重的な配置は，車の両輪として同時に進めていくべきものと思われる。

2.4 経験と科学の融合

2.4.1 経験はどこまで有効か

最後に，計画の根拠についての基本的な考え方を述べたい。

計画には根拠が求められる。上述のように災害の情報は不確実性が高く，すべての専門家の考え方が一致するような見解を見出すのは難しく，一般の市民の理解を得るのはさらに困難である。しかしそれでも，何らかの根拠とそれに基づいた想定を踏まえて計画づくりをしなければ，何も決められない。

防災・減災の計画の根拠について，大きく分けると，過去にその場で，または条件が同じような場所で同等・類似の災害が起こったという経験に基づく根拠と，そうではなくさまざまな科学的予測を踏まえて結論づけられる根拠の2つに分けられる。

経験に基づく根拠は実証的であり，説得力がある。市民にも比較的容易に理解されるので，移転のような大きな決断を促すことも可能となる。被災直後のように，被災者がその後の防災・減災計画に関与するのであればなおさらであるが，そうでなくても他の地域の被災の体験をテレビなどさまざまなメディアで知り，同等・類似の条件にある自分たちの地域の対策の必要性を痛感すれば，同じような効果がある。

空間計画における防災・減災対策は，大局的に見ると経験主義的な対応が中心であり，これまでの被災の結果を踏まえて進められてきたと考えられる。前川（2015）は，近代以前から近年までの防災・減災の系譜をまとめているが，そのまとめを読むと，前近代から21世紀までのいくつかの時期においてそれぞれ出された新しい法律・制度や考え方が，ほぼすべて，制度制定の少し前に起こった新たな種類の災害を踏まえたものとなっていることがわかる。

他方で，経験に基づく根拠は，その経験以外の種類の災害や，経験をはるかに超えた大きな災害への対応に対しては，むしろ強いブレーキをかけるおそれがある。東日本大震災では，津波はその前からもたびたび沿岸に押し寄せたが，その

Ⅰ　総　　論

規模はさまざまであり，千年以上の周期でやってくるより大規模な津波はあまり想定されていなかった。前述の大西（2013）は，東日本大震災の被災地である三陸地域では，被災前から低地での居住や経済活動を規制する制度は運用されてい

図-2.8　津波の記憶を後世に伝える石碑（大船渡市吉浜地区，2011 年 7 月撮影）

図-2.9　破壊された堤防と市街地（宮古市田老地区，2011 年 7 月撮影）

たものの，その時々の被災体験に基づいて災害対策が構築されたために，東日本大震災の津波での被害を防ぐことができなかったことを論じている。三陸地域は，千年以上前に今回の津波と同等規模の貞観地震を869年に経験しているはずなので，その時の経験が記録されるだけでなく，防災・減災の計画に十分に影響する経験として生かされていればよかったかもしれない。しかし実際に多くの地域ではそうならなかった。

2.4.2 科学的予測が必要になる場合

他方，経験によらない科学的予測を踏まえた根拠は，経験に基づくものに比べると，やや説得力に欠ける。一般に，現代科学への信頼は，歴史も含めた経験に基づく根拠に比べると市民への説得力も低い傾向がある。とりわけ近年の災害は，想定外と呼ばれるものが多くなり，またメディアで伝えられる専門家の見解が分かれたり（放射能による人体への影響についての見解など），外れたり（熊本地震における余震推定など）などの状況もあり，大学や研究所などの見解が必ずしも正しくなく，また仮に正しいとしても正しいと受け止めてもらえないという状況がある。

しかし現代の防災・減災は，経験に頼ることができない課題を多分に含んでおり，不確実な情報と分析を基にしながらも，未知の災害へ対応することが求められている。

その代表的な例は，主に地球温暖化を原因とする気候変動の問題である。気候変動は，産業革命と近代化による温室効果ガスの排出を原因とするものであり，これまでこのような急激な変化を人類は経験したことがない。温暖化による影響は，単に気温が平均的に上昇し，海面が上昇するというだけでなく，これまでの経験では想定できないようなさまざまな気候変動を各所に及ぼす。またその原因は地球規模のメカニズムにあるので，各地域では，気候変動の影響を受け止めて対応するしかない。地球で空気中の二酸化炭素が多かった有史以前の「経験」に基づいて影響を予想する研究もあるが，都市化された現代社会に及ぼす具体的な影響は不明となっている。このような新たな要因によって生じる未知の災害に対しては，経験の役割はきわめて限定的になる。

地震や洪水などのように，すでに高い頻度で生じている災害であっても，影響

I　総　　論

を受ける場所，季節，時間，場所などによって影響は大きく異なり，我々はまだ多くのことを経験していない。例えば居住地と勤務地が離れている市民が多い大都市では，平日日中の発災によって大量の帰宅困難者が発生し，彼らの家族である子どもや高齢者の保護も大きな問題となる。しかし実際にその問題を経験したのは東日本大震災が初めてであり，かつそのときには鉄道や道路など主要なインフラには大きな被害はなく，翌日には多くの交通機関がある程度復旧した。早朝に発生した阪神・淡路大震災のような被害が，平日日中の時間帯に起こったときの影響は，経験だけに頼らない分析や考察が必要となる。

2.5　まとめに代えて

　本章では，国土計画を含む空間的な計画における総論として，いくつかの原理的な課題について，事例を交えつつもやや抽象的に論じた。災害が人々に与えるインパクトは心理的にも大きく，被災直後は世論や住民意見がどうしても災害対応に偏り，他の課題やリスクへの考慮がおろそかになる。感情的な議論が先行しがちになり，さまざまな要素をすべて考慮に入れた総合的に望ましい判断ができにくくなる。本章のいくつかの図に示したような概念整理に基づいて，さまざまなリスクや対応の選択肢を考慮した，より望ましい防災・減災計画や復興計画を策定し，それを実行することが望まれる。

コラム　国家の中枢機能の防災・減災

　本論でも述べたように，国家の中枢機能を災害から守ることには，特別な意味がある。中枢機能が損なわれると，被災していない地域も含めた国家全体が長い期間にわたり機能不全に陥り，国家の中長期的な衰退につながるおそれもある。

　とりわけ日本は，中央政府の中枢機能である立法，行政，司法（三権）に加えて，国家経済を担う主要企業の本社や外資系企業の地域統括拠点の大多数が東京の都心に集中している。こうした官民の中枢機能のすべてが，天災・人災によって同時に被災し機能を喪失しないよう対策を講じることは，国土・

都市計画だけでなく国の安全保障にとっても最も重要な課題の一つである。

1990年代には，国会等の移転に関する法律（1992）が定められ，国家の三権の中枢機能を，すべて東京圏外の地域へ移転することが具体的に検討された。1999年に公表された国会等移転審議会答申では，北東地域，東海地域が移転先候補地として，また三重・畿央地域も移転の可能性がある地域として示された。しかし2000年代になると，むしろ一部機能の分散移転やバックアップ機能の整備・強化が検討されるようになった。結果として，国家の中枢機能の地理的分散によるリスク低減は，まだ本格的には実施されていない。

また，国家の中枢機能の防災・減災を考えるとき，中枢機能の本来のあり方を検討することも重要である。ヒエラルキカルな（中央集権的な）構造では，さまざまなリスクも中枢部分に集中する。政府が中央集権的になりすぎて各自治体が中央政府の指示や支援なしに動けない仕組みであったり，経済が大企業中心でその本社の意思決定に大きく依存するような構造では，災害リスクだけでなく，他のさまざまなリスクも高くなる。

他方，近年ではインターネットに代表される水平的・分散的な構造の特徴が注目され，さまざまな分野のネットワークの仕組みに大きな影響を与えつつある。矛盾のない決済情報管理が不可欠な金融分野でさえ，主要な仮想通貨がブロックチェーンの技術を応用した分散的な運営ネットワークを構築し発展を続けている。地域政策においても，中央政府に頼らない，地域・自治体同士の水平的な連携が求められる。

中枢機能の防災・減災のあり方の検討は，施設・設備の強化や地理的な分散といったリスク低減の議論を超えて，地方分権の推進，国家経済の構造転換，コーポレートガバナンスの変革といった，中枢機能自体のあるべき姿にも及ぶ議論となるだろう。

＜参考文献＞

1) 大西隆：「復興を構想する」，大西隆他編『東日本大震災 復興まちづくり最前線（東大まちづくり大学院シリーズ）』，学芸出版社（2013）

2) 斉藤淑子：「新潟市国土強靭化地域計画～防災・救援首都を目指して～」，『都市計画』，318号（特

I　総　　論

　集：減災・防災に向けた都市・地域づくり）（2015）
3)　瀬田史彦：「災害リスクと東京一極集中の国土形成」，『建築雑誌』，Vol.127，No.1638（2012.11）
4)　前川裕介：「既往災害と防災・減災に係る法制度・施策の系譜」，『都市計画』，318号（特集：減災・防災に向けた都市・地域づくり）（2015）

第3章
災害と復興の歴史に学ぶ

徳永幸之

3.1 災害の歴史の重要性

戦後，我が国の防災は明治以降の災害の記録に基づいて施設整備等が行われてきた。これは，正確な数値データの蓄積が 30 年から 100 年程度しか遡れないためであるが，それ以前の記録が文章としての記録で数値までは不明あったり，石碑の文字が判読困難あったり，口伝のみで近年の災害からは想像できないほどの規模でその事実そのものの信憑性も疑われたりと，あくまでも参考までという存在であったためと考えられる。

たとえば，日本被害津波総覧（1998）では，684 年の白鳳地震による熊野，土佐への津波来襲以降，1600 年までに地震による津波と特定されている 10 件の津波と，地震によるものとは特定されていないものや年代の不明なもの，津波と特定されていないものが 9 件記録されているが，その記述は非常に簡潔である。江戸時代に入ると記録件数も増え，被害状況もより詳細に記述されているが，具体的な浸水区域や遡上高など，防災施設整備のために必要な情報は十分とはいえない。1854 年の安政東海地震津波あたりから，大きな災害については各地点での津波高さの数値が記録されるようになってきたが，本格化するのは 1896 年の明治三陸津波以降である。このような状況からすれば，戦後の防災計画が明治以降の災害の記録に基づいて計画されてきたのはやむを得ないものであった。

三陸沿岸では，明治以降でも 1896 年の明治三陸津波，1933 年の昭和三陸津波，1960 年のチリ地震津波の 3 つの大きな津波を経験していたことから，津波常襲

49

Ⅰ 総　論

地帯であるという認識のもと，これらの津波にも耐えられるように防潮堤等の
ハード整備を行うとともに，「地震が来たら高台に避難」という標語とともに避
難訓練を毎年実施するなど，ソフト対策も行ってきた。しかし，2011 年の東日
本大震災ではこれらの津波を遥かに上回る津波が来襲し，869 年の貞観津波クラ
スの千年に 1 度の津波といわれるようになり，全国的にも江戸時代以前の災害の
記録を掘り起こすことの重要性が認識された。例えば，日本歴史災害事典（2012）
では，864 年の富士山貞観噴火から 2011 年の台風 12 号までの地震，津波，噴火，
風水害といった自然災害のみならず火災や飢饉など人為性の強い災害まで取り上
げ，歴史学的な古文書等の記録によるものだけでなく近年の理学・工学的な調査・
研究成果も加えている。また，「宮城の災害考古学」刊行特別委員会（2016）では，
宮城県内の遺跡発掘調査によって発見された自然災害の痕跡を『大地からの伝言』
としてまとめている。これによれば，宮城県東松島市宮戸島里浜貝塚では約
4500 年前の縄文時代からおおむね 400 〜 500 年間隔で津波に襲われた可能性が
あることが明らかになっている。このような分野横断的な調査・研究の進展に
よって，これまで存在が知られていなかった災害や規模の不明であった災害もそ
の詳細が明らかとなり，これら歴史災害を今後の防災に一層役立てることができ
るようになるものと期待される。

　また，今回のような災害を繰り返さないよう，後世に，あるいは他の地域にも
教訓として伝えていくことの重要性も認識された。文書や石碑といった従来から
の手法だけでなく，画像，映像，実物などのアーカイブや語り部ツアーなど，さ
まざまな取り組みが行われている。今回の教訓をもとに，全国で防災計画の見直
しや防災意識の向上が図られることを期待したい。

　しかし，災害の歴史を調べていくと，そこにはすでに多くの記録と教訓が記さ
れていたことに遭遇する。例えば，吉村昭は 1970 年に明治三陸津波，昭和三陸
津波，チリ地震津波について，その前兆，非難行動，被害，救援，復興の様子を
証言・記録として『三陸海岸大津波』に著していた。また，寺田寅彦は 1923 年
の関東大震災の後，『事変の記憶』のなかで次のように述べている。

　　　今度の地震と，そのために起こった大火事とによって，我々は滅多に得ら
　　れない苦い経験を嘗めさせられた。この経験をよく噛みしめて味わってそう
　　していつかはまた起こるべき同じような災いをできるだけ軽くするように心

第 3 章　災害と復興の歴史に学ぶ

掛けたいものである。これは今誰でもそう思い，また言っていることであるが，この苦い経験の記憶がいつまでつづき，この心掛けがいつまで忘れられないでいるかということが問題である。（中略）

　私は今度の地震や火事についていろいろの調べをするについて，何かそのために参考になることもあろうかと思って，昔から今までに，この東京の土地で起こった大地震や大火事に関するいろいろの古い記録を調べて読んでみた。それを読んでいるうちに，深く心を動かされたことは，今度我々が嘗めたと全く同じ経験を昔の人がさんざんに嘗め尽くして来ているということである――しかも，そういう経験がいつの間にか全く世の中からは忘れられてしまって，今文明開化を誇っている我々がまた昔の人の愚かさをそのままに繰り返しているという不思議な，笑止な情けない事実である。

これは，関東大震災における地震や大火について，物理学者としての観察眼による被災地調査と江戸時代の地震や大火に関する文献調査を通じての思いである。しかし，東日本大震災を経験し，過去の文献を調査し，その後の出来事をみていると，まさに今，これと同じ思いになる。

以下では，東日本大震災における宮城県南三陸町での調査や文献調査等から，災害の歴史を今後の防災やまちづくりにどのように活かしていけばいいのか，その課題について考えてみたい。

3.2　市町村史における災害の記録

宮城県南三陸町は，東日本大震災前の 2010 年国勢調査で 5 295 世帯，人口 17 431 人であった。東日本大震災では全壊 3 143 戸，半壊・大規模半壊 178 戸と全世帯の約 62 ％が半壊以上となり，死者・行方不明約 800 人という甚大な被害を受けた。明治以降でも明治三陸津波，昭和三陸津波，チリ地震津波と 3 回も大きな津波の被害を受け，これらの津波を教訓に防潮堤等の防災施設整備を行い，石碑や町史等で津波のおそろしさを伝えてきたにもかかわらずである。

合併前の志津川町では，『志津川町誌 I 自然の輝』第 3 章「志津川の気象」で貞観三陸津波以降の津波を年表に整理し，「天災は忘れた頃にやってくる」と注意喚起していた。また，『志津川町誌 II 生活の歓』第 4 章「志津川の災害」では

I　総　　論

明治三陸津波，昭和三陸津波，チリ地震津波による被害状況をまとめ，その後防災施設整備を行っているものの「防潮堤だけでは津波は防げない」と避難の大切さを訴えていた。さらに，『志津川町誌Ⅲ 歴史の標』第6章「明治後期・大正期の志津川」で明治三陸津波，第7章「昭和前期の志津川」に昭和三陸津波の詳細を記載していた。歌津町史においても，明治三陸津波，昭和三陸津波，チリ地震津波だけでなく，歴史津波についても記載していた。

　図-3.1は，志津川町誌Ⅰ・Ⅱ（1989），歌津町史（1986）に記載されている津波に加え，日本被害津波総覧（1998）から宮城県三陸沿岸に津波が来襲したもの（明治以降は1m程度以上のもの）を抽出したものである。869年の貞観三陸津波以降の数々の津波が記録されているが，戦国時代の1585年までは空白となっている。しかし，これはこの約700年の間津波がまったく来襲していなかったとは考えにくい。仙台の郷土史研究家である飯沼勇義（2011）は『3·11その日を忘れない』で仙台平野にこの700年間に3つの大津波があったことを，西田耕三（1978）は『南三陸災害史』で江戸時代に**図-3.1**とは別に2つの津波があったことを記述している。これらも，今後の発掘調査などによる検証が待たれるところではあるが，いずれにせよ，津波の記録が完全ではないという問題には，「記録の保存性」と「津波ではなく災害の記録」という2つの要因があると考えられる。

　1つ目の「記録の保存性」というのは，東北特有の問題かも知れないが，公式の記録はそのときの為政者が編纂したものであることによる。宮城県において，奈良時代の724年に多賀城が創建された頃は，多賀城附近が中央政権（朝廷）と蝦夷の境界となっていた。蝦夷の記録は蝦夷側には残っておらず，朝廷側の記録に頼るしかなく，その結果，多賀城下に被害が及んだ869年の貞観三陸津波しか記録が残っていないと考えられる。その後も宮城県の三陸沿岸部は，平安時代後期は奥州藤原氏，鎌倉・室町時代は葛西氏，江戸時代は伊達氏と領主が代わっており，それぞれ以前の領主時代の記録は失われている可能性がある。石碑などの記録も，風化によって文字が判読不能であったり，道路整備などの開発行為の際に移設されたりと，その保存性には問題がある。

　2つ目の「津波ではなく災害の記録」というのは，津波が来襲しても被害がなければ記録には残らず，記憶もすぐに忘れ去られてしまうという問題である。南三陸町のまちづくりの歴史をみると，南三陸町では貝塚など縄文遺跡は海岸近く

第3章 災害と復興の歴史に学ぶ

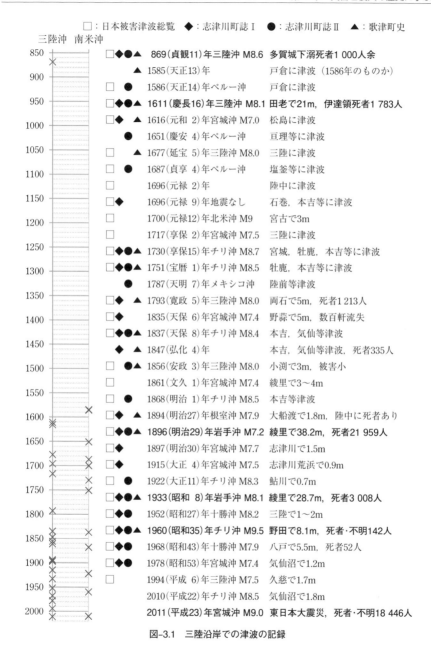

□：日本被害津波総覧　◆：志津川町誌Ⅰ　●：志津川町誌Ⅱ　▲：歌津町史

□◆●▲　869(貞観11)年三陸沖 M8.6	多賀城下溺死者1 000人余
▲ 1585(天正13)年	戸倉に津波（1586年のものか）
● 1586(天正14)年ペルー沖	戸倉に津波
□◆●▲ 1611(慶長16)年三陸沖 M8.1	田老で21m，伊達領死者1 783人
□◆　▲ 1616(元和 2)年宮城沖 M7.0	松島に津波
● 1651(慶安 4)年ペルー沖	亘理等に津波
□　▲ 1677(延宝 5)年三陸沖 M8.0	三陸に津波
● 1687(貞享 4)年ペルー沖	塩釜等に津波
□ 1696(元禄 2)年	陸中に津波
□◆ 1696(元禄 9)年地震なし	石巻，本吉等に津波
□ 1700(元禄12)年北米沖 M9	宮古で3m
□ 1717(享保 2)年宮城沖 M7.5	三陸に津波
□◆●▲ 1730(享保15)年チリ沖 M8.7	宮城，牡鹿，本吉等に津波
□◆●▲ 1751(宝暦 1)年チリ沖 M8.5	牡鹿，本吉等に津波
● 1787(天明 7)年メキシコ沖	陸前等津波
□◆　▲ 1793(寛政 5)年三陸沖 M8.0	両石で5m，死者1 213人
□◆ 1835(天保 6)年宮城沖 M7.4	野蒜で5m，数百軒流失
□◆●▲ 1837(天保 8)年チリ沖 M8.4	本吉，気仙等津波
◆　▲ 1847(弘化 4)年	本吉，気仙等津波，死者335人
●▲ 1856(安政 3)年三陸沖 M8.0	小渕で3m，被害小
□ 1861(文久 1)年宮城沖 M7.4	綾里で3〜4m
● 1868(明治 1)年チリ沖 M8.5	本吉等津波
□◆　▲ 1894(明治27)年根室沖 M7.9	大船渡で1.8m，陸中に死者あり
□◆●▲ 1896(明治29)年岩手沖 M7.2	綾里で38.2m，死者21 959人
□◆ 1897(明治30)年宮城沖 M7.7	志津川で1.5m
□◆ 1915(大正 4)年宮城沖 M7.5	志津川荒浜で0.9m
● 1922(大正11)年チリ沖 M8.3	鮎川で0.7m
□◆●▲ 1933(昭和 8)年岩手沖 M8.1	綾里で28.7m，死者3 008人
□◆● 1952(昭和27)年十勝沖 M8.2	三陸で1〜2m
□◆●▲ 1960(昭和35)年チリ沖 M9.5	野田で8.1m，死者・不明142人
□◆● 1968(昭和43)年十勝沖 M7.9	八戸で5.5m，死者52人
□◆● 1978(昭和53)年宮城沖 M7.4	気仙沼で1.2m
□ 1994(平成 6)年三陸沖 M7.5	久慈で1.7m
2010(平成22)年チリ沖 M8.5	気仙沼で1.8m
2011(平成23)年宮城沖 M9.0	東日本大震災，死者・不明18 446人

図-3.1　三陸沿岸での津波の記録

I 総論

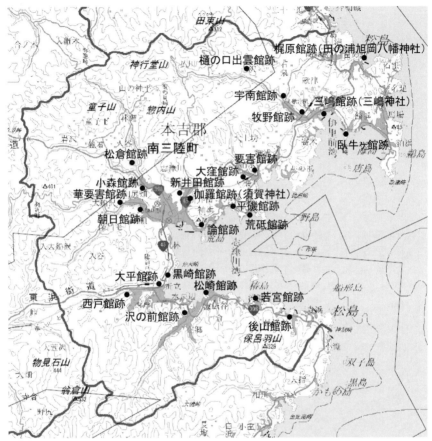

注) 国土地理院『10万分1浸水範囲概況図』上に宮城県文化財保護課『宮城県遺跡地図』をもとに本章の著者作成

図-3.2 南三陸町の中世館跡と東日本大震災浸水範囲

ではなく丘陵斜面など高燥地に位置する。稲作も可能と思われる低地もあるが，弥生遺跡は発見されていない。このことから，古代の南三陸町の低地は，高潮・津波など災害の危険性があることから，より安全な高台に居を構えていたと考えられる。その後も，鎌倉時代の館跡などは図-3.2に示すように高台にあり，今回の東日本大震災でも津波は到達していない。したがって，この時代にも津波は来襲したものの，人的被害はほとんどなかったものと考えられる。なお，高台に

ある中世の館跡のいくつかはその後寺社になり，また現在は避難場所に指定されているところも多い。なお，東日本大震災による高台移転候補地がこれらの遺跡にあたり，文化財調査に時間を要してしまったのは皮肉な結果であった。

南三陸町で低地が利用されるようになったのは戦国時代になってからのようである。歌津町史によれば，1563年に歌建山津龍院が樋の口から館浜に，1575年に安養山西光寺が払川から伊里前にそれぞれ移山しており，この頃に山麓から海辺へ人々の居住も移ったと考えられる。中世以来の旧家は高燥地に居を構え，湿地や低地は極力避けられていたが，時代とともに低地を土盛りしたり下水溝を整備し，低地にも居住するようになったようである。そして，1585年または1586年の津波が伝承されることになったと考えられる。

3.3 地区別災害記録の再整理

市町村史という性格上，災害の記録も年代順に記載されることが多い。しかし，1つの市町村内においても，津波被害の程度は集落ごとに大きく異なり，また，津波によっても異なってくる。したがって，同じ市町村内でも地区によって災害に対する認識も異なっている可能性があるため，地区別に再整理する必要がある。

図-3.3は町史などの過去の文献や痕跡調査による南三陸町内各地区における最大遡上高を示している。遡上高は陸上の斜面を遡上するため海上での波高より高くなり，また，波向や地形によって遡上高は大きく異なってくる。明治三陸津波と昭和三陸津波では歌津・志津川の外洋に面した地区や志津川湾口部で高く，反対にチリ地震津波では志津川湾奥部の志津川や戸倉で高くなっている。チリ地震津波以降，防潮堤（TP + 4.6 m 程度）が整備されてきたが，それでも防ぎ切れなかった可能性が高い5 m以上を太字で，宮城県沖地震第三次被害想定（2004年）における想定津波（連動型 M 8.0）の波高6.7 m（志津川）〜6.9 m（歌津）を超える7 m以上を太ゴシックで示している。今回の東日本大震災では，過去の三大津波や被害想定の遡上高を大きく超え，外洋に面した地区や志津川湾奥部でとくに高くなっている。

これに対し，家屋の被災状況を示したのが図-3.4である。図-3.3と比較すると，必ずしも遡上高と被災率が比例しているわけではない。外洋に面した地区や志津

Ⅰ　総　　論

地名		明治三陸津波 （1896年） 遡上高（m）	昭和三陸津波 （1933年） 遡上高（m）	チリ地震津波 （1960年） 遡上高（m）	東日本大震災 （2011年） 遡上高（m）
歌津	港	6.7	4.3	3.0	23.4
	田の浦	10.3	5.5	3.3	20.3
	石浜	14.3	10.5		13.2
	名足	9.4	10.5	3.3	18.3
	中山	11.2	7.2	3.4	18.4
	馬場	10.8	10.5		17.6
	泊浜	6.1	5.1	3.0	14.1
	稲渕	3.3	4.9		
	館浜	5.4	5.2	3.0	13.6
	管の浜	5.4	3.0	3.2	
	伊里前	4.5	4.6	3.1	16.4
	寄木	4.9	3.4	3.1	15.1
	韮の浜	4.7	2.5	3.1	12.2
志津川	細浦	4.7	3.6	3.4	14.4
	清水浜	5.9	3.6	3.0	13.8
	荒砥	5.5	3.4	5.4	16.6
	平磯	7.5	4.0	5.8	13.9
	袖浜	4.8	3.4	5.4	16.1
	志津川	3.8	5.4	6.3	21.5
	林	1.8	3.2	5.2	23.9
戸倉	折立	3.9	3.1	6.0	22.6
	西戸				18.4
	水戸辺	2.9	2.4	6.5	20.4
	在郷				15.9
	波伝谷	3.4	3.4	6.0	15.4
	津の宮	4.9	3.6	4.5	16.7
	滝浜	6.0	2.6	4.8	17.2
	藤浜	5.2	5.3	4.6	16.3
	長清水	5.2	4.6	3.6	10.7
	寺浜	6.8	6.0	3.8	11.6

［出典］志津川町誌（1991），歌津町史（1986）
　　　　東北大学津波工学研究室・原子力安全基盤機構：津波痕跡データベース
　　　　土木学会海岸工学委員会，東北地方整備局，宮城県による痕跡調査結果

図-3.3　宮城県南三陸町における津波遡上高

第３章　災害と復興の歴史に学ぶ

地名		明治三陸津波 （1896年） 被災率	昭和三陸津波 （1933年） 被災率	チリ地震津波 （1960年） 被災戸数	東日本大震災 （2011年） 被災率
歌津	港	67%	7%		33%
	田の浦	100%	39%		56%
	石浜	59%	17%		21%
	名足	43%	14%		49%
	中山	87%			91%
	馬場	67%	21%		91%
	泊浜	15%	1%	2	43%
	稲渕	0%			
	館浜	72%	0%		65%
	管の浜				
	伊里前	92%	3%	6	60%
	寄木	56%		5	76%
	韮の浜	27%	0%		51%
志津川	細浦	92%			52%
	清水浜	95%			94%
	荒砥	40%			31%
	平磯	19%			54%
	袖浜	65%			53%
	志津川	94%		1329	79%
	林				29%
戸倉	折立	15%			100%
	西戸				90%
	水戸辺	4%			93%
	在郷				99%
	波伝谷	34%			97%
	津の宮	25%			72%
	滝浜	27%			57%
	藤浜	55%			40%
	長清水	90%			92%
	寺浜	33%			25%

［出典］　志津川町誌（1991），歌津町史（1986）
　　　　南三陸町調査（2011）

図-3.4　宮城県南三陸町における家屋被災状況

川湾口部では，明治三陸津波での被災率は高かったものの，昭和三陸津波では防潮堤などの防災対策がとられていたことや明治三陸津波より若干小規模であったことから，家屋の被災率は低く人的被害も小さかった。東日本大震災では，それらを遥かに上回る遡上高であったが，家屋被災率が比較的小さな集落も存在する。一方，志津川湾奥部では，明治三陸津波で被災率が比較的高い集落もあったが，昭和三陸津波では遡上高がおおむね 5 m 以下であったこともあり被害はほとんどなかった。しかし，津波は外洋に面した地区や湾口部で大きいという意識があったためか，チリ地震津波では湾奥部で人的被害も出してしまった。その後，防災施設が整備され，低地開発が進んだことで，東日本大震災では甚大な被害を受けることとなった。

東日本大震災における地区別の人的被害のデータについては入手できなかったが，このような被害の違いについて，過去の被災状況やその後の対応，住民意識との関係について検証していく必要があろう。

3.4　まちづくりと復興の歴史

南三陸町では，江戸時代以降繰り返し津波被害を受けながらも，復興し発展してきた。そこで，南三陸町のまちづくりと復興の歴史を振り返っておきたい。

江戸時代初期の志津川の集落は水尻川と八幡川に挟まれた三角地にある元町（被災前の JR 志津川駅周辺）にあった。このあたりは度々津波の被害を受けたため，八幡川の東側に移ったと伝えられている。五日町大契約講の由来には「八幡町周辺は津波被害が多く，川に囲まれ避難が難しいことから，八幡川の河床を変更し，その土をもって海円寺山周辺を埋め立て，移転するために元禄四（1691）年に契約講を組織した」とある。新しい八幡川の西側は田畑となり，保呂毛から八幡神社が移された。歌津の気仙道は現在の国道 45 号線より内陸を通り，低地の伊里前は脇宿場という位置づけであった。歌津村風土記には「伊里前元禄六年御町割になり候宿場」とあり，従来から浜辺の集落はあったものの宿場町として発展したのは元禄 6（1693）年以降である。両地区の開発はともに 1611 年の慶長三陸津波から約 80 年後であり，慶長の津波を知る人達がいなくなって，津波の記憶が薄れたことと好景気が重なったためと考えられる。これは慶長の津波の

後，伊達政宗が居住禁止として製塩などの産業用地としていた仙台沿岸部におい
て，ふたたび居住が始まった時期とも一致する。

　志津川の戸数は寛永 18（1641）年の 133 戸から安永 3（1774）年には 358 戸（う
ち十日町・五日町 149 戸）と約 2.7 倍に，伊里前では 33 戸から 65 戸と約 2 倍に
増加し，明治までほぼ同規模で推移していた。志津川の市街地は明治以降さらに
拡大していく。江戸時代田畑であった八幡町は新町とも呼ばれ，1880 年に新し
く町割りされた。また，十日町より海側は海岸か湿地帯であったが，1887 年に
八幡川河口改修と埋め立てによって南町がつくられた。これら志津川の明治以降
開発された地区や江戸時代に拡大した伊里前は，1896 年の明治三陸津波によっ
てそれぞれ 62 戸中 58 戸（94％），77 戸中 71 戸（92％）と全滅に近い被害を受
けた。

　明治三陸津波の後，海岸には堤防が作られ，被災した低地もふたたび利用され
ていった。1902 年には志津川病院が高台の海円寺山から低地の十日町に移転した。
志津川町役場は 1906 年に海円寺山に建築されたが，翌年に出火，志津川小学校，
海円寺とともに全焼し，1910 年に低地の塩入に移転するなど，公共施設が低地
に展開されるようになった。ただし，学校関係は高台に立地した。昭和になると，
1929 年には河口埋立地が払い下げされるなど，八幡川河口周辺が開発されていく。
また，1932 年には津波防災とノリ・カキの養殖のために大森崎と荒島をつなぐ
防波堤工事が開始された。1933 年の昭和三陸津波では，外洋に面した田の浦，
石浜，馬場では大きな人的被害を出したが，志津川湾内の被害は比較的小さく済
んだ。これは，波高が比較的小さかったこともあるが，浸水域の開発がそれ程進
んでいなかったことが幸いしたと思われる。

　昭和三陸津波の後，荒島防波堤は 1937 年に竣工し，1936 年に着工した志津川
漁港改修工事は 1945 年に竣工する。伊里前〜小泉の県道は，昭和三陸津波の救
済事業として現在の国道 45 号線の路線に変更された。戦後，志津川および歌津
地区は世帯数，人口ともに急激に増加していく。これに伴って，志津川および伊
里前の市街地が拡大していった。

　1960 年のチリ地震津波では志津川湾奥部の波高が高かったことに加え，志津
川や折立など低地の開発が進んだことで，被害が大きくなった。ただし，明治三
陸津波や昭和三陸津波と異なり，ゆっくりと水位が上昇する海ぶくれ型の津波で，

浸水はしたものの家屋自体は残ったため，現状復旧が基本となった。災害復旧事業として，志津川では防潮堤，水陸門の整備を行い，1963年に竣工した。これにより，1968年の十勝沖地震津波では市街地には浸水せず，水産関係の被害にとどまった。高度経済成長期の核家族化に伴う世帯数の増加により高台開発も行われたが，チリ地震津波の浸水域であった塩入，汐見に郵便局，警察署，母子健康センター，中央公民館，体育館，図書館，病院といった公共施設が立地するなど低地開発が推進されていった。

　このように，志津川地区では，たびたび起こった津波に対して埋め立てや防潮堤の建設によって低地を開発し，発展してきた。とくに，チリ地震津波以降は，50年に1度程度の津波を想定した防災対策によって，津波からは守られているという意識が醸成され，病院や公共施設といった被災時の最重要施設も低地に立地していた。歌津町史には「国土保全事業の推進により沿岸の様相は一変しつつあるので今後においては昔日のような惨状を見ることはあるまい。」と記されていた。

　東日本大震災はこれら防災対策の想定を越える巨大津波であったことから，ふたたび大きな被害を受けることになった。東日本大震災からの復興では，「百年に1度の津波に対しては防潮堤や嵩上げで，千年に1度のような巨大津波には高台避難で」という方針のもとで，被災自治体は復興計画を策定し，新たなまちづくりを行っている。南三陸町でも「なりわいの場所はさまざまであっても，住まいは高台に」を土地利用の基本とし，復興事業が進んでいる。しかし，山口弥一郎（2011）は『津浪と村』の中で，三陸沿岸各地での高台移転と低地再開発の繰り返しの歴史を記述している。明治三陸津波で被災したものの高台移動に手間取っているうちに原地居住となった家が昭和三陸津波でふたたび被災した事例や，高台に移動したものの日々の生活の不便さによって原地復帰した事例，移入者が低地に居を構え，昭和三陸津波で被災した事例などである。また，昭和三陸津波で高台移転したものの，日々元の屋敷跡をながめて浜に通ううちに不便に堪えかねてふたたび原地復帰してしまう懸念も示していた。昭和三陸津波被災地域に知事の認可なしに住居用建物の建築を禁じた宮城県の「海嘯罹災地建築取締規則」についても，沿岸聚落の生業の雑多さゆえに移動が困難になることを指摘しており，この県令が1954年の宮城県例規集から抜け落ち，原地復帰や新規開発もお

構いなしになってしまった結末を暗示するものとなっている。これらと同様の事実や懸念は，吉村昭の『三陸海岸大津波』や寺田寅彦の『津浪と人間』でも述べられていた。山口はその後も三陸沿岸を見続け，1960 年のチリ地震津波の前後に投稿した新聞記事では，被災が繰り返されたことへの無念さと，将来ふたたび繰り返される懸念が記されている。

東日本大震災でも，震災直後の復興計画検討段階では高台移転で住民意見が一致していたものが，時間の経過とともに徐々に意識が変化しており，懸念が顕在化しつつある。また，津波だけでなく洪水や土砂災害などが全国各地で発生しており，ハザードマップであらかじめ自然災害の危険性を知っておくことの重要性も認識されるようになってきたが，ハザードマップで災害危険区域とされている場所に市役所，消防署，病院などの防災拠点や避難が困難な福祉施設が立地しており，実際に被災したり対応策が未検討のままであったりという問題もある。このように「日常の利便性と非常時の安全性のバランス」の問題は難しい。

3.5　災害の記憶と災害時の行動

三陸沿岸部では，1856 年の安政三陸津波，1896 年の明治三陸津波，1933 年の昭和三陸津波，1960 年のチリ地震津波と 30 年前後の間隔で津波が来襲してきた。このとき，前回の津波体験者がいたことで被害が低減できたかというと，津波のパターンがそれぞれ違ったことから，逆に前回の経験が仇となって被害を大きくしたケースもある。ここでは，『志津川町誌Ⅲ』(1991)，吉村昭の『三陸沿岸大津波』，山下文男 (2005) の『津波の恐怖—三陸津波伝承録』などの文献から，これら 4 つの津波からの教訓やその伝承，それに基づく防災の実態と課題について考えてみたい。

安政三陸津波は，1856 年 8 月 23 日の午後 1 時頃，三陸・十勝沖を震源とする M 7.8 〜 8.0 の強い地震によって起こった。その津波の前，三陸の漁村ではイワシやウナギが大豊漁であったり，磯に海草が大量発生したり，沖合の発光現象，井戸水の涸渇・混濁などといった現象が見られた。

明治三陸津波は，1896 年 6 月 15 日，旧暦の端午の節句にあたり，各家庭では祝いの団欒をしている 19 時 30 分頃に岩手県沖約 200 km を震源とする M 7.2 の

Ⅰ　総　　論

地震によって起こった。震度は 2 ～ 3 程度で，地震による被害は小さかったが，約 40 分後に大津波に襲われた。安政の津波のときと同様，大豊漁や沖合の発光現象，井戸水の涸渇・混濁などが起こっており，津波の前触れと警告する者もいたが，安政の津波以来 40 年間大きな津波の来襲がなかったことから，その恐怖を知る世代がほとんどいなくなり，津波に対する警戒が薄れていたことで大きな被害となった。また，夜間で直前まで大雨が降っていたことで，直前の異常な引き潮に気づけず，沖合の大音響も雷鳴や砲声（当時は日清戦争の戦勝ムードとともに日露戦争への不安の中にあった）と勘違いするなど，直前の警報に気づけなかったことも被害を大きくした。さらには，安政の津波体験者が，津波は激しい揺れの後に来るもの，津波は割とゆっくり押し寄せてくるものという思い込みで，避難行動が緩慢になってしまったことも災いとなってしまった。

　昭和三陸津波は，1933 年 3 月 3 日の午前 2 時 30 分頃，岩手県沖約 200 km を震源とする M 8.1 の地震によって起きた。最大震度は 5 と激しい揺れであったこと，37 年前の恐怖体験の語り継ぎによって警戒や迅速な避難が行われたことで人的被害は比較的少なくて済んだ。その一方で，今回も安政や明治の大津波と同様，前兆として豊漁や沖合の発光現象，井戸水の涸渇・混濁などが起こっていたが，「冬期と晴天の日には津波は来ない（安政以降の津波は 4 ～ 11 月であった）」「地震後 30 分たったら津波は来ない（明治三陸津波以降の震源は明治三陸津波より近海であった）」といういい伝えもあり，津波が来襲するまで避難しなかった者や，地震で家を飛び出したもののふたたび家に戻り被災した者も多かった。ふたたび惨事を繰り返してしまった反省から，「地震があったら津波の用心」，「津波と聞いたら早く高地へ」と記した震嘯碑が歌津に 6 碑，志津川に 3 碑，戸倉に 4 碑建てられた。

　チリ地震津波は，1960 年 5 月 23 日に発生したチリ沖を震源とする M 9.5 の巨大地震によって起こった。明治三陸津波や昭和三陸津波のような地震や前兆現象もなく，地震から約 22 時間かけて太平洋を横断した大津波が三陸沿岸を襲った。24 日の早朝 4 時 20 分頃には異常な引き潮となり，その 10 分後には海水が高い壁となって襲ってきた。その後も約 40 分の周期で繰り返し，5 ～ 6 時に最大波高を観測した。志津川湾奥部の低地では，明治三陸津波や昭和三陸津波で外洋に面した地区や湾口部ほど大きな津波を経験したことはなく，その後に防潮堤や嵩

上げなどの防災工事も行われたことで警戒感が薄かったことや，昭和三陸津波の教訓である「地震があったら津波の用心」は心得ていたはずであるが，地震がなかったために不意打ちになってしまったことで被害が大きかった。中には，引き潮で魚を捕りに行って逃げ遅れた者もいた。この教訓から「異常な引潮　津波の用心」と記した碑が志津川の松原公園に建てられた。

　このように，これまでも大きな津波被害を教訓に，前兆現象や直前の異変，避難の重要性が認識され，次の災害に備えてきたが，残念ながらそれで防ぎきることはできなかった。そこには災害の発生頻度が低いことや前回とは規模やパターンが異なるといった問題があり，直近の災害の経験に基づいて防災計画を立てたり，自身の経験を伝承していくだけでは十分ではない，あるいは逆に危険なこともあるということも明らかになってきた。また，近年では井戸を使わなくなったり，夜間でも明るかったり，さまざまな音に囲まれた生活など，技術や生活環境の変化によって昔のようには前兆や直前の異変に気づけないという問題もある。

　東日本大震災の際やその後の出来事においても，直前の経験が仇となったり，時間の経過とともに重視すべきことがらが変化してしまったり，直接体験していないことによる意識の低さといった問題が多々みられる。例えば，2011年3月11日の本震後，大船渡市内の町内会長が近所を駆け回って避難を呼びかけたが，住民はなかなか逃げようとしなかった。「昨年も，おとといの津波も小さかった。絶対ここまで来ない。」と，直近の経験が優先されてしまった事例は多い。また，東日本大震災では車での避難によって道路が大渋滞し，多くの避難者が車とともに津波に巻き込まれてしまった。これを教訓として「徒歩での避難を基本に」ということになったにもかかわらず，震災翌年に津波警報が発令された際には，ふたたび避難の車によって各所で大渋滞が発生してしまった。車で避難した理由を聞くと，「車がなかったので避難生活が大変だった。」「車という財産を失いたくなかった。」というように，まず命を守るということより助かった後のことが優先されてしまう事例などが報道されている。

　畑村洋太郎（2011）は，「記憶の減衰には法則性がある」とし，「個人では，3日で飽き，3か月で冷め，3年で忘れる。組織では，人の入れ替わりによって30年で途絶え崩れる。地域では，体験者がいなくなる60年で忘れる。社会では，文書や文化として残っていても300年もするとなかったことになる。」と述べて

Ⅰ　総　　論

いる。これまでみてきた貞観三陸津波から東日本大震災までの災害の歴史，東日本大震災後の出来事は正にこのとおりとなっており，忘れるということは人間が「前向きに生きるための一つの知恵」という指摘も踏まえ，災害の歴史・教訓をどう伝えていくかは今後の重要な課題である。

> ### コラム　末の松山 浪こさじとは
>
> 　小倉百人一首にある清原元輔（908〜990年）が詠んだ歌，
> 　　『契りきな かたみに袖を しぼりつつ　末の松山 浪こさじとは』
> 　これは，「末の松山を浪が越えなかったように，お互いに涙に濡れた袖を何度もしぼりながら愛を固く誓ったはずなのに……」という意味の歌である。清原元輔だけでなく，同時代の多くの歌人が「末の松山」を恋の歌枕として謳っている。
> 　この「末の松山」は，多賀城跡の西側を流れる砂押川下流の多賀城駅近くにある寶國寺の本堂裏の小高い丘の上にある。砂押川河口から3km以上も内陸に位置し，海の波とは無縁と思われるような場所にあるため，歌枕の地としての真偽が疑われてもいた。しかし，東日本大震災では寶國寺本堂の石段まで津波が到達し，869年の貞観三陸津波でも「末の松山」の直前まで津波が迫ったものの越えなかったという姿が想像できるようになった。大津波も「末の松山」を越えなかったことから，絶対に起こらないことの喩えとされたのであろう。貞観三陸津波は901年に編纂された『日本三代実録』
>
>
>
> 　寶國寺と末の松山（宮城県多賀城市）　　　浸水範囲概況図〔国土地理院〕

に記されたように，その恐ろしい様が都にも伝えられていたが，貞観三陸津波から50年以上過ぎたこの時代には津波の悲惨さは忘れ去られ，恋の歌枕として多くの歌人に謳われるようになったのではないだろうか。

＜参考文献＞

1) 渡辺偉夫：『日本被害津波総覧［第2版］』，東京大学出版会（1998）
2) 北原糸子，松浦律子，木村玲欧編：『日本歴史災害事典』，吉川弘文館（2012）
3) 「宮城の災害考古学」刊行特別委員会：『大地からの伝言—宮城の災害考古学』，宮城県考古学会（2016）
4) 吉村昭：『三陸海岸大津波』，文芸春秋（2004）
5) 寺田寅彦：『地震雑感／津浪と人間』，中央公論新社（2011）
6) 志津川町誌編さん室：『志津川町誌Ⅰ 自然の輝』，志津川町（1989）
7) 志津川町誌編さん室：『志津川町誌Ⅱ 生活の歓』，志津川町（1989）
8) 志津川町誌編さん室：『志津川町誌Ⅲ 歴史の標』，志津川町（1991）
9) 歌津町史編纂委員会：『歌津町史』，歌津町（1986）
10) 飯沼勇義：『3・11 その日を忘れない』，鳥彰社（2011）
11) 西田耕三：『南三陸災害史』，NSK地方出版（1978）
12) 宮城県文化財保護課：『宮城県遺跡地図』（2017） http://www.pref.miyagi.jp/bunkazai/map/index.html
13) 国土地理院：『10万分1浸水範囲概況図』（2011） http://www.gsi.go.jp/kikaku/kikaku60003.html
14) 南三陸町：『南三陸町震災復興計画』，南三陸町（2011）
15) 山口弥一郎：『津浪と村』，三弥井書店（2011）
16) 山下文男：『津波の恐怖—三陸津波伝承録』，東北大学出版会（2005）
17) 山下文男：『津波てんでんこ—近代日本の津波史』，新日本出版社（2008）
18) 河北新報社：「河北新報震災アーカイブ」（2017） http://kahoku–archive.shinrokuden.irides.tohoku.ac.jp
19) 畑村洋太郎：『未曾有と想定外—東日本大震災に学ぶ』，講談社（2011）

第4章
原子力災害と復興政策

川﨑興太

4.1 福島原発事故と "2020 年問題"

　2011 年 3 月 11 日に，東日本大震災の発生に伴って，福島第一原子力発電所事故（以下，福島原発事故）が発生した。その福島原発事故の発生から 6 年が経過した今，被災者の生活再建こそ「加速化」されるべきであるが，逆に，被災者や被災地の実態にかかわらず，避難指示の解除，被災者への支援と賠償の打ち切りが「加速化」されている。

　被災者の避難や不安の原因となっている原発事故を収束させ，放射能汚染を解消することによってではなく，原発避難者を消滅させ，原発避難問題を解決済みのものとすることによって，2020 年，すなわち，復興期間が終了し，復興庁が設置期限を迎え，東京オリンピックが開催される節目の年までには，福島原発事故を克服した国の姿を形づくることがめざされている。

　"2020 年問題" である[1]。

4.2 福島復興政策の転換

　福島復興政策は，"除染なくして復興なし" との理念のもとに，除染を復興の起点かつ基盤として位置づけた上で，避難指示区域内にあっては「将来的な帰還」，避難指示区域外にあっては「居住継続」を前提として，「住民の復興＝生活の再建」と「ふるさとの復興＝場所の再生」を同時的に実現することが可能な法的・

I 総　　論

制度的状態を創造することを目的とする政策である。

　この福島復興政策は，2017年3月をもって大きく転換し，福島県は，「復興・創生期間」への移行から1年遅れの4月から，新たなフェーズを迎えることになる（**表-4.1**）。

　第一に，除染特別地域（国直轄除染地域）では帰還困難区域を除く全域において，汚染状況重点調査地域（市町村除染地域）では全域において，復興の起点かつ基盤として位置づけられている除染（面的除染）が2017年3月で終了になる。

　第二に，除染の終了とあわせて，避難指示区域のうち，帰還困難区域を除いて，すなわち避難指示解除準備区域と居住制限区域において，2017年3月までに避難指示が解除される[1],2)。

　第三に，原子力損害賠償紛争審査会は，精神的損害賠償の終期として，避難指示等の解除等から1年間を目安として示しているので3)，2018年3月で精神的損害賠償が終了になる。

　第四に，自主避難者にとって，ほぼ唯一の避難支援策である応急仮設住宅の供与が2017年3月で終了になる4)。

　一言でいえば，避難指示区域内の地域では，帰還困難区域を除けば除染が終わり，帰還が可能な程度にまで環境が回復したので，避難指示を解除し，精神的損害賠償を終わりにする，避難指示区域外の地域では，除染が終わり，安心して住み続けることが可能な程度にまで環境が回復したので，応急仮設住宅の供与を終わりにするということである。2016年10月現在，福島県の避難者は約86 000人であり，そのうち帰還困難区域からの避難者は約24 000人であるので，これらの一連の福島復興政策の転換に伴って，政策的課題としては，約62 000人（う

表-4.1　福島復興政策の転換

	避難指示区域内の地域*1	避難指示区域外の地域
除染（面的除染）	帰還困難区域を除いて2017年3月で終了	2017年3月で終了
避難指示	帰還困難区域を除いて2017年3月までに解除	−
精神的損害賠償	2018年3月で終了（避難指示の解除から1年間）	−
応急仮設住宅	供与の終了時期は未定*2	2017年3月で供与の終了

＊1　「避難指示区域内の地域」には，すでに避難指示が解除された地域を含む。
＊2　すでに避難指示が解除された地域からの避難者については，解除時期によって異なるが，供与の終了時期が決定されている。

ち約 29 000 人が自主避難者）の原発避難者が消滅し[5]，原発避難問題がほぼ終
焉を迎えることになる。

こうした福島復興政策の転換が，被災者や被災地の実態に即したものであれば
問題ないのであるが，現実はそうではない。以下，この点について，避難指示区
域外の地域と避難指示区域内の地域に分けて論じることにする[2],6),7)。

4.3 避難指示区域外の地域の現状と課題

4.3.1 問題の所在

先述の通り，避難指示区域外の地域では，除染が終わり，安心して住み続ける
ことが可能な程度にまで環境が回復したので，応急仮設住宅の供与を終わりにす
るということになっている。そこで，まず問題とされるべきことは，本当に，安
心して住み続けることが可能な程度にまで環境が回復したのか，そして，避難指
示区域外の地域で生活している住民は安心して住み続けることができるのか，で
きないとすればなぜなのかということである。

避難指示区域外の地域は，低線量汚染地域である。低線量被曝に関しては，被
曝線量と人体への影響の間にはしきい値が存在しないという前提のもとで，放射
線防護の観点から，直線しきい値なし仮説（Linear Non–Threshold hypothesis：
LNT 仮説）が立てられている。この仮説に依拠するならば，避難指示区域外の
地域の住民は，科学的には未解明ながらも健康リスクを抱えつつ暮らしていると
いうことになり，放射性物質汚染対処特措法（以下「除染特措法」）に基づく除
染は，そのリスクを低減させるための放射線防護措置ということになる。

国は，除染特措法に基づく基本方針において，追加被曝線量が年間 20 mSv 未
満である地域の長期的な目標を，国際放射線防護委員会（ICRP）の 2007 年基本
勧告などを踏まえて，「年間追加被曝線量 1 mSv 以下」と定めている[8]。注意す
べきことは，この「年間追加被曝線量 1 mSv 以下」とは，除染それ自体の目標
値ではなく，除染，モニタリング，食品の安全管理，リスクコミュニケーション
など，放射線リスクの総合的な管理によって目指されるべき長期的な目標値とさ
れているということである。しかし，その一方で，国は，「年間追加被曝線量
1 mSv」を空間線量率に換算した「0.23 μSv/h」を汚染状況重点調査地域の指定

基準のほか，除染対策事業交付金の交付基準，すなわち除染の実施基準としている。また，「除染の実施＝除染の終了」として運用しており，除染の実施後に空間線量率が 0.23μSv/h 以上であっても，必ずしも再除染（フォローアップ除染）を実施することにはなっておらず [3].9)，現実的に 0.23μSv/h 以上である場合が少なくないので，今なお住民からも市町村からも，国は除染の目標値と再除染（フォローアップ除染）の実施基準を明示すべきとの意見が出されている [10]。

　このように，国が長期的な目標として示している年間追加被曝線量 1 mSv，これを空間線量率に換算した 0.23μSv/h，そして再除染（フォローアップ除染）をめぐっては少し複雑なところがあるのだが，問題の本質はシンプルである。市町村が実施しているガラスバッジに基づく外部被曝線量調査によって，0.23μSv/h の地域で暮らす住民の年間追加被曝線量は，実際には 0.5 mSv 程度であり，ホールボディカウンターに基づく内部被曝線量調査の結果を加味しても，1 mSvを超えない場合が多いことが明らかになっているからである [11]。すなわち，福島原発事故の発生から 6 年が経過し，放射能の自然減衰によって，除染なしでも放射線量が半分以下になったことに伴って，避難指示区域外の地域では，基本的にはすでに「年間追加被曝線量 1 mSv 以下」は達成されており，放射線防護を目的とする除染の必要性は低下しているということである。

4.3.2　住民の意識

　しかし，福島で暮らしている住民は，安心して暮らすことができているのであろうか？　できていないとすれば，なぜなのか？

　本章の著者は，避難指示区域外の地域としては最も放射能汚染が深刻であった地域の一つである福島市大波地区の住民を対象として，これまで 2 回にわたってアンケート調査を実施している [12]。1 回目は住宅除染の終了直後にあたる 2012年 10 〜 11 月であり，2 回目は生活圏森林除染の終了直後，換言すれば，すべての除染が終了した直後にあたる 2016 年 2 〜 4 月である。対象者は，いずれの調査においても，避難・移住者を含む小学生以上のすべての住民である。アンケート調査票の回収数は，2012 年調査では 677 件，2016 年調査では 512 件であり，仮にアンケート調査票の配布時点における住民基本台帳に基づく大波地区の全人口を分母とすれば，回収率はそれぞれ 60％，50％である。なお，大波地区の空間

第 4 章 原子力災害と復興政策

線量率の平均は，2011 年 6 月では 2.24 μSv/h，2016 年 3 月では 0.47 μSv/h である。

調査の結果を見てみると，図-4.1 と図-4.2 から，多くの在住者は，生活圏森林の除染が終了し，すべての除染が終了した後も，放射能に対する不安感を抱き

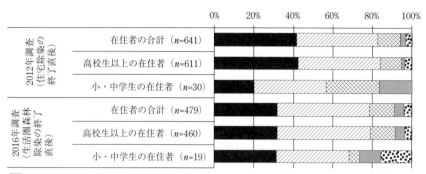

図-4.1　放射能に対する不安感（在住者が対象）

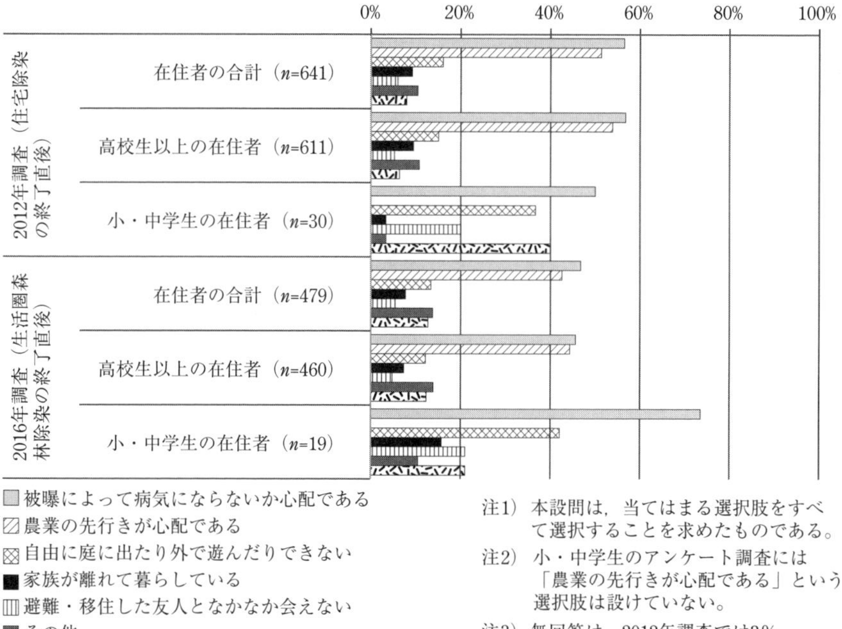

■ 被曝によって病気にならないか心配である
▨ 農業の先行きが心配である
▩ 自由に庭に出たり外で遊んだりできない
■ 家族が離れて暮らしている
▦ 避難・移住した友人となかなか会えない
■ その他
▨ 特になし

注1）本設問は，当てはまる選択肢をすべて選択することを求めたものである。
注2）小・中学生のアンケート調査には「農業の先行きが心配である」という選択肢は設けていない。
注3）無回答は，2012年調査では3％，2016年調査では5％である。

図-4.2　放射能汚染が原因で困っていることや心配なこと（在住者が対象）

71

I　総　論

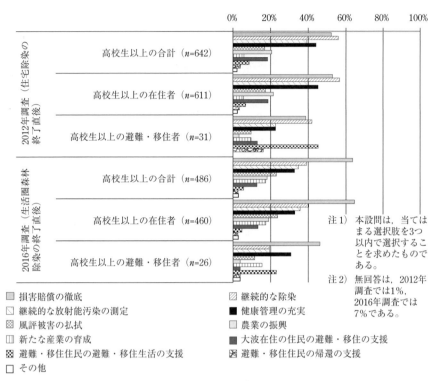

図-4.3　今後取り組まれるべきこと（高校生以上の者が対象）

ながら暮らしており，被曝による病気を心配していることがわかる。

図-4.3は，今後取り組まれるべきこととして高校生以上の者が望んでいることをまとめたものである。2012年調査では「継続的な除染」が最も多いのに対して，2016年調査では「損害賠償の徹底」が最も多くなっているが[4]，それでもとくに在住者については多くの者が今なお「継続的な除染」を望んでいることがわかる。

それでは，今後，どこを優先して除染すべきと考えているかというと，図-4.4から，2012年調査でも2016年調査でも森林が最も多いことがわかる。2016年調査で2番目に多い「生活圏森林以外の森林」については，後述する通り，基本的に除染特措法に基づく除染の対象とされていないが，在住者も避難・移住者も，大人も子どもも，多くの者は除染を実施すべきだと考えており，その理由として

第4章 原子力災害と復興政策

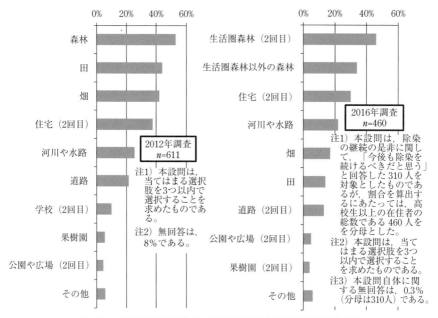

図-4.4 今後優先して除染すべき場所（高校生以上の在住者が対象）

は，森林全体を除染しないと線量が下がらない，森林全体を除染しないと安心できない，森林全体が生活の場であるといったものが多くなっている。

4.3.3 環境回復を目的とする"除染"の実施

大波地区では，住宅除染も生活圏森林除染も終わり，除染はすべて終了した。にもかかわらず，多くの住民は，被曝によって病気にならないかと不安を感じながら日常生活を送っており，森林全体の除染をはじめ，継続的に除染を実施することを望んでいる。こうした住民の心情や意向は，大波地区に特有のものかといえばそうではなく，むしろある普遍的なもの，端的にいえば，福島復興政策の根本的な欠陥を表出しているように思われる。その欠陥とは，環境回復を目的とする"除染"政策の不在であり，典型的には，森林や河川・水路等が基本的に除染の対象とされていないことである（**図-4.5**）[5]。

大波地区の住民が，除染の実施後にも放射能に対する不安を抱き続けているのは，空間線量率が低減したとはいっても，放射能が「ある」場所であること自体

73

I 総論

注) 着色した部分および破線で囲まれた部分が除染の実施箇所である。ただし，この図の手前の部分は大波城址であり，厳密に言えば，除染ボランティアによって落葉の除去などが行われたが，これは例外的な事例であるので，ここでは典型的な除染実施箇所を示すために，色を塗っていない。なお，大波地区では，農地については，効果がないとの住民の意見に基づき，樹園地を除いて，除染が実施されていない。

図-4.5 大波地区の大波城址周辺における除染実施箇所

は変わっていない，つまり，原状回復には至っていないからである。たとえ年間追加被曝線量 1 mSv に達しないとしても，放射能リスクを背負いながら暮らすこと自体に不安を抱いているのであり，その不安はけっして理由がないことではない[13),14),15)]。

福島原発事故には明確な原因者がおり，住民は完全な被害者である。住民は，除染によって，放射能をすべて取り除くことはできないことを知っている。同じ場所を同じ手法で除染を繰り返したところで，ほとんど効果があがらないことも知っている。しかし，大地も水も，すべて元に戻してほしい。少しでも放射能リスクを減らすことができるのであれば，何度でも除染を実施してほしい。こうした住民の当然の願いに対して，福島復興政策がまったく応えていないことがある。森林や河川・水路等の"除染"である。

除染の根拠法である除染特措法は，「事故由来放射性物質による環境の汚染が

人の健康または生活環境に及ぼす影響を速やかに低減すること」を目的とするものであり，森林や河川・水路等については，基本的に健康や生活環境に影響を及ぼす場所ではないとして，除染を実施する必要がないものとされている。具体的には，森林に関しては，林縁部から20m以内の範囲（生活圏）は健康や生活環境に影響を及ぼす可能性があるので，その範囲に限って落葉の除去などを実施するものの，20mを超える部分は基本的には除染を実施しない[16]，河川・水路等に関しては，一定の条件を満たす河川敷の公園やグラウンドなどは健康や生活環境に影響を及ぼす可能性があるので，それらに限って除染を実施するものの，底質などについては除染を実施しないものとされている[17]。

　確かに，放射線防護という観点からすれば，森林全体の除染や河川・水路等の底質などの除染は必要ではないかもしれないが，原状回復という理念からすれば，除染の意義や役割は，健康リスクの低減に限られるものではない。水や緑は暮らしの基盤であり，物質的な意味でも象徴的な意味でも，それらの安全性と安心性の回復なしには，生活の再建も場所の再生もありえない。県土面積の約7割が森林で[18]，県土面積の約8割が中山間地域である福島県では[19]，多くの住民が森林と非分離の暮らしを営んでおり，森林全体の除染を強く望む大波地区の住民の願いは，けっして例外的なものだとはいえないだろう。

　つまり，避難指示区域外の地域では，すでに基本的には「年間追加被曝線量1mSv以下」が達成されているとはいっても，除染そのものの必要性がなくなったわけではなく，むしろ，放射線防護を目的とする除染の必要性が低下したからこそ，環境回復を目的とする "除染" に力が注ぎ込まれるべき状況に至っているのである。いわば，シーベルト（Sv）を単位とする除染から，ベクレル（Bq）を単位とする "除染" への転換が求められているのであり，今後は環境回復を目的とする "除染" を進めるための新たな法律を制定し，とくに森林や河川・水路等の "除染" を実施してゆくことが望まれる[6],20),21)。

4.3.4　自主避難者に対する住宅セーフティネットの構築

　こうした課題を抱える中での，自主避難者に対する応急仮設住宅の供与の終了である。この問題の背景には，避難指示区域外の地域の住民に対して「居住」，「避難」，「移住」，「帰還」の自己決定権を認めた原発事故子ども・被災者支援法が形

Ⅰ　総　　論

骸化してしまったこと[22),23)]，自主避難者に対する損害賠償が避難の継続や移住
を行うに足りるものにはなっていないことなどがある[7]。

　2015年6月に応急仮設住宅の供与の終了が決定される前に実施された福島県
生活環境部避難者支援課（2015）によると，2015年2月時点で，福島県の避難
者のうち，「応急仮設住宅の入居期間の延長」を求めている者は，応急仮設住宅
の入居者を分母とすれば79％となっており，応急仮設住宅の入居期間の延長を
求めている者のうち，その理由として「放射線の影響が不安であるため」を挙げ
ている者は56％となっている[24)]。また，福島県生活環境部避難者支援課（2016）
によると，2016年2月時点で，2017年3月末で応急仮設住宅の供与が終了する
世帯のうち，2017年4月以降の住宅が決まっていない世帯は，県内避難世帯で
は56％，県外避難世帯では78％を占めている[25)]。

　福島県は，こうした結果に基づき，2017年4月以降の住宅が決まっていない
世帯などに対する戸別訪問を通じて，恒久住宅への円滑な移行，避難者の意向に
沿った生活の再建に向けた取り組みを行っている。しかし，福島県が用意してい
る具体的な生活再建支援制度は，半ば当然のことながら，自宅などへの移転費用
の補助のほかには，低所得者層向けの家賃補助などに限られており，避難者の帰
還を促すことに焦点を当てて設計されている[26)]。

　国は，2015年8月に改定した原発事故子ども・被災者支援法に基づく基本方
針において，「原発事故発生から4年余りが経過した現在においては，空間放射
線量等からは，避難指示区域以外の地域から新たに避難する状況にはなく」と述
べている[8),27)]。この現状認識は，政策判断を行う上での基礎認識として，けっ
して全面的に間違ったものだとは思われない。しかし，避難指示区域外の地域で
は，上述の通り，今なお森林や河川・水路等を典型とする環境回復が図られてい
ないという実態に鑑み，避難指示区域以外の地域から新たに避難すること，また，
自主避難者が帰還することを躊躇することには合理的な理由があるというべきで
あり，国は，原発事故子ども・被災者支援法の目的や基本理念に則って，また，
住宅セーフティネットを構築する責任を負う者として，多様な住まいの選択を支
える政策を確立・充実することが必要だと考えられる[9)]。

　この点に関して，原発避難者の住まいについては，自然災害を念頭に置いた災
害救助法に基づいて確保されているが，原子力災害は広域性と長期性を特徴とし

ているため，災害救助法の枠組みでは原発避難者の避難生活を十分に支えるものにはなりえない。今後は，原発避難者の住まいに関する新たな法律を制定し，国が直轄事業として住宅の長期供与を行う制度を創設することが検討されてよい[28]。さらにいえば，今回の福島原発事故によって，自然災害を前提とした災害対策基本法と，これをベースにした原子力災害対策特別措置法では，十分な原子力災害対策を果たしえないことが明らかになった。住まいに限らず，避難，健康管理，生活再建，除染，復興まちづくりなど，原子力災害に固有の災害対策に関する「原子力災害対策基本法」の制定が検討されてよい[29]。

4.4 避難指示区域内の地域の現状と課題

4.4.1 避難指示区域の状況と住民の帰還意向・状況

福島原発事故の発生に伴って，避難指示区域等が設定されたのは，2011年4月に警戒区域，計画的避難区域，緊急時避難準備区域のいずれかが指定された大熊町，双葉町，富岡町，浪江町，広野町，川内村，楢葉町，葛尾村，飯舘村，田村市，南相馬市，川俣町の12市町村である。これらの12市町村において，緊急時避難準備区域については，2011年9月に広野町，川内村，楢葉町，田村市，南相馬市の5市町村で解除されたが，その他の区域については，2012年4月から始まった避難指示区域の見直しに伴って，帰還困難区域，居住制限区域，避難指示解除準備区域に再編された。その後，2014年4月に田村市，同年10月に川内村（当初の避難指示解除準備区域），2015年9月に楢葉町，2016年6月に葛尾村と川内村（当初の居住制限区域），同年7月に南相馬市で避難指示が解除された。また，2017年3月に飯舘村，川俣町，浪江町，同年4月に富岡町で避難指示が解除されることが決定されている。

住民の帰還意向については，復興庁による住民意向調査によると，帰還困難区域が相当な範囲に指定された大熊町，双葉町，富岡町，浪江町では，「戻らない」と回答している住民の割合が50～60％程度と高くなっている（**図-4.6**）[30]。他方，帰還困難区域が部分的に指定された，または，指定されなかった市町村，あるいは，行政区域の一部に避難指示区域が指定された市町村であるその他の8市町村では，「戻りたい」と回答している住民の割合が30～60％となっている。

I 総 論

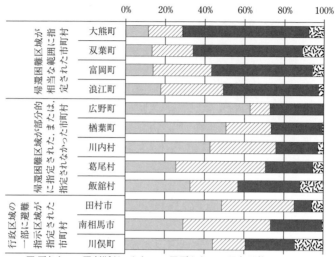

注) この図は，広野町を除き，復興庁の「原子力被災自治体における住民意向調査」によるものであり，大熊町，双葉町，富岡町，浪江町，川内村，楢葉町，飯舘村，田村市，川俣町については，2015年度に実施された調査の結果，葛尾村と南相馬市については2013年度に実施された調査の結果である。広野町については，同調査が実施されていないため，2013年度に実施された「広野町復興計画（第二次）策定のための町民意向調査」の結果である。

図-4.6　住民の帰還意向

「戻りたい」と回答している住民が帰還する場合に希望する行政の支援などについては，市町村によって多少の違いは見られるが，「医療・介護・福祉施設・サービスの再開・新設」，「商業施設の再開・新設」，「住宅の修繕や建て替えへの支援」がほぼ共通して多くなっている。「戻らない」と回答している住民のその理由としては，市町村によって異なるが，「水道水などの生活用水の安全性に不安があるから」や「原子力発電所の安全性に不安があるから」などの放射能や原子力発電所の安全性に関するもの，「医療環境に不安があるから」や「家が汚損・劣化し，住める状況ではないから」や「生活に必要な商業施設などが元に戻りそうにないから」などの避難元の生活インフラに関するもの，「避難先の方が生活利便性が高いから」などの避難先の居住環境に関するものが多くなっている。

では，実際に避難指示が解除された地域における住民の帰還状況はどうかとい

第 4 章　原子力災害と復興政策

表-4.2　避難指示が解除された地域における住民の帰還状況

	避難指示の解除時期	人口	帰還者数	帰還率	備　考
田村市都路地区	2014 年 4 月	316	228	72%	人口も帰還者数も 2016 年 11 月 30 日現在。旧緊急時避難準備区域は含まれていない。
川内村東部地区	2014 年 10 月 2016 年 6 月	311	64	21%	人口も帰還者数も 2017 年 1 月 1 日現在。
楢葉町	2015 年 9 月	7 282	767	11%	人口は 2017 年 1 月 1 日現在，帰還者数は 2017 年 1 月 4 日現在。帰還者は，週 4 日以上の滞在者。
葛尾村	2016 年 6 月	1 333	107	8%	人口も帰還者数も 2017 年 1 月 1 日現在。帰還困難区域は含まれていない（人口 116 人）。
南相馬市小高区など	2016 年 7 月	10 378	1 280	12%	人口も帰還者数も 2016 年 12 月 12 日現在。帰還困難区域は含まれていない（人口 2 人）。

えば，ほとんどの住民が市内の他地区に避難し，かつ，最も早期に解除された田村市都路地区を除けば，どこでも 1 ～ 2 割にとどまっている（**表-4.2**）。また，広く知られているように，帰還者の多くは高齢者である。

4.4.2　除染と帰還を前提としない復興政策の充実

　除染の実施を前提として帰還が可能な法的・制度的状態を創造するという復興政策は，住民が生活再建を図る上での選択肢の一つを保障するものとして重要な政策であることはいうまでもない。しかし，これまでに蓄積された科学的・経験的知見からは，同時に，除染と帰還を前提としない復興政策の充実が必要であることが示唆されているように思われる。

　避難指示区域内の地域の現状はどうかといえば，まず，原子力発電所そのものに関する問題がある。廃炉・汚染水対策は一定の進捗が見られるといわれることがあるが，今なお，溶け落ちた燃料（デブリ）がどこにあるのかすら不明のままであり，もう一度，万が一のことが起きたらという不安を拭いきれない。

　次に，放射能に関する問題がある。避難指示区域内では，放射能汚染が深刻であった地域が多いが，除染の線量低減効果には限界があって，除染の実施後にも絶対的な放射線量が高く，「年間追加被曝線量 1 mSv 以下」が達成されないところが少なくない。また，多くの市町村において，「戻らない」理由として水道水

79

I 総　　論

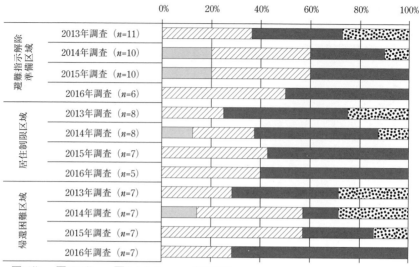

注）この図は，筆者が，除染特別地域に指定されている11市町村を対象として，2013年から実施しているアンケート調査の結果の一部であり，それぞれの避難指示区域が指定されている市町村による回答を示すものである。安全・安心な生活の回復可能性については，除染特措法に基づく除染のみならず，公共・生活インフラの回復状況をはじめ，さまざまなことが条件になるが，この設問は，除染特措法に基づく除染による被曝量の低減効果などの観点から回答を求めたものである。なお，市町村数（n）は，アンケート調査に対する回答の有無にかかわらず，それぞれの調査年において，それぞれの避難指示区域に指定されている市町村の総数を示している。

図-4.7　除染特措法に基づく除染による安全・安心な生活の回復可能性

などの生活用水の安全性に関する不安が挙げられている通り，避難指示区域外の地域と同様に，森林や河川・水路等の"除染"が実施されておらず，住民が安心して帰還できる程度にまで環境が回復していない。ふるさと帰還に向けて除染に期待を寄せざるをえない市町村でさえ，実は，避難指示区域の種類にかかわらず，除染特措法に基づく除染を実施すれば住民は帰還して安全に安心して生活することが可能になるとは考えていないというのが実情である（図-4.7）。

さらに，生活インフラに関する問題がある。道路，水道，電気，ガスなどの公共インフラについては復旧が進んでいるものの，生活インフラの復旧や再生の目途がたっていない。6年という歳月の中で，とくに全町・全村避難が続いてきたところでは，そもそも帰るべき自宅が荒廃してしまっている（図-4.8）。現在，

図-4.8　浪江町の中心市街地における荒廃した建物

　国が荒廃家屋の解体作業を進めているが，今後，どれだけの住民が帰還して家を建て替えるのか，まったく見当がつけられない。また，住民が「戻らない」理由として，多くの市町村において医療や買い物に関する不安が挙げられているが，帰還する住民は限られることが予想される中で，医療や商業を再開または開業・開店する事業者は数少ない。帰還する住民の多くは高齢者であるので，これらの問題はとくに深刻である。さらに，原子力発電所の廃炉に伴って，雇用の場が大幅に減ってしまっている。国は，イノベーション・コースト（福島・国際研究産業都市）構想の具体化を進めているが，雇用のミスマッチの問題もあり，元の住民の雇用の場としてはそれほど期待することができない。

　もっとも，福島復興政策の目的は，避難指示区域内の地域に関しては，避難指示を解除し，被災者が被災地に帰還して生活再建を果たすことが可能な法的・制度的状態を創造すること自体にあるので，本質的には，福島復興政策にとって，避難指示が解除された地域に，被災者が帰還するかどうかに関心はない。すなわち，避難指示を解除した後は，帰還してもしなくても，被災者の人生は被災者が"主体"となって決めればよいということになっているのであるが，現実的に被災者が帰還を選択することが可能な程度にまで環境が回復したのかといえば，上

述のような原子力発電所や放射能や生活インフラに関する問題が残されているというのが実情である。そのために，避難指示が解除されても住民はあまり帰還しておらず，今後，避難指示の解除が予定されている地域でも若年層を中心として帰還を望まない住民が多いのであり，むしろ，帰還ではなく，避難先での避難生活の支援や生活再建の支援を求めている被災者が多い。

つまり，帰還困難区域を除けば除染が終わり，帰還が可能な程度にまで環境が回復したので，避難指示解除準備区域と居住制限区域では避難指示を解除し，精神的損害賠償も終わりにするということになっているが，今なお上述のような問題が解消される見込みが立っていないという実態に鑑み，除染と帰還を前提としない復興政策，すなわち，移住や長期避難という選択肢を保障する政策 [10],31),32),33),34) を充実する必要があると考えられる [11],35),36),37)。

4.4.3　広域単位での復興政策の確立

その一方で，当然のことながら，すでに帰還した住民や帰還を希望する住民の帰還生活をしっかりと支えることは重要な課題である。避難指示区域内の多くの市町村は，福島原発事故の発生前から，人口減少・高齢化・経済停滞が深刻であった地域であり，帰還した住民が安心して安定的な日常生活を送れるように場所を再生すること，そして，それが同時に持続可能な地域の形成につながること，およそこのような道筋にそって，復興まちづくりが進むことが求められるが，ここでの問題は，復興まちづくりの空間単位が市町村の行政区域となっていることにある。

例えば，双葉町は，行政区域面積の 96％が帰還困難区域に指定されており，同区域内に同じく 96％の住民が暮らしていた町である。双葉町にとってみれば，たとえ 4％ではあったとしても，帰還困難区域以外の場所に自治体としての存亡がかかっているわけだから，そこを国にしっかりと除染してもらいながら，自分は復興計画を立案し，国や県との連携のもとに，住宅，教育施設，医療・福祉施設，買い物施設，上下水道，道路などを復旧・再生するという具合に，なんとか自分の守備範囲と権限の中で，「創造的復興」を果たすべく，まちづくりを進めようということになる。

こうしたことが双葉町に限らず，帰還困難区域が広く指定されている大熊町，富岡町，浪江町などにおいても，それぞれの市町村の行政区域ごとに行われてい

第 4 章 原子力災害と復興政策

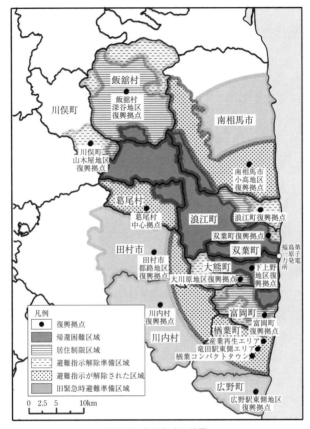

図-4.9 復興拠点の位置

るのである。現在，それぞれの市町村において，住民の帰還を促すとともに，帰還した住民の生活を支えるための都市機能が集積した復興拠点の整備が進められているが，この復興拠点こそ，このような枠組みで進められている復興まちづくりの象徴的な存在である（**図-4.9**）[12],38),39),40)。要するに，広域性と長期性を特徴とする原子力災害の実態と，市町村主義に立った復興政策の空間単位がずれているのである。今後，持続可能な地域の形成に向けて，避難指示区域内の市町村の復興を進めるにあたっては，基礎自治体としての組織のあり方や，国や県との連携のあり方について検討しつつ，広域単位での復興政策を確立することが必要だと考えられる。

4.5 複線型復興政策の確立に向けて

　被災者が望んでいることは，何よりも，被災者の生活と被災地の環境が原発事故前の状態に戻ることである[41]。「復興」ではなく，「復旧」である。

　しかし，問題は，その「復旧」が不可能であるときに，どのような政策が必要かということである。現在の福島復興政策のもとでは，被災者が望むことと，福島復興政策がめざしていることには食い違いがあって，「復興」が進めば進むほど，被災者にとって「復興」はどんどん疎遠なものになっていくという構図がある。福島復興政策の転換は，この「復興」の流れを加速化するものであり，被災者は，生活再建どころか，避難生活さえままならない状況に追い込まれてゆく。

　2016年9月現在，東日本大震災の発生に伴う震災関連死は3 523人であり，そのうちの2 086人は福島県民である[42]。福島県では，直接死よりも震災関連死の方が多く，とくに避難指示が発令された市町村での死者数が多い。これは，原発避難生活の過酷さを示していると同時に，福島復興政策が一人ひとりの被災者の生活再建をしっかりと支えるものになりえていないことを示している。

　原子力災害は，原因者の存在，被害の広域性と長期性，避難の広域性と長期性をその特質とする。被害と避難が広域かつ長期に及ぶため，被災者が生活再建を望む場所は被災地とは限らない。被災者や被災地の実態をしっかりと把握すること，そして，そこから，一人ひとりの生活再建に向けた政策をつくり，実行していくという，「普通のこと」が求められている。帰還か長期避難か移住かにかかわらず，住宅，雇用，健康管理，医療・福祉，賠償など，あらゆる面で，被災者一人ひとりの意思の実現を保障する複線型の復興政策を確立することが求められている。

コラム　震災関連死と震災関連自殺

　2016年9月末現在，東日本大震災および福島原発事故の発生に伴う震災関連死の死者数は3 523人であり，そのうちの2 086人（59％）は福島県である（**図-1**）[42]。福島県では，直接死よりも震災関連死の方が多く，とく

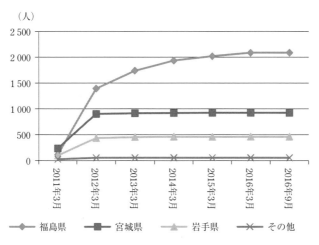

[資料] 復興庁・内閣府（防災担当）・消防庁（2017）「東日本大震災における震災関連死の死者数（平成28年9月30日現在調査結果）」

図-1 東日本大震災および福島原発事故の発生に伴う震災関連死の死者数の累計推移

に避難指示が発令された市町村で多い（**図-2**）[43]。津波被災地である岩手県や宮城県では，発災から1年後の2012年3月にはほぼピークを迎えているのに対して，福島県ではその後も増加し続けている。震災関連死の死者の多くは高齢者であり，9割を占めている。

福島県では，震災関連死が多いだけではなく，震災関連自殺数も多い（**図-3**）[44]。2016年12月末現在，東日本大震災および福島原発事故の発生に伴う震災関連自殺者数は183人であるが，そのうちの87人（48％）は福島県である。

このように，福島県において，震災関連死や震災関連自殺が多いことと，福島原発事故が無関係のものとは思えない。避難生活が長期化する中で，心身の疲労によって体調が悪化して死に至ったケース，生きがいの喪失や先行きの不安から自殺に追い込まれたケースなどが多い。

震災関連死や震災関連自殺は，復興の過程において発生した死であり，復興政策のあり方によっては防ぐことができた可能性のある死である。東日本大震災および福島原発事故からの復興に向けて32兆円もの予算が確保され，

Ⅰ　総　　論

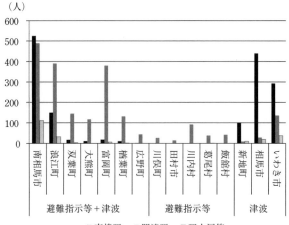

［資料］　福島県（2017）「平成23年東北地方太平洋沖地震による人的被害(平成29年3月3日)」

図-2　福島県内の津波被災市町村・避難指示市町村における震災関連死の死者数

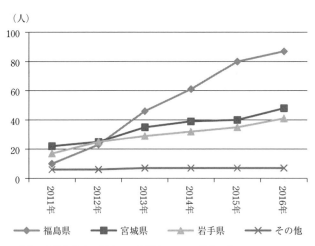

注）　自殺者数は，発見日・発見地ベースの数値である。
［資料］　厚生労働省自殺対策推進室（2017）「東日本大震災に関連する自殺者数（平成29年1月分）」

図-3　東日本大震災および福島原発事故の発生に伴う震災関連自殺者数の累計推移

さまざまな事業が行われている。この膨大な復興予算にもかかわらず，震災
関連死や震災関連自殺をとめることができていないのである。復興予算の使
い方がまちがっていると考えざるをえない。

　福島復興政策の再転換が求められている。

＜補注＞

[1]　厳密にいえば，富岡町では，2017年4月1日に避難指示が解除される。

[2]　厳密にいえば，緊急時避難準備区域には避難指示が発令されておらず，避難指示区域ではないが，
同区域内の地域の多くの住民は広域かつ長期にわたって避難したという意味では，避難指示区域
内の地域と共通の問題を抱えていることなどに鑑み，以下では，避難指示区域内の地域に緊急時
避難準備区域内の地域を含めて論じる。

[3]　環境省は，2015年12月に，再除染（フォローアップ除染）については，従来通りの方針，すな
わち，事後モニタリングの結果等を踏まえ，再汚染や取り残し等の除染の効果が維持されていな
い箇所が確認された場合に，個々の現場の状況に応じて原因を可能な限り把握し，合理性や実施
可能性を判断した上で，実施することを基本とするとの方針を示している。

[4]　大波地区では，避難指示区域の一部に比べて遥かに線量が高い状態であったにもかかわらず，避
難指示区域等対象区域に含まれず，住民は日々放射能被曝に対する不安に苛まれ，日常生活を阻
害され続けてきたとして，2014年11月に，伊達市雪内・谷津地区とともに，申立人ひとりあたり，
2011年3月11日から和解成立日まで毎月10万円を求め，原子力損害賠償紛争解決センターに集
団ADRの申立が行われている。

[5]　厳密にいえば，森林に関しては，除染特措法に基づく除染とは別に，2013年度から，2013年4
月の時点で汚染状況重点調査地域に指定されていた40市町村を対象として，森林の公益的機能
を維持しながら放射能を削減し，森林再生を図る福島県の補助事業である「ふくしま森林再生事
業」が実施されているが，福島県農林水産部（2016）「平成27年福島県森林・林業統計書（平成
26年度）」によると，その実績は，森林整備（間伐）が595 ha，作業道整備が53 kmにとどまっ
ている。また，営農再開・農業復興の観点からの放射性物質対策が必要なため池については，除
染特措法に基づく除染とは別に，2016年度から，福島再生加速化交付金事業として底質の除去な
どが実施されているが，2016年3月現在，多くの市町村では放射能汚染状況を調査している段階
にあり，実際に実施されたのは川俣町の1箇所と広野町の2箇所にとどまっている。

[6]　なお，最近では，避難指示区域外の地域に限られたものではないが，森林や河川の“除染”をめぐっ
て，個別的な取り組みが見られる。すなわち，森林に関しては，国は，2016年3月に新たな方針
を示し，住居周辺の里山等の森林については，森林内の憩いの場や日常的に人が立ち入る場所を
対象として，追加被曝線量を低減する観点から除染を実施する，奥山については，間伐等の森林
整備と放射性物質対策を一体的に実施する事業などを推進するものとしたが，たとえば里山除染
については，今なおモデル事業が進められている段階である。河川に関しては，福島県は，2016
年3月に，比較的高い放射線量が確認された河川のうち，土砂の堆積量が多く洪水時の危険性が
高い河川を対象として，県が独自に堆積土砂の除去工事を実施するとの方針を示し，その後，実
施しているが，環境回復に向けた“除染”が行われるべき河川は，放射線量が高く，洪水時の危
険性が高い河川に限られない。

I 総 論

[7] 福島市などの23市町村からなる自主避難等対象区域内の住民等に対する損害賠償は，避難の有無にかかわらず，18歳以下の者と妊婦に対して52万円／人，その他の者に対して12万円／人であり，18歳以下の者と妊婦については，避難した場合には20万円／人が加算された72万円／人である。また，白河市などの県南地域にある9市町村の住民等に対する損害賠償は，避難の有無にかかわらず，18歳以下の者と妊婦に対して20万円／人である。

[8] 「新たに」という言葉は，パブリックコメントにおいて，改定案に対して批判的な意見が出されたことを踏まえて追加されたものである。

[9] 埼玉県をはじめ，いくつかの全国の地方自治体では，自主避難者に対する公営住宅の入居期限の延長や公営住宅の優先枠の確保などを独自に実施しているが，これらはそれぞれの地方自治体の自己判断による偶然的なものであるにすぎず，たまたま避難した先の地方自治体の運用によって避難者への支援内容に格差が生じるというのは不合理であって，原子力政策を推進してきた国が統一的な運用が図られるように対応すべきことであろう。

[10] 舩橋（2013）や今井（2014）は，放射能被害の実態や被災者の心情などを踏まえて，「帰還」でも「移住」でもない第三の道として「待避」という選択肢を政策・制度として保障すること，具体的には，長期避難者の「待避」を可能にするための住まいの保障，避難元と避難先の双方における市民権を保障するための「二重の住民登録」制度の構築などが必要だと指摘している。二重の住民登録制度については，選挙権や課税などの問題があって，憲法上不可能とされており，これに代わって原発避難者特例法が制定されたという経緯があるが，両者の指摘は，そもそも「避難」とはどのように定義されるものなのか，どの時点をもって終わるものと見なすことができるのかという論点を提起しているものと見なすこともできるだろう。福島復興政策では，基本的には，「年間積算線量20 mSv以下」となり，避難指示が解除された時点をもって，避難は終了することが基本的な前提とされている。これに対して，福島原発事故の発生当初に双葉町などで提唱された「仮の町」構想は，避難元の放射能汚染状況が原発事故前と同程度または「年間追加被曝線量1 mSv以下」になる時点を帰還の時期，その間の避難元に帰還するまでの期間を避難期間と設定し，帰還するまで「待避」する場所として構想されたものであったが，こうした「仮の町」の本質的な意味合いは，復興公営住宅という「仮の住まい」としての位置づけを有する恒久住宅へと変容する過程で消滅することになった。

[11] なお，この点に関して，原子力災害対策本部は，2013年12月に決定した「原子力災害からの福島復興の加速に向けて」において，「早期帰還支援と新生活支援の両面で福島を支える」との方針を打ち出し，これを受けて，原子力損害賠償紛争審査会は，同月に決定した「中間指針第四次追補」において，移住または長期避難のために負担した住宅・宅地の取得にかかわる費用について，事故前の価値を超えて賠償するものとした。これらは，どんなに放射能に汚染されていようとも，"いつかは全員帰還"という方針を一部変更したものだと解釈できるものであり，その意味では，肯定的に評価してよいものである。しかし，そもそも生活再建支援と賠償は異なるものであり，それにもかかわらず，新生活支援の内容が賠償の追加に矮小化されてしまっていることは問題視されるべきであろう。

[12] 先に双葉町の状況について述べたが，2016年8月に原子力災害対策本部と復興推進会議が決定した「帰還困難区域の取扱いに関する考え方」において，帰還困難区域における避難指示の解除および復興拠点の整備を進めるとの方針が示されたことを受けて，現在，双葉町では，4％の土地にあたる避難指示解除準備区域のみならず，帰還困難区域を含む双葉駅の東西の地域を復興拠点として設定し，整備することが計画されている。

＜参考文献＞

1) 川﨑興太：「政策移行期における福島の除染・復興まちづくり−福島原発事故の発生から5年後の課題−」，日本建築学会東日本大震災における実効的復興支援の構築に関する特別調査委員会『日本建築学会東日本大震災における実効的復興支援の構築に関する特別調査委員会 最終報告書(2016年度日本建築学会大会総合研究協議会資料「福島の現状と復興の課題」)』，ii69–ii86 （2016a）

2) 原子力災害対策本部：「『原子力災害からの福島復興の加速に向けて』改訂」（2015年6月12日閣議決定）（2015）

3) 原子力損害賠償紛争審査会：「東京電力株式会社福島第一，第二原子力発電所事故による原子力損害の範囲の判定等に関する中間指針第四次追補（避難指示の長期化等に係る損害について）」（2017年1月31日改定）（2016）

4) 福島県：「応急仮設住宅（仮設・借上げ住宅）の供与期間について」（2015年6月15日公表）（2015）

5) 復興庁：「復興の現状」（2016年11月9日付）（2016）

6) 川﨑興太：「福島の除染と復興−福島復興政策の再構築に向けた検討課題−」，『都市問題』，第105巻，第3号，pp.91–108（2014a）

7) 川﨑興太：「除染・復興政策の問題点と課題−福島原発事故から3年半が経った今−」，『都市計画』，第311号，pp.48–51（2014b）

8) 「平成二十三年三月十一日に発生した東北地方太平洋沖地震に伴う原子力発電所の事故により放出された放射性物質による環境の汚染への対処に関する特別措置法 基本方針」（2011年11月11日閣議決定）

9) 環境省：「フォローアップ除染の考え方について（案）」，第16回環境回復検討会資料（2015年12月21日付）（2015a）

10) 川﨑興太：「福島県における市町村主体の除染の実態と課題−福島第一原子力発電所事故から4年半後の記録−」，『環境放射能除染学会 環境放射能除染学会誌』，第4巻，第2号，pp.105–140（2016b）

11) 川﨑興太：「生活者の心と除染と復興」，『日本放射線安全管理学会 第13回学術大会 講演予稿集』，pp.29–41（2014c）

12) 川﨑興太：「福島第一原子力発電所事故後の福島市大波地区における除染の経緯と住民意識−今後の福島の除染と復興のあり方を検討する上での論点の提起−」，『日本都市計画学会 都市計画論文集』，第48巻，第3号，pp.705–710（2013）

13) ジョン・W・ゴフマン：『新装版 人間と放射線−医療用X線から原発まで−』，明石書店（2011）

14) アレクセイ・V・ヤブロコフ，ヴァシリー・B・ネステレンコ，アレクセイ・V・ネステレンコ，ナタリヤ・E・プレオブラジェンスカヤ：『調査報告 チェルノブイリ被害の全貌』，岩波書店（2013）

15) 成元哲編著：『終わらない被災の時間−原発事故が福島県中通りの親子に与える影響−』，石風社（2015）

16) 環境省：「森林における放射性物質対策の方向性について（案）」，第16回環境回復検討会資料（2015年12月21日付）（2015b）

17) 環境省：「除染関係ガイドライン 第2版（平成26年12月追補）」（2014年12月26日公表）（2014）

18) 福島県土地・水調整課：「福島県土地利用の現況」（2016）

19) 農林水産省：「平成27年 都道府県別総土地面積」（2015年農林業センサスのデータを組み替えたデータ）（2015）

20) 復興庁・農林水産省・環境省：「福島の森林・林業の再生に向けた総合的な取組（案）」，第2回福島の森林・林業の再生のための関係省庁プロジェクトチーム会議資料（2016年3月9日付）（2016）

I 総 論

21) 福島県土木部河川整備課:「放射性物質の影響が懸念される河川において堆積土砂の除去を開始します。」(2016 年 3 月 31 日公表)(2016)

22) 日野行介:『原発棄民－フクシマ 5 年後の真実－』,毎日新聞出版 (2016)

23) 戸田典樹編著:『福島原発事故 漂流する自主避難者たち－実態調査からみた課題と社会的支援のあり方－』明石書店 (2016)

24) 福島県生活環境部避難者支援課:「平成 26 年度福島県避難者意向調査(応急仮設住宅入居実態調査)全体報告書」(2015 年 4 月 27 日公表)(2015)

25) 福島県生活環境部避難者支援課:「『住まいに関する意向調査』結果等 (6 月 20 日)」(2016 年 6 月 20 日公表)(2016)

26) 福島県:「帰還・生活再建に向けた総合的な支援策」(2016 年 2 月 3 日公表)(2016)

27) 「被災者生活支援等施策の推進に関する基本的な方針」(2015 年 8 月 25 日改定)

28) 日本弁護士連合会:「原発事故避難者への仮設住宅等の供与に関する新たな立法措置等を求める意見書」(2014 年 7 月 17 日公表)(2014)

29) 日本学術会議東日本大震災復興支援委員会福島復興支援分科会:「東京電力福島第一原子力発電所事故による長期避難者の暮らしと住まいの再建に関する提言」(2014 年 9 月 30 日公表)(2014)

30) 復興庁:「原子力被災自治体における住民意向調査」(2012 年度から毎年度実施・公表)

31) 舩橋晴俊:「震災問題対処のために必要な政策議題設定と日本社会における制御能力の欠陥」,『社会学評論』,第 64 巻,第 3 号,pp.342–365 (2013)

32) 今井照:『自治体再建－原発避難と「移動する村」－』,ちくま新書 (2014)

33) 川﨑興太,鈴木涼也,續橋和樹,深谷智亜稀,矢吹怜太,矢部征紀:「福島県における復興公営住宅の整備状況と入居状況－福島県の復興公営住宅に関する研究 (その 1) －」,『日本都市計画学会 都市計画報告集』,第 15 号,pp.246–251 (2017a)

34) 川﨑興太,鈴木涼也,續橋和樹,深谷智亜稀,矢吹怜太,矢部征紀:「福島県における復興公営住宅の入居者の生活実態と生活意識－福島県の復興公営住宅に関する研究 (その 2) －」,『日本都市計画学会 都市計画報告集』,第 15 号,pp.252–257 (2017b)

35) 原子力災害対策本部:「原子力災害からの福島復興の加速に向けて」(2013 年 12 月 20 日閣議決定)(2013)

36) 淡路剛久,吉村良一,除本理史編:『福島原発事故賠償の研究』,日本評論社 (2015)

37) 山下祐介,市村高志,佐藤彰彦:『人間なき復興－原発避難と国民の「不理解」をめぐって－』,明石書店 (2013)

38) 川﨑興太:「原発避難 12 市町村の復興拠点の実態－福島原発事故から約 5 年が経過した現在－」,『日本建築学会 2016 年度大会 (九州) 学術講演梗概集 F-1』,pp.33–36 (2016c)

39) 原子力災害対策本部・復興推進会議:「帰還困難区域の取扱いに関する考え方」(2016 年 8 月 31 日公表)(2016)

40) 福島県双葉町:『双葉町 復興まちづくり計画 (第二次)』(2016)

41) 金井利之,今井照編著:『原発被災地の復興シナリオ・プランニング』,公人の友社 (2016)

42) 復興庁,内閣府 (防災担当),消防庁:「東日本大震災における震災関連死の死者数 (平成 28 年 9 月 30 日現在調査結果)」(2017 年 1 月 16 日公表)(2016)

43) 福島県災害対策本部:「平成 23 年東北地方太平洋沖地震による人的被害(平成 29 年 3 月 3 日)」(2017 年 3 月 3 日公表)(2017)

44) 厚生労働省自殺対策推進室:「東日本大震災に関連する自殺者数 (平成 29 年 1 月分)」(2017 年 2 月 23 日公表)(2017)

第5章
気象災害（豪雨災害）対策
——教訓の継承と都市計画の役割

片山健介

5.1 気象災害とは

5.1.1 気象災害

気象災害とは，気象現象によって生じる災害である。その原因となる気象現象には，風（強風や竜巻），雨，雪，ひょう，日照不足，降水量不足などがあり，風害，洪水害，浸水害，土砂災害，長雨害や干害（による農作物の不作）など，さまざまな災害を引き起こす。

饒村（2002）によれば，気象災害は，気象現象と人間生活とのかかわり合いから起きるものであり，人間生活の変化とともにその様相は変わってきているという。例えば，干ばつは古代においては大きな災害であったが，近年では，灌漑施設の整備によって減少した。一方で，都市化や車社会の形成によって，水害，雪害，土砂災害による被害が増えてきた。2017年1月の山陰地方の大雪では多数の車が立ち往生してしまったことは記憶に新しい。本章で取りあげる豪雨災害（洪水や土砂災害）も，人の住む場所が崖の下や斜面地，低地に広がり，街がアスファルトやコンクリートで覆われ，地下街が建設されるなど都市化が進んだことで，被害が大きくなっているといえる。

5.1.2 豪雨災害

大雨による災害は，梅雨，台風の季節に多く発生している。ここ数年に限ってみても，2014年8月に，広島市では局地的豪雨により大規模な土砂災害が発生

Ⅰ　総　　論

した（死者77名）。2015年9月には，台風に伴う豪雨により鬼怒川の堤防が決壊するなど関東・東北地方に大きな被害が生じた（死者14名）。2016年8月には，台風10号による豪雨で，北海道・東北地方で河川が氾濫し浸水害などの被害が生じた（死者23名）。

　一方で，「ゲリラ豪雨」という言葉もよく使われるが，この用語が注目されるようになったのは比較的新しいようだ。試みに，朝日新聞データベースで2000年以降の記事を「ゲリラ豪雨」という用語で検索してみると，2008年以降に記事が急増している。この年は，局地的豪雨によって下水管内が急激に増水し作業員5名が流されて死亡した事故（豊島区，8月）や，道路のアンダーパス部の冠水で自動車が水没し，運転手1名が死亡した事故（鹿沼市，8月）があった。

　このように，「豪雨災害」といっても，洪水，冠水，土砂災害などその形態はさまざまである。そこで，まず「豪雨災害」とはどのようなものなのかを整理しておきたい（気象庁（2009），新田他（2015），気象庁ウェブサイト）。

(1)　大雨とは

　「大雨」とは，平均値に比して降水量の多い雨や災害が引き起こされるほどの降水量の多い雨のことである。定量的な定義はないが，形態として，「集中豪雨」や「局地的大雨」がある。

　「集中豪雨」とは，100 km スケールの比較的狭い地域に数時間降り続くことで数百 mm の雨量となる大雨である。「局地的大雨」とは，数十 km のごく狭い範囲に数十分の短時間に数十 mm 程度の雨量をもたらす大雨であり，いわゆる「ゲリラ豪雨」としてメディアで報道されるが，気象学的定義が明確でないことから，気象庁ではこの名称は用いていない。

　大雨はどのようにして降るのか，その仕組みを確認しておこう。大雨をもたらすのが積乱雲である。雲は，空気が，地表面近くの空気が温められ軽くなって生じる上昇気流によって上空に押し上げられ，水蒸気が凝結することで発生する。上昇気流が強まり，雲がさらに成長すると，鉛直方向に発達した積乱雲となる。積乱雲は，大気の対流によって生まれるので，上空に冷たい空気が，地上には温められた空気がある状態で起こりやすい。これが「大気の状態が不安定」ということであり，地上付近の空気が湿っているとさらに不安定となる（つまり積乱雲

ができやすい)。

　集中豪雨と局地的大雨は，その発生のメカニズムが異なる。局地的大雨は，単独の積乱雲が発達することによって起きるのに対して，集中豪雨は，積乱雲が同じ場所で次々と発生・発達を繰り返すことで起きる。この積乱雲が連なることで線状降水帯が形成される。そのメカニズムとして，バックビルディングが考えられている。これは，風上側から湿った空気が流れ込むことで同じ場所で新しい積乱雲が次々と発生し，見かけ上，同じ場所で雨が降り続く現象である。こうした違いがあるので，局地的大雨は一過性であるのに対し，集中豪雨は強い雨が繰り返されるという特徴がある。

　なお，大雨の発生回数は長期的には増加傾向にあり，気候変動（地球温暖化）との関係が指摘されている（文部科学省・気象庁・環境省（2013））。

(2)　大雨による災害

　集中豪雨は，土砂災害や洪水，浸水などの被害を引き起こす。土砂災害とは，急傾斜地の崩壊，土石流，地滑り，河道閉塞による堪水を原因として生命または身体に生ずる被害のことである（土砂災害防止法）。急傾斜地の崩壊（山崩れ，崖崩れ）には，山の表面を覆っている土壌だけが崩れ落ちる「表層崩壊」と，土壌の下の岩盤まで一緒に崩れ落ちる「深層崩壊」があり，深層崩壊は，崩れる土砂の量が多く被害も大きい。土石流は，表層・深層崩壊や地滑りにより移動を開始した土砂や，山腹・川底に堆積していた土砂が，集中豪雨などにより水や流木と一体となって高速で流下するものである。地滑りは，斜面崩壊に比べると継続的・断続的で，移動速度が小さい。

　洪水は，河川の水位や流量が異常に増大し，河川敷内，または外側に水が溢れることであるが，堤防から水が溢れだす「外水氾濫」と，堤内地に降った雨が排水できずに住居などに浸水する「内水氾濫」がある。排水能力を超えて側溝や下水から水が溢れ，家屋に浸水したり道路，農地が冠水する被害が浸水害であるが，近年では，大都市中心部での地下利用が進み，地下街，地下鉄，地下施設などへの浸水被害も目立つようになっている。局地的大雨により，非常に短い時間で被害が発生・拡大し，地下に埋設された都市インフラも被害を受けやすくなっている。

　このように見てくると，豪雨にも区別があること，土砂災害といっても土石流，

I　総　　論

地滑り，崩壊の別がありその特徴も異なること，そして豪雨がどのような地域で起こるのかによって対策も変わってくることがわかる。

5.2　気象災害（豪雨災害）の対策

5.2.1　恒久対策と応急対策

　自然災害を防ぐための対策には，恒久対策と応急対策がある（饒村（2002），新田他（2015））。恒久対策とは，ダムや防波堤など防災施設を建設する，植林や計画的な森林伐採によって山林の防災機能を高めるなどであるが，費用と時間がかかる。そのため，災害が起きそうなときにとくに人的被害の軽減を図る応急対策も必要であり，自然災害がいつ，どこで，どのくらいの強さで起きるかを予測し，その情報を伝えることが重要となる。

5.2.2　観測・予測・予報

　私達は日々，天気予報で，梅雨前線の停滞，台風の接近，強い雨が降りそうかどうかの情報に接している。それでも豪雨災害は起きている。豪雨災害はどこまで予測できるのだろうか。

　大気現象については，観測に基づいて，「いつ」，「どこで」，「どのくらいの強さで」現象が起きるかを前もって予測できることも多く，気象災害のおそれがある場合には，気象庁が注意報や警報を発表して，各自治体がその情報に基づいて避難指示や避難勧告を発するなどの具体的な防災活動が行われている（新田他（2015））。

　気象の観測，予測，予報の技術や方法は，過去の災害の教訓も踏まえて発展してきた。ここでは，三隅（2014），新田他（2015）をもとに，現段階の技術・方法を見てみよう。

(1)　観　　測

　一般的な雨量の観測方法は，雨量計と気象レーダーによるものである。雨量計は，降水を直接測るマスを設置するもので，置かれた場所の雨量は正確に知ることができるが，置かれていない場所の雨量は知ることができないという空間代表

性の問題がある。山岳域などでは設置も難しい。気象レーダーは，アンテナから電波を発射し，戻ってきた電波の強さから雨の強さを観測するものだが，実際に何ミリの雨が降っているかは正確に測れないなどの問題もある。

　近年では，XバンドMPレーダーという新しい気象レーダーも開発されている。これは，雨粒の形を利用して雨量を測るもので，電磁波の位相のずれから雨量を推定する。このXバンドMPレーダーを用いて，国土交通省によってXRAINと呼ばれる気象レーダーの観測網が実用化されており，従来よりも細かい250m間隔で1分ごとの雨量情報が配信でき，局地的豪雨の観測や予測の向上が期待されている。

(2)　予測・予報

　局地的豪雨は空間的なスケールが小さく，降り始めから災害発生までの時間が短いため，空間的・時間的に詳細で正確な降水量の予報が求められる。降水短時間予報は，1km格子ごとに6時間先までの各1時間降水量を予報するもので，30分ごとに更新される。

　局地的に発生する激しい現象は，事前に精度よく予測することが難しいため，ナウキャストと呼ばれる実況をもとにした予報も用いられている。直前までの観測を使って現象の解析と予測を行い，短い時間間隔で提供するもので，気象状況が急変してもただちに次の予報に反映できる反面，現在観測されている雨雲を元に予測するため，新しく発生する雨雲は予測できない。そのため，1時間以上先を予報するには，コンピュータを用いた数値予報が用いられている。

　数値予報とは，空気の運動や雲の発生に係る物理法則から将来の天候を予測する方法である。だが，あらゆる気象データを観測して初期値を与えることは難しく，数値予報も完全には当たらない。現在の数値予報の技術は，今後の雨の傾向はある程度わかるレベルにあるが，激しい気象を正確に予測する技術には達していないという（三隅（2014））。

(3)　情報の伝達

　次に，こうした予報やそれに基づく災害危険の情報をいかに伝えるかが重要となる。

I 総 論

表-5.1 主な防災気象情報

気象情報		警報や注意報に先立つ注意の喚起，警報や注意報の発表中の現象の経過，予想，防災上の留意点等の解説，記録的な短時間の大雨を観測したときのより一層の警戒の呼びかけ，社会的に影響の大きな天候についての解説
気象警報・注意報	注意報	大雨や強風などによって災害が起こるおそれがあるときに発表。大雨，洪水，強風，風雪，大雪，波浪，高潮，雷，融雪，濃霧，乾燥，なだれ，低温，霜，着氷，着雪の 16 種類。
	警報	重大な災害が起こるおそれのあるときに発表。大雨，洪水，暴風，暴風雪，大雪，波浪，高潮の 7 種類。
	特別警報	重大な災害が起こるおそれが著しく大きいときに発表。大雨，暴風，暴風雪，大雪，波浪，高潮の 6 種類。
指定河川洪水予報		あらかじめ指定した河川について，区間を決めて水位または流量を示した洪水の予報を行う。氾濫注意情報，氾濫警戒情報，氾濫危険情報，氾濫発生情報の 4 種類。
土砂災害警戒情報		大雨警報（土砂災害）が発表されている状況で，土砂災害発生の危険度がさらに高まったときに発表。

［出典］ 気象庁ウェブサイトより著者作成

　気象庁は，大雨などによって災害が起こるおそれがあるときに，防災気象情報を出している。とくに大雨に関する主なものを**表-5.1** に示す。

　気象情報や気象警報・注意報は，関係行政機関，都道府県や市町村に伝達され，防災活動等に利用されるとともに，市町村や報道機関を通じて地域住民に伝えられる。市町村長は，災害対策基本法第 60 条に基づいて，避難指示，避難勧告を出す。

　地域住民への伝達手段としては，防災行政無線，電子メール，広報車などの方法があるが，防災行政無線は屋外スピーカーからの音声が室内では聞こえない，電子メールは登録者以外への伝達ができない，広報車も聞き取りにくいなどの難点がある。

5.2.3 災害から身を守る

　地域住民にとって気象情報を得られる機会は，インターネットや情報通信端末の普及によって以前よりは格段に増えた。スマホのアプリから現在地の天気予報も簡単に見ることができる。だが，前項でみたように，観測・予測技術は進歩しているものの，急激な変化を予測することは難しい。三隅（2014）によれば，将来的な予報は，「アタリかハズレか」ではなく，たくさんの可能性を示す「アン

第5章　気象災害（豪雨災害）対策

サンプル（集団）予報」を行う方向で研究が進められているというから，完全な予報を得ることは難しそうである。

　そもそも，いくら情報が豊富であっても，受け手がその意味を理解し，被害にあわないよう避難できなければ，うまく活用されない。災害から身を守るためには，具体的な行動に繋がりやすい情報の作成・提供に加えて，地域住民がその知識を持っておくこと，いざというときに正しく行動できるように日頃から準備をしておくことが必要であろう。

(1)　ハザードマップ

　具体的な行動に繋げていくためには，自らが住む地域の災害危険度をあらかじめ把握しておくことが必要と考えられる。そのためにはどのような情報があるだろうか。

　土砂災害防止法では，土砂災害が発生した場合に住民等の生命または身体に危害が生じるおそれがあると認められる区域として「土砂災害警戒区域」を，建築物に損壊が生じ住民等の生命または身体に著しい危害が生ずるおそれがあると認められる区域として「土砂災害特別警戒区域」を，都道府県が指定することになっている。土砂災害警戒区域では，市町村等により警戒避難体制の整備が行われて地域防災計画に記載されるほか，ハザードマップによる危険の周知が行われる。土砂災害特別警戒区域では，特定の開発行為（宅地分譲や災害時要援護者関連施設の建築など）に対する許可制，建築物の構造規制，著しい損壊が生じるおそれのある建築物の移転等の勧告が行われる。

　ハザードマップは，自然災害による被害の軽減や防災対策に使用する目的で，被害想定区域や避難場所・避難経路などの防災関係施設の位置などを表示した地図（国土地理院）である。ハザードマップには，前述の土砂災害のほか，洪水，内水，津波・高潮，火山などの種類があり，国土交通省や都道府県，市町村のホームページで公開されている（例：国土交通省ハザードマップポータルサイト）。洪水については，国土交通省と都道府県では，洪水予報河川および水位周知河川に指定された河川について，想定しうる最大規模の降雨によって氾濫した場合に浸水が想定される区域を洪水浸水想定区域として指定し，想定される水深，浸水継続時間を洪水浸水想定区域図として公表している。浸水想定区域を含む市町村

Ⅰ　総　　論

では，洪水浸水想定区域図に洪水予報等の伝達方法，避難場所などを記載した洪水ハザードマップを作成している。

(2)　地域防災力の向上

　大規模な水害などが起きた場合，役所の被災，マンパワーの限界などによって，行政も十分な対応ができないことが想定される。公助に頼るだけではなく，自助，共助も大切である。自分の命を自分で守るためには，気象災害に対する知識を持つ必要がある。例えば，自分の地域では過去にどのような災害があったのかを調べたり，自分の住む地域はどのような災害危険性があるのかをハザードマップ等で確認するとともに，もし災害が起きた場合，どの段階でどこに避難したらよいのかなどを想定しておくことである。**表-5.2**は，集中豪雨や局地的大雨が発生した場合の危険性について示したものである。豪雨による被害は，土砂災害に限らない。市街地でもどのような場所が危険かを知っておき，自動車で移動中に冠水した場合の対応など，過去の災害の事例から，「もしも自分が同様の状況になったら」と考えて，あらかじめ調べておくべきだろう。

　気象現象そのものについての知識も必要である。大雨については，屋外にいるときに「黒っぽい雲が近づいてきた（大粒の雨やひょうを含んだ雲が接近）」，「急に気温が下がり，涼しい風が吹いてきた（積乱雲からの下降流が周囲に広がっている，または寒冷前線が通過した）」という状況になったら，すぐに最新のレーダーを確認するように，というが（三隅（2014）），こうした「予兆」となる現象を知っておくことも有用であろう。

表-5.2　局地的大雨や集中豪雨の危険性

場　　所	危険性
地下施設（地下街など）	河川等から氾濫した水が流入する
住居（地下室，地下ガレージ）	河川や側溝から溢れた水が流入し，場合によっては水没する
道路（歩行者・自転車）	路面が冠水し，道路と側溝の境目が分かり難くなり転落する
道路（自動車）	冠水部分に乗り入れ，走行不能となり，場合によっては水没する
川原，中洲（遊び，魚釣り）	急増水で流される，中洲に取り残される
下水道管，用水路	急増水で流される
登山	渓流の急増水で流される

［出典］気象庁（2009）

第5章　気象災害（豪雨災害）対策

ただ，必要であるとはわかっていても，個人が気象現象や災害に関する知識を平時から収集しておくというのは難しいだろう。備えを促す環境をつくることも必要である。地域の防災力という観点では，自主防災組織の結成・活動がある。災害対策基本法では，「住民の隣保協同の精神に基づく自発的な防災組織」（第2条の2）とされ，市町村はその充実を図ることとされている（同法第5条第2項）。その役割として，防災知識の普及，災害危険の把握，防災訓練の実施，災害時の情報の収集・伝達，避難誘導，救出・救護などの活動が期待されている。また，ハザードマップは単に公開されているだけではなかなか活用されないが，地図上に災害の危険性などを書込みながら参加者が防災対策を考える災害図上訓練（DIG）の取り組みも各地で行われている。

だが，自主防災組織も，高齢化や昼間の活動要員の不足，住民意識の不足，リーダーの不足などの課題も指摘されている（消防庁（2011））。加えて，土砂災害の危険性が高い地域に比べて，とくに浸水が想定されるような市街地では住民の入れ替わりも多いため，いかに災害の記憶を伝承し，地域で災害危険性や避難に関する情報，認識を共有できるかは大きな課題となろう。このことについて，次節では長崎大水害の実例を取りあげて考えてみたい。

5.3　大水害の記憶と継承——長崎大水害の経験から

5.3.1　長崎大水害の概要

長崎大水害は，1982年7月23〜25日に発生した豪雨災害である（昭和57年7月豪雨）。

1982年7月は，梅雨前線が本州の南海上から九州付近に停滞し，前線上を小低気圧が通過するたびに前線活動が活発化し，大雨となった。とくに23日は，長崎市で日降水量448.0 mm，長与町で1時間降水量187.0 mmと当時の記録を更新する記録的な大雨となり，死者・行方不明者299名（うち長崎市257名），家屋全壊584棟（同447棟），半壊954棟（同746棟），床上浸水17 909棟（同14 704棟），床下浸水19 197棟（同8 642棟）などの大きな被害が生じた（中央防災会議（2005））。

この災害は，長崎市中心部の市街地における都市型水害と，郊外部での土石流

I 総 論

などによる土砂災害の二面性があるといわれる。饒村（2002），高橋（2009）を
もとに，その特徴を以下にまとめる。

① 被害が大きくなった要因のひとつとして，長崎の地形的特徴がある。長崎
は斜面丘陵地に囲まれた狭い平地に市街地が形成されていったが，戦後の急
激な人口増加に伴って，斜面市街地が形成されていった。1982年7月の大
雨で地盤が軟弱化していたところに豪雨を受けたこともあり，崖崩れや土石
流による被害が大きくなった。死者・行方不明者の88％は土砂災害による
ものとされている。

② 河川床勾配が急で河川延長も短いという要因もあり，豪雨によって市内を
流れる中島川，浦上川，八郎川に一気に水が流れ込み，大規模な浸水洪水被
害が発生した（**図-5.1**）。これにより，水道，ガス，電気，電話などの都市
インフラが麻痺するともに，ビルの地下の機械室なども被害を受け，機能の
回復に時間がかかることになった。また，文化財である眼鏡橋など中島川の
石橋群も流失・損壊した。

③ すり鉢状の地形で平地が限られており，道路網，鉄道，路面電車など，国
道206号に交通が集中する都市構造となっていた。豪雨が帰宅時間と重なっ
たこともあって，交通渋滞していたところに路面が冠水し，自動車に閉じ込
められ命を落とすなどの被害があった。また，自動車を放置したまま脱出し
たために緊急自動車の通行の妨げになるなどの問題も生じた。ドライバーは，
洪水の中でどう対処したらよいかの知識がなかったこと，車内の方が安全で
あると過信していたことも指摘されている。

④ 土砂災害などが同時多発的に起きたため，救援要請などの連絡により電話
が輻輳し，避難情報を住民に伝達することも遅れた。

⑤ 長崎県内では，7月11日以降4回の大雨警報が出されたが，長崎市付近
では大雨にならなかったため，23日16時50分に出された大雨警報も深刻
に受け止められなかったといわれている。この災害の教訓から，警報をでき
るだけ地域細分して発表・伝達することが行われるようになり，また記録的
な雨が観測されたときにその異常さをいち早く伝達する「記録的短時間大雨
情報」が始まった。

第 5 章　気象災害（豪雨災害）対策

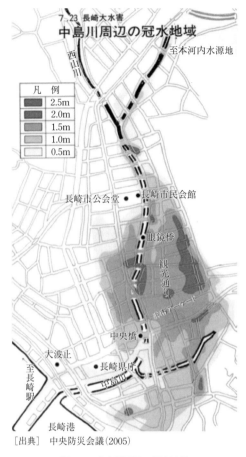

図-5.1　中島川周辺の冠水地域

5.3.2　大水害後の対策

　被災後，関係行政機関，学識経験者，住民，商工団体，議員などの参加によりハード・ソフトの両面にわたる防災対策を検討するため，長崎防災都市構想策定委員会が設置され，1984 年 3 月に最終答申が行われた。主な提言として総合的な治水対策の推進，安全な斜面空間の創成，安全で快適なまちづくりの推進と都市基盤の整備，災害に強い基幹交通網の確立，住民と行政が一体となった総合的な防災体制の確立が示された（高橋（2009））。

I 総　　論

(1) ハード対策

ハードの対策として，総合的な治水対策の推進のため，河川の改修やダムの改修（利水ダムの治水化による洪水調節機能の追加）が行われたが，とくに関心を集めたのは，中島川の氾濫によって半壊した重要文化財である眼鏡橋の扱いである．眼鏡橋は長崎の代表的な観光資源のひとつであるが，河川改修による拡幅とコンクリート橋を建設する案に対して，現地復元を求める声があがった．策定委員会で検討された結果，眼鏡橋は現地保存し，眼鏡橋付近の洪水を安全に流下させるために，両岸にバイパス水路を設けることになった（図-5.2）．バイパス水路上の空間は公園および都市計画道路として整備されている（図-5.3）．

そのほかにも，災害に強い基幹交通網の形成のためのバイパス道路の整備や，土砂災害が発生した箇所では，砂防対策事業，地滑り対策事業，急傾斜地崩壊対策事業が行われた．

(2) ソフト対策

ソフト面の対策としては，長崎県防災対策検討委員会において，情報の収集・伝達，住民の避難体制の確立に向けて，県および市における防災行政無線の整備や自主防災組織の結成促進が行われている．

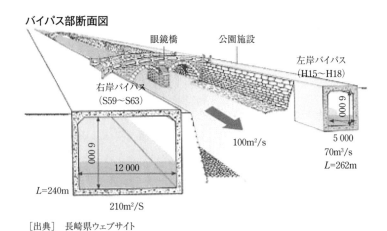

[出典]　長崎県ウェブサイト

図-5.2　中島川バイパス部の断面図

第 5 章　気象災害（豪雨災害）対策

［出典］　本章著者撮影
図-5.3　眼鏡橋付近のバイパス水路（奥に見えるのが眼鏡橋）

　自主防災組織については，長崎市での結成数は 452 で，全自治会数に対する組織率は 44.0％にとどまっている（2014 年 4 月 1 日時点）。中でも，長崎市中心部を含む本庁地区の組織率が 29.0％と低い。とくに中心市街地での結成状況が低いことが指摘されており（高橋他（1998）），今後都市型災害による被害を防ぐという観点では課題として指摘できよう。
　そのほかにも，土砂災害防災マップの作成・配布，土砂災害警戒区域および土砂災害特別警戒区域の指定，市民防災リーダーの養成（講習を実施して防災知識や技術を住民に普及させる），災害図上訓練を取り入れた地域防災マップづくりなどの取り組みも行われてきている（高橋他（2012））。

5.3.3　中心市街地の防災と災害の記憶の継承
　長崎市の中心市街地は，長崎大水害時には浜の町で水位 173 cm を記録するなど，水位 1 m 以上の浸水被害を受けた。現在公開されている長崎市の洪水ハザードマップ（**図-5.4**）をみると，中心商店街である浜の町アーケード，観光通り，銅座，新地中華街に至る地域は，浸水 0.5 m 未満の想定区域に含まれており，一部

I 総　　論

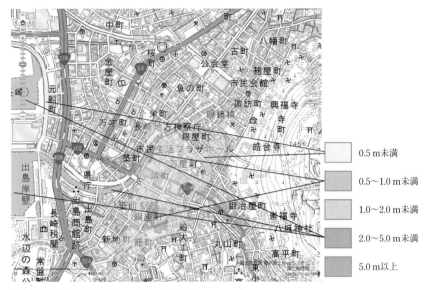

［出典］ 長崎市防災情報マップウェブサイト
図-5.4　長崎市中心市街地における浸水想定区域

0.5 ～ 1.0 m 未満の区域が見られる。図-5.1 と比較すれば，前述した中島川のバイパス水路などのハード対策による効果ともいえようが，安全ということではけっしてない。しかしながら，把握できた限りでは，中島川東側の中心商業地で自主防災組織を結成している自治会は 5 つのみであり，図-5.2 の浸水想定区域の一部しかカバーされていない状況であった。

　その理由として，市の担当者や地元自治会の方の話からは，土砂災害の危険性が低いこと，長崎大水害のとき浸水はしたが人的被害は小さかったことが指摘された。また，長崎市でも中心市街地に新たなマンションが建設されており，長崎大水害を知らない住民も増えていることも要因として考えられる。しかし，各地でみられるように，局地的豪雨は想定以上の被害をもたらしうる。また，長崎市の自主防災組織は風水害を主な対象にしているが，2016 年 4 月の熊本地震を想起すれば，他の災害が発生する可能性もある。そのようなときに，自主防災組織などの地域の取り組みがなければ，災害時における情報の収集・伝達や救出，避難誘導等に支障をきたすおそれがある。

長崎大水害の教訓をどう伝えていけばよいのか。例えば、災害の記憶を顕在化させるモニュメントに着目してみると、中心部には、図-5.5〜5.8に示すような記念碑などがある。だが、繁華街にあるにもかかわらず、通行する人に意識されているようには思われない。

災害の記憶を伝承する興味深い取り組みもある。中心市街地に位置する小学校では、小学5年生の社会科の授業で、長崎市の防災担当者による授業が行われた（2015年11月）。これは小学校側から長崎市に依頼があったものだが、実施に際しては、地元の自治会の協力を得ており、小学生は大水害を経験した住民と一緒にまちあるきをして、当時の体験談を聞くとともに、大雨で増水したときに危険

[出典] 本章著者撮影

図-5.5 過去の洪水で流された橋の親柱

[出典] 本章著者撮影

図-5.6 長崎大水害記念碑塔（思案橋交差点）

[出典] 本章著者撮影

図-5.7 浜の町アーケード街にある大水害の水位を示す表示板（丸印）

[出典] 本章著者撮影

図-5.8 被災水位を示す表示板（拡大）

な場所や，緊急一時避難場所，水害のときの浸水の高さ，「地下には行かない」，「高いところに避難する」など水害時の経験や教訓が書かれた地域防災マップづくりを行った。このマップは全戸に配布されており，子供が親に防災の話をするきっかけともなっている。

このような取り組みは地域住民の防災意識を向上させる上で有効であろう。しかし課題もある。郊外の住宅地とは異なり，中心市街地には，買い物客などその地域の住民でない来訪者が多数いる。長崎は国内外から観光で訪れる人も多い。こうした人たちは，地域住民による自主防災活動には含まれない人たちであり，とくに観光客は土地勘もなく，避難場所もわからない。加えて，中心商業地では，店員が買い物客の避難誘導を行うことも想定されるが，自治会組織と商店街組織は別であり，現状では連携はとられていない。また，近年チェーン店が増えていることを考えれば，旧来の組織だけでは対応しきれない可能性がある。地域外からの来訪者も含めた防災対策は，長崎に限らず，全国の都市で共通の課題ではないだろうか。

5.3.4 都市計画の役割

大水害のあと，長崎県の「市街化区域および市街化調整区域の整備，開発及び保全の方針」には，都市防災に関する項目が設けられ，長崎大水害を教訓に，災害危険のおそれのある地区の改善や道路網の整備，公園や緑地を増やすことによって市街地の防災機能の向上を強化するとされた（高橋（2009））。現行の長崎都市計画区域マスタープランでも，区域区分を定める必要性の根拠のひとつとして，「土砂災害の危険性の高い市街地形成の可能性」が挙げられている。長崎市の都市計画マスタープラン（2016 年 12 月改訂）では，都市防災の方針として，長崎大水害などを教訓として，適正な土地利用の誘導などにより，都市の防災性を強化することとされている。

現在，全国でコンパクトシティの実現に向けた立地適正化計画の策定が進んでいる。国土交通省の「立地適正化計画作成の手引き（平成 28 年 4 月 11 日版）」では，居住誘導区域の検討にあたって，土砂災害，津波災害，浸水被害等により甚大な被害を受ける危険性が少ないことを考慮するものとされている。長崎市で策定中の立地適正化計画では，居住誘導区域の設定の基本的な考え方として，土

砂災害特別警戒区域に加え，勾配が15度を超える傾斜地を除外する方針が示されている。これは，長崎大水害において，勾配が15度を超える傾斜地で被害が大きかったという経験に基づいている。

世界新三大夜景にも選ばれた長崎の夜景は，斜面市街地に支えられている面がある。長崎市でも，斜面市街地に斜行エレベーターやリフトを設置したり，生活支援交通や車道を整備するなど，生活利便性を高める取り組みも行っている。しかし，斜面市街地では高齢化・人口減少が進み，長期的な視点からそのあり方が問われている。

人口減少社会における都市縮小に向けたコンパクトシティ政策を，災害危険度の高い地域にも市街地が拡がってきたことへの対策として考えることも重要であろう。より長期的にみれば，環境負荷の小さい都市構造は，近年局地的豪雨などの異常気象が増えてきた要因のひとつといわれる地球温暖化対策にも貢献することになる（コラム参照）。

5.4　今後の気象災害（豪雨災害）対策に向けて

気象災害（豪雨災害）は，観測技術や予測手法の向上とともに，一定程度の情報を事前に把握することは可能となってきた。情報通信技術の普及によって，情報の伝達・収集は格段に便利になった。しかし，全国では局地的豪雨による災害が頻発している。今後は，予測の限界も理解しつつ，情報をいかに使いこなすかが，行政機関にも地域住民にも求められている。

そのためには，行動に繋がる防災情報の提供とともに，地域住民が地域の災害の危険性について関心を持つことが肝要である。かつての大災害の教訓を，中心市街地のように住民の入れ替わりや地域外からの来訪者・従業者の多い地域で継承していくために，子供への教育，地域外の人も視野に入れた取り組みが必要である。

そして，災害の危険性の高い地域に市街地をつくらないようにすることも都市計画の役割である。土砂災害特別警戒区域の指定やハザードマップの公表は，不動産価値を低下させるという反対もあってなかなか進まないといわれるが，人口減少・都市の縮小を，災害への脆弱性を克服する契機ととらえた都市づくりが必

I　総　　論

要であろう。そして，長期的に見れば，地球温暖化対策も自らの安全にかかわる
問題だととらえることも大切であろう。

コラム　環境管理・都市計画と広域的視点

■人口減少と広域計画

　コンパクトシティ論は，公共交通の利便性の高い地域に都市機能や居住機
能を集約することで，歩いて暮らせる住みやすいまちを形成していこうとい
うものである。日本では，郊外のスプロール，高齢化に伴う自動車依存型社
会の限界，人口減少と財政悪化に伴うインフラ・社会サービスの維持困難，
温室効果ガスなど環境負荷の増大などがその背景としてよく挙げられる。立
地適正化計画は都市再生特別措置法の改正（2014 年）によって導入された
ものであり，市町村は同計画において居住を誘導し人口密度を維持する「居
住誘導区域」と，福祉・医療・商業などの都市機能の立地を促進する「都市
機能誘導区域」を定めることができる。

　しかし，市街地は一市町村を越えて拡がっており，通勤や買い物などの日
常的・経済的活動により一体的な都市圏が形成されている。イングランドで
は，洪水リスクは都市計画において広域的に取り組むべき課題のひとつとさ
れている。生活サービスや公共交通の充実に加えて，土砂災害や水害への備
えという観点からも，近隣市町村や都道府県と連携した広域計画が望まれる。

■環境管理と広域ガバナンス

　豪雨による災害を防ぎ，被害を極力抑えるには，広域的な環境管理も必要
であろう。水と土砂の流れは管理主体である行政界を越えるため，広域的か
つ統合的な管理が求められるが（大貝ほか（2013）），その体制や方法が問
題となる。

　環境管理を考える空間スケールとして，流域圏がある。流域圏は，第三次
全国総合開発計画（1977 年）で定住構想の圏域としても示されたが，連携
して環境管理に取り組む事例もみられる。例えば関西広域連合では，「琵琶
湖・淀川流域対策に係る研究会」が設置され，総合治水・流域治水や総合土

砂管理の推進などの統合的な流域管理と，そのための市民，NGO，民間事業者，市町村・府県・国による連携・協働（流域ガバナンス）に向けた検討が行われており，今後の展開が注目される。

＜参考文献＞

1) 饒村曜：『気象災害の予測と対策』，オーム社（2002）
2) 大貝彰，宮田譲，青木伸一編：『都市・地域・環境概論』，朝倉書店（2013）
3) 三隅良平：『気象災害を科学する』，ベレ出版（2014）
4) 新田尚監修，酒井重典他編集：『気象災害の事典』，朝倉書店（2015）
5) 高橋和雄他：「長崎市の自主防災組織の結成に及ぼす地理的・社会的要因の分析」，土木学会論文集，No.583/IV-38, pp.83-94（1998）
6) 高橋和雄：『豪雨と斜面都市－1982長崎豪雨災害－』，古今書院（2009）
7) 高橋和雄 他：「特集記事：1982長崎豪雨災害から30年」，『自然災害科学』，31-3, pp.175-205（2012）
8) 中央防災会議災害教訓の継承に関する専門調査会：「1982長崎豪雨災害報告書」（2005）
9) 気象庁：「局地的大雨から身を守るために」（2009）
10) 気象庁：「知識・解説」 http://www.jma.go.jp/jma/menu/menuknowledge.html
11) 文部科学省，気象庁，環境省：「気候変動の観測・予測及び影響評価統合レポート：日本の気候変動とその影響（2012年度版）」（2013）
12) 国土交通省：国土交通省ハザードマップポータルサイト　http://disaportal.gsi.go.jp/
13) 消防庁：「自主防災組織の手引き」（2011）

II

社会・経済

第6章

強靱な都市
－脆さある都市からしなやかな都市へ－

和泉 潤

6.1 都市の脆さ

人が生活していくための基本の一つに安全性がある。個人，家族，コミュニティ，都市，国とレベルは異なるが，安全に生活していくために，それぞれ必要な対応を取ることが重要である。都市もその例外ではなく，その脆さ故に，都市に居住することは，災害に襲われると多くの被害を受けてしまうことにつながるため，脆さを認識し，その対応を取ることが持続可能な都市の条件となる。

都市の脆さは，大きくとらえると，以下の4点に大別することができる。

① 多様な人口の集住

都市では，高齢者から子どもまでの幅広い年齢層が居住している。また，国籍の異なる居住者も増えてきており，健常者，障がい者も混在している。さらに，都市の活性化に向けて，観光など交流人口の増大を図る都市も増えてきているので，経済的な多様性も含めて，このような多様な人口が生活・滞在していることから，災害が発生すれば，言葉がわからない，場所が不案内，自力での避難が困難など，人的被害が起こりやすい状況にある。

少子高齢化が進み，人口減少に向かう都市は，空き家が増加することで生活感のない歯抜け状態の市街地になっていく。これがコミュニティの存続を困難にするとともに脆さをもたらすことになる。歯抜け状態を解消し，人口規模に見合って都市を縮小していくために，「街なか居住」を進める都市も増えてきているが，そのときに人口集住から来る脆さを解消することを考え

113

Ⅱ　社会・経済

なければ災害被害を減少することはできない。

②　自然を破壊する開発

　都市は，人口が増加し，機能が拡大するに従って開発を進め，自然を破壊し拡大してきた。それにより平常時は，利便性高い都市になったが，災害時には，これまで災害にならなかった自然現象も災害として顕在化するようになってきた。本来ならば，土地利用の規制・誘導を都市計画で行うことで災害の被害を少なくしていかなければならないが，都市計画が安全の面から不十分であったことは否めない。たとえば，斜面の活用は，平地の少ない日本では必要ではあり，住宅地としての利用も行われているが，土砂崩れなどの災害を考慮した計画が行われていたかは，2014 年 8 月の広島土砂災害を見るまでもなく疑問である。

　また，開発は，自然の地面に，建物を建て，道路を舗装していくので，降雨は地面に吸収されずにそのまま流れてしまう。排水路や河川にそれらが一時に集中し，直線化したコンクリート張りの河川の水位を急上昇させて鉄砲水として流れ下ることから，洪水，溢水が容易に起こる。大きなものにはならないまでも，ゲリラ豪雨は頻繁に起こり，内水溢水などの都市の脆さを顕在化させる。ゲリラ豪雨は，都市ヒートアイランド現象が発生の一因であり，その都市ヒートアイランド現象は，自然地の舗装化，建物立地という開発が発生要因の一つである。

③　都市における公的サービスへの依存

　都市の居住は，行政サービスを含む公的サービスに依存しており，そのために利便性高い生活を送ることができる。したがって，これらのサービスが機能していれば，日常は問題なく利便性高い生活を送ることができるが，いったん，サービスが遮断してしまうと生活が立ちゆかなくなってしまう。災害時にこのようなサービスが提供できなければ，被害は拡大してしまう。また，このようなサービスを提供する媒体となるネットワーク施設は，設置してから時間が経過しているものほど生活にはなくてはならないものである反面，老朽化が進行しているので，破損などから機能しなくなると生活が不便になってしまう。平常時では，代替機能が速やかに働くが，災害時では，それが難しく，被害の拡大につながってしまう。

④　不適切な建築物

　　住宅を始めとする建築物は，建築基準法などによって規制されている。生活が行われる住宅は，新耐震基準よって構造的に地震の揺れなどに対して破壊されないように建築時などで規制を受けているが，このときに，建築基準法の「抜け道」があり，新耐震基準以下の住宅も建設することができる。開口部を大きく取る，壁を少なくするなど快適性や居住性を高める住宅となるが，安全性については問題が出てくる住宅であり，熊本地震（2016 年）では，新耐震基準で建設された住宅の中で倒壊した住宅があったことは，このことを示していると考えられる。建築基準法の不備を問題視していかなければならない。

　このような都市の脆さの解消に向けて多くの地方自治体の総合計画では，「安全・安心」を政策の柱の一つとしてあげている。その政策は，① 都市計画の側面（災害に対する脆弱性減少の開発政策），② 行政の組織的側面（緊急時対応可能な人材の育成），③ 住民の意識の側面（緊急時対応可能なコミュニティ人材の育成），④脆弱性の側面（危険性の高い状況に対する計画）が，都市を安全にするガイドラインとしてあげられる（IDNDR（1997））。とくに，④ については，基盤施設のあり方，高齢者などのコミュニティにおける災害に対して弱い人口の存在，文化的遺産の脆弱性，災害に脆い居住施設の存在は，早急に対応すべき課題としてあげられる。詳細については，梶他（2012）を参照いただきたい。

6.2　都市を強靱にするための国際的な動き

　人口が集住する都市を強靱にすることは，国際社会の大きな課題であり，その対応の一つに，2015 年の国連サミットにおいて，「持続可能な開発のための 2030 アジェンダ」が採択され，17 の「持続可能な開発目標（SDGs）」を達成することがある。この開発目標に，災害にかかわる目標があり，目標 9 と目標 11 で，強靱（レジリエント）という語を用いている（外務省（2015b））。

　目標 9 は，「強靱（レジリエント）なインフラ構築，包摂的かつ持続可能な産業化の促進及びイノベーションの推進を図る」もので，災害に関連する前半部分は，「すべての人々に安価で公平なアクセスに重点を置いた経済発展と人間の福

社を支援するために，地域・越境インフラを含む質の高い，信頼でき，持続可能かつ強靱（レジリエント）なインフラを開発する」こととしている。都市が機能を発揮するためにはインフラは欠かせない。平常時には，人々はこの存在を意識しないで公的サービスを享受しているので，災害時に活用できなければ人々の生活が困難になり，それとともに災害からの影響も大きくなる。したがって，脆い状態をできるだけ少なくし，強靱さを備わるようにしていかなければならないとしている。

目標 11 は，「包摂的で安全かつ強靱（レジリエント）で持続可能な都市及び人間居住を実現する」もので，2030 年までの 7 つの到達目標と 3 つの支援策が示されている。直接，災害に言及した到達目標として「2030 年までに，貧困層及び脆弱な立場にある人々の保護に焦点をあてながら，水関連災害などの災害による死者や被災者を大幅に削減し，世界の国内総生産比で直接的経済損失を大幅に減らす」があげられており，その支援策として「2020 年までに，包含，資源効率，気候変動の緩和と適応，災害に対する強靱さ（レジリエント）を目指す総合的政策及び計画を導入・実施した都市及び人間居住地の件数を大幅に増加させ，仙台防災枠組 2015–2030（外務省，2015a）に沿って，あらゆるレベルでの総合的な災害リスク管理の策定と実施を行う」が掲げられている。

仙台防災枠組 2015–2030 は，第 3 回国連世界防災会議の成果文書として採択されたもので，「……「ハザードへの暴露（exposure）及び脆弱性を予防・削減し，応急対応及び復旧への備え強化し，強靱性を強化する，統合されかつ包摂的な，経済，ハード及びソフト，法律，社会，健康，文化，教育，環境，技術，政治及び制度的手段の実施を通じ，新たな災害リスクを予防し，既存の災害リスクを減少させる」とのゴール（goal）を追求する」として，① 死亡者数の大幅な削減，② 被災者数の大幅な削減，③ 経済的損失の GDP 比での削減，④ 重要インフラの損害の大幅な削減，⑤ 防災戦略採用国数の増大，⑥ 国際協力の大幅な強化，⑦ マルチハザードに対応した早期警戒および災害リスク情報へのアクセスの向上の 7 点を到達目標としている。

6.3 都市を強靱にする 10 の基本

　21世紀に国際社会が減災を進めて行く国連のプログラムとして，ISDR（国際防災戦略）を展開していくことが決議された。国連でこれを実施するためUNISDR（国連防災戦略）が組織され，活動している。その一つとして，地方レベルの行政の指導者に向けた「都市を強靱にする10の基本」のハンドブックを公表した（UNISDR（2012））。主要な部分を紹介すると以下のようになる。まず，都市はなぜ危険なのかについて，8点をあげている。

① 人口成長と密度増加により，災害の危険性のある地域での居住が増加。

② 国レベルでの資源と機能の集中，地方政府でのリスク軽減と対応への役割の不明確さを含む財政的・人的資源と能力の欠如。

③ 地方政府の管理の弱さと都市の計画と管理への住民などの関係者の不十分な参加。

④ 健康問題，洪水，土砂崩れを引き起こす不適切な水資源管理，排水システム，廃棄物管理。

⑤ 洪水規制や保護といった基本的な対策を脅かす生態系の悪化で，道路建設，汚染，低湿地埋め立ておよび持続可能でない資源採掘による顕在化。

⑥ 破壊に結びつくインフラの劣化と安全でない建築物。

⑦ 迅速な対応と準備の能力を減少させる組織だっていない緊急サービス。

⑧ 洪水や他の気候関連災害の頻度，強度，場所に影響を与える地域の条件による気温の極端な変動をもたらす気候変動の多様な影響，

これらのリスクを克服していくために都市が備えなければならない基本として10点をあげている。これらの基本については，何を行うかの項目がそれぞれあげられているが，先進国および途上国ともに対象にしているものであることから，日本の状況に合わせてみると以下のようになる。

① 制度的・行政的枠組

　都市レベルでの災害リスクに対応するためには，災害のリスクを理解するとともに，関係主体（行政，住民，民間，学界）が大きくかかわることが必要であり，地域防災計画および業務継続計画がこれに該当すると考えてよい。

Ⅱ　社会・経済

これらの策定にあたっては，関係主体が協働で策定していくことが重要である。その際に，都市外の関連する組織（他自治体など）との連携（ネットワーク）を平常時から活用していくことが重要となる。

② 資金調達と資源

地域防災計画や業務継続計画を確実に実行していくためには，財源と資源が必要であり，この確保が大きな課題となる。これは確保された財源・資源は，平常時からリスク減少（脆さの克服）対策や関係者の意識高揚に活用していくことが必要となる。

③ 複合災害のリスク評価——リスクを知る

都市が直面するリスクを明確に理解することが，そのリスクを減少する対応を行っていくためには，必要であり，ハザードマップがその一つになる。これに基づいて，都市計画に代表される開発計画の策定に反映していくことが必要となるとともに，それを住民に広く周知し，住民の災害リスク評価に繋げて行くことが必要となる。この災害リスクは一つの災害リスクだけではなく，複数の災害リスクが存在することも理解しておかなければならない。

④ インフラの保護，改良，強靱化

公的なサービスの遮断は，生活・業務の継続には大きな障害になり，公的サービスを提供するインフラの災害時の確保は重要な課題となるので，その強靱化は早急に取りかかる課題となる。とくに，インフラの老朽化は災害に対して脆くなるので，改良，強靱化を図ることが喫緊の課題となる。

⑤ 必要な教育と保健施設の保護

教育や医療などは平常時ばかりでなく災害時でも重要な公的サービスであり，その機能が発揮できるように施設の脆さを可能な限り減少させることが必要である。災害時に負傷者を収容する病院や避難施設として機能する学校は，その機能が十分に発揮できるようにしておかなければならない。また，学校は教育施設として災害後速やかにその機能を回復させることが必要となる。

⑥ 規則と土地利用計画の構築

住宅の場合，前述したように規則の遵守が行われていても「抜け道」があって，被害となることが熊本地震においてみられたので，このような「抜

け道」に対応するような対策(耐震診断・耐震改修)を進めることが重要となる。また，リスク評価から計画，開発への流れを押さえ，計画策定において関係者の積極的な参加が必要となる。

⑦　訓練，教育と住民意識

　災害のリスクに対して，コミュニティ全体が意識を持ち高めていくことで，災害のリスク軽減への個人，コミュニティの対応が進んでいく。そのための防災訓練，避難訓練は必要で，その意識を高めるための教育は重要となる。学校教育において，教育プログラムの中に位置づけるとともに，生涯教育としても進めて行くことが必要である。また，コミュニティにおけるさまざまな住民主体の防災まちづくりなどのボランティア活動に対しては，積極的な支援を行うことも必要である。

⑧　環境保護と生態系の強化

　都市における開発は，生態系を変容させ，災害のリスクを高めてしまう。したがって，災害のアセスメントは，環境アセスメントの一部として実施することが必要である。これにより，環境変容の災害リスクへの影響が理解され，生態系の保全活動が推進される。持続可能性は，生態系のバランスを維持していくことに他ならない。

⑨　効果的な防備，早期警報および対応

　緊急時の対応は，生命，財産の保護とともに，災害の影響を減じることで応急復旧・復旧・復興に大きく貢献する。早期警報，避難情報はその大きなものであり，より良くしていくとともに平常時の訓練が必要となる。また，復旧・復興は，災害前に計画づくりを行うことが必要である。

⑩　復旧とコミュニティの再構築

　災害後の迅速な再建と，安全で持続可能な再建は必ずしも同一ではないが，コミュニティをより良くする機会として，災害前の平常時に復旧・復興計画を主要政策として位置づけて策定しておくことで，適切な復旧・復興が行われ，インフラの再建や生活の再建に大きく役立つ。

6.4 しなやかな都市に向けて

(1) しなやかな都市

　災害が発生すると人的・物的被害が発生する。被害の程度は，脆さの克服など事前の対策により軽減することができる。そして，救急・救援，応急復旧，復旧，復興と時間の変化により，事中，事後の被害を軽減していくことができる。これを，時間Oで災害が発生し，時間Bで被害がなくなると仮定して簡単に図で示すと**図-6.1**のようになる。時間の経過に従って軽減していく被害は直線ABで示されるので，災害の被害の総量は，△OBAの面積になる。脆さを克服した場合には，災害発生時の被害の程度は軽減されるので，AからCに軽減され，被害の総量は△OCBになり，脆さを克服した効果が面積の相違で示される（△ACB）。被害の総量を減少させるためには，脆さを克服していく対策，すなわち被害をAからOに近づけることに加え，もう一つの方法として，被害がなくなる時間BをOに近づけることがある。すなわち，応急復旧，復旧，復興を速やかに進めて行くことであり，言葉を換えれば，災害前にすぐに元に復帰できる「しなやかさ」をつくっていくこととなる。そうすることで，脆さの克服と合わせて被害の

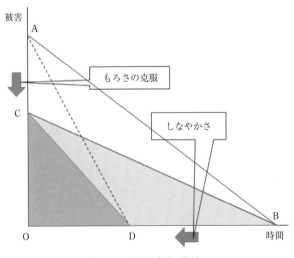

図-6.1　被害と時間の関係

総量は△OCDになり，大きく軽減させることができる。脆さを克服しない状況でも「しなやかさ」の対応を行うことで，被害の総量は軽減させることはできるが，総量としては△OADになり，当然のことながら脆さを克服する対応をした場合に比べると大きい。したがって，災害前に，IDNDR（1997）およびUNISDR（2012）で示されている都市の脆さを克服し，加えて強靱にする10の基本を押さえながら，緊急時対応，応急復旧，復旧，復興の計画づくりを行うとともに，速やかな業務，生活の復帰が可能な行政・民間の「業務継続計画（BCP）」および住民の「生活継続計画（LCP）」そして「コミュニティ継続計画（CCP）」を平常時に関係主体で策定して備えることが，都市をしなやかさにする鍵となる。そこで，ここでは，とくに，行政，住民（生活），コミュニティについてのしなやかさを考える。

(2) 行政のしなやかさ

行政は，早期警報を含めた災害発生からの一連の流れの中で，緊急時対応，応急復旧，復旧，復興の主体として重要な役割を担っているとともに，災害時でも住民のニーズに対応した継続的な通常業務を行わなければならない。この通常業務が遅れれば，復旧・復興にも影響を与えてしまうので，災害時でも必要な通常業務については，非常時優先業務として優先的に行う業務継続計画を策定することが課題となる。この計画は，地域防災計画などの災害時の計画・マニュアルを補完するとともに，各種資源制約の中で適切に業務が行えるように計画されるのである。このイメージを図で示すと，**図-6.2**のようになる。非常時優先業務が速やかに実施されることで行政がしなやかになる。住民の生活継続も確保され，コミュニティの活動も継続していくことが可能となる。日本防火・危機管理促進協会（2011）は，このような地方自治体のBCP策定に関する調査を公表している。これによると2013年時点で回答368自治体中，策定済みは46自治体で10.5%，策定中が38自治体（10.3%）で77.2%の自治体（284）は未策定と3/4を超えており，早急に策定することが必要である。

発災後に業務継続計画を実行するには，担当者および業務の場所の確保が必要であり，その前提として，必要資源がある庁舎が活用できるものでなければならない。熊本地震においては，6市町で庁舎が損壊したことは，業務継続計画が策

Ⅱ 社会・経済

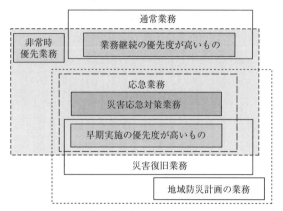

[出典] 内閣府（防災担当）（2016），図1-1より作成

図-6.2 非常時優先業務のイメージ

定されていたとしても，非常時優先業務の遂行は困難になることを示しているので，庁舎の耐災化は必然といえる。すなわち，庁舎の脆さを克服しない限り，しなやかさは達成できず，被害は軽減できないことになる。言葉を換えれば，しなやかさは，行政の資源であるヒト・モノ・カネ・情報が，平常時と同様に確保されて，それらが速やかに計画実施に活用できる環境にあるといえる。

(3) 住民（生活）のしなやかさ

生活のしなやかさは，発災後，避難その他の非常時の環境から，平常時の生活に速やかに復帰することを意味している。そのためには，生活の場所と生活関連物資の確保が前提条件となる。生活の場所の確保では，居住する住宅の脆さを克服することが必要となる。住宅の倒壊や家具の転倒などがあれば，住宅に居住できずに避難生活を送ることになり，しなやかさとはほど遠くなる。また，住宅での生活が可能でも，生活物資がないと生活は困難になる。

住宅の脆さを克服するためには，耐災化を図ることが必要であり，地震に対しては，新築の場合，新耐震基準を満たす住宅にすることが必要であり，居住している住宅に対しては，耐震診断を行って耐震改修を進めていくことが必要である。各自治体では，耐震診断・耐震改修には助成金を支出するなど，家具の転倒防止も含めて耐災化を進めているが，なかなか進まないのが現状である。

しなやかさのためには，発災後に生活が継続できるように計画しておくことが必要であり，その一つとして食料・水などの備蓄がある。発災後，一般的に3日間は自助で生活し，3週間は共助で生活し，その後の公助で行政の支援が本格的に始まるが，少なくとも自助の間の備蓄を確保することが重要である。また，復旧・復興するには，費用がかかるので，そのための対応もしておかなければならない。公助も期待できるが，基本的には自助で行うべきものであり，損害保険などに加入しておくことは必要なことである。

(4) コミュニティのしなやかさ

少子高齢化が進んでいる日本のコミュニティでは，人口の減少に加えて，従来からの自治会・町内会などへ転入する住民の加入率が減少してきていることから，コミュニティの機能を担う人口が少なくなり，機能が大きく制限されるようになってきた。このようなコミュニティは，災害時には避難を始めとして共助として重要な機能を持つが，平常時で機能しないのであれば，災害時の共助の機能は発揮できない。したがって，平常時にコミュニティが持つ機能が十分に発揮するようにコミュニティの再構成を図り，災害時そして災害後のコミュニティの機能を継続させていくことが必要であり，これがしなやかなコミュニティになる。コミュニティの共助の機能として進められているものに「居場所づくり」がある。家に閉じこもり，外に出ない高齢者が集まることのできる場所を提供することで，高齢者のコミュニケーションが図られるなど，平常時では高齢者の生き甲斐を生み出し，災害時には，避難や共助に活用されることになる。そして，災害後では，居場所に集まることによって，平常時の生活に速やかに戻ることができる。このような「居場所づくり」は災害の被害を受けやすい高齢者や障がい者ばかりでなく，人間関係が希薄になりがちな若年層にも必要になるものである。居場所が持続的に平常時，災害時（災害後も含む）に機能することが必要である。

コラム　IDNDR・ISDR

国際連合は，国際社会が抱える課題の中で，特に重点的に解決すべき事項について，国際社会の関心を喚起し，取り組みを促すために，国連デー，国

連年，そして国連 10 年を定めている（国連の代わりに国際も使用）。国際防災の 10 年（IDNDR）もその一つで，1980 年代の世界に多発した自然災害を背景に，1990 年代の 10 年間を自然災害に対して被害の軽減を国際社会が協調して進めて行くため，国連総会で決議された。同時に，10 月 13 日が国際防災デーとしても決議された。後に 10 月の第 3 水曜日に変更されている。IDNDR の中間年の 1994 年に第 1 回世界防災会議が横浜市で開催され，1995-2005 年の行動指針として横浜戦略が採択された。そして，IDNDR 終了の 1999 年，これを継承する国際プログラムの国際防災戦略（ISDR）が決議された。その後，2005 年には，第 2 回世界防災会議が神戸市で開催され，10 年間の横浜戦略の教訓・課題をもとに兵庫行動枠組（2005-2015）が次の 10 年の行動枠組として採択された。さらに，第 3 回世界防災会議が 2015 年に仙台市で開催され，兵庫行動枠組の教訓・課題を活かして仙台防災枠組（2015-2030）が次の 15 年間の行動指針として採択された。このとき，日本をはじめとする関係国の提案で，津波の意識高揚を図る世界津波啓発デーを 11 月 5 日に定めた。このように，国際連合は 20 世紀後半から，IDNDR，ISDR などの活動をとおして，国際社会の減災を主導している。

＜参考文献＞

1) IDNDR：Cities at Risk, Stop Disasters（1997）

2) 日本防火・危機管理促進協会：「地方自治体における震災時 BCP 作成に関する調査」（2011）http://boukakiki.or.jp/common_new/pdf/H25survey_jititaiBCP_13216.pdf

3) 外務省：「仙台防災枠組 2015-2030（仮訳）」（2015a） http://www.gender.go.jp/policy/saigai/pdf/sendai_framework_relation.pdf（2017.1.6 現在）

4) 外務省：「我々の世界を変革する：持続可能な開発のための 2030 アジェンダ（仮訳）」（2015b）http://www.mofa.go.jp/mofaj/files/000101402.pdf（2017.1.6 現在）

5) 梶秀樹，和泉潤，山本佳世子編著：『東日本大震災の復旧・復興への提言』，技報堂出版（2012）

6) 国連開発計画：「人間開発報告書 2003 －ミレニアム開発目標（MDGs）達成に向けて－」，国際協力出版会（2003）

7) 内閣官房国土強靱化推進室：「国土強靱化とは？ ～強くて，しなやかなニッポンへ～」（2014）http://www.cas.go.jp/jp/seisaku/kokudo_kyoujinka/pdf/kokudo_pamphlet.pdfh（2017.1.6 現在）

8) 内閣府（防災担当）：「大規模災害発生時における地方公共団体の業務継続の手引き」（2016）http://www.boussai.go.jp/taisaku/chihougyoumukeizoku/pdf/H28tebiki/pdf（2017.1.6 現在）

9) UNISDR："How To Make Cities More Resilient", A Handbook For Local Government Leaders（2012）http://www.unisdr.org/files/26462_handbookfinalonlineversion.pdf（2016.12.7 現在）

第7章
活断層への土地利用対策
―徳島県における事例―

近藤光男

7.1 背　景

　徳島県では，南海トラフの巨大地震や中央構造線活断層帯（讃岐山脈南縁）（以下，中央構造線活断層帯という）を震源とする直下型地震による大きな被害が心配されている。このような大規模な地震や津波を迎え撃ち，被害を小さくする「減災」を目指して，「自助・共助・公助」を担うみんながそれぞれの役割に応じた対策に取り組むことが必要であるとの観点から，県民，自主防災組織，事業者などの取組みや，地震・津波災害を予防する土地利用に関する規制を盛り込んだ「徳

図-7.1　徳島県中央構造線活断層帯（讃岐山脈南縁）

Ⅱ 社会・経済

島県南海トラフ巨大地震等に係る震災に強い社会づくり条例(愛称：命を守るとくしま－0(ゼロ)作戦条例)」を制定した。この条例は，昭和南海地震が発生した昭和21年12月21日と日付を同じにする平成24年12月21日に施行された。この条例に込められた思いが，以下に掲げる前文に力強く記されている。

「平成23年3月11日に発生した東日本大震災は，地震が頻発する日本に住む私たちに，平穏な生活を一瞬にして破壊する地震及び津波のすさまじさを改めて知らしめたところである。この大震災を教訓として，これからの震災対策につい

<前　　文>
東日本大震災の教訓を踏まえ，被害を最小化とする「減災」と「自助・共助・公助」を基本とした対策への取組みを明確にするとともに，「とくしま－0作戦」をより一層加速させ，県民一丸となって真に震災に強い社会づくりを推進するため，条例を制定する。

<総則（第1条～15条）>

目　的（第1条）	県民の生命，身体及び財産を保護するため，震災対策を総合的かつ計画的に推進し，震災に強い社会の実現を目指す。
基本理念（第3条）	①被害を最小化する「減災」を基本に震災対策を実施 ②「自助・共助・公助」を基本に震災対策を実施 ③震災対策に取り組む関係者が緊密に連携，協働して着実に実施

◇県民の役割（第4条）　◇自主防災組織の役割（第5条）　◇学校等の役割（第6条）
◇事業者の役割（第7条）　◇県の責務（第8条）　◇市町村との連携（第9条）

◇震災対策に関する計画の作成等（第10条）　◇震災対策に関する憲章（第11条）
◇徳島県震災を考える日等（第12条）　◇顕彰（第13条）
◇震災対策への県民等の意見の反映（第14条）　◇財政上の措置（第15条）

予防対策 （第16条～61条）	応急対策 （第62条～77条）	復旧及び復興対策 （第78条～83条）

県民・自主防災組織・学校等・事業者による対策及び市町村との連携

【予防対策】 震災への備え	【応急対策】 震災発生時の対応	【復旧及び復興対策】 震災後の対策

各段階におけるそれぞれの役割を明らかにし，相互の連携を促進

特定活断層調査区域における土地利用の適正化等（予防対策）

図-7.2　条例の構成

て，地震及び津波による被害の発生を防ぐだけではなく，助かる命を助けることをはじめとして被害を最小化するという減災の考え方を基本に，あらゆる方策を複合的に講じる必要性が認識されるようになった。

また，震災の規模が大きいほど，県民が自らの安全を自ら守る自助，自主防災組織，ボランティア等が地域の安全を確保する共助及び県，市町村等が県民を保護する公助のそれぞれの主体が責務と役割を認識し，より密接に連携することが欠かせない。

本県では，広い範囲で甚大な被害が想定されている南海トラフを震源とする巨大地震の切迫性が高まっており，更に，本県を東西に貫く中央構造線活断層帯を震源とする直下型地震の発生も危惧されている。

このため，震災による死者を一人も出さないことを目指し，県政の最重要課題として積極的に展開してきた震災対策を，より一層加速させていく必要がある。

ここに，私たちは，いかなる大震災にも正面から立ち向かい，県民の尊い生命を守るため，共に力を合わせ，県民一丸となって震災対策に取り組むことを決意するとともに，将来の世代に対する責務として，真に震災に強い社会づくりを推進するため，この条例を制定する。」

この条例では，「南海トラフ巨大地震に備えた土地利用の規制」及び「中央構造線活断層帯に係る土地利用の適正化」という2つの観点から，地震・津波災害を予防する適正な土地利用について条項が定められている。前者は，津波の襲来により，住民の生命や財産に危害が生じるおそれがある沿岸部において，「津波防災地域づくりに関する法律」に基づいて，津波災害警戒区域や津波災害特別警戒区域を指定し，津波防災地域づくりを推進することを定めたものである。一方，後者は，徳島県の北部を東西に走る中央構造線活断層帯を震源とする直下型地震が発生すれば，地表面のずれにより建築物などに大きな被害が発生することが予想される。そのため，活断層の調査が必要な区域を「特定活断層調査区域」として指定し，「多数の人が利用する建築物」及び「危険物を貯蔵する施設」の新築など（新築，改築，移転）を行う場合には，活断層の位置を確認し，その直上に建築物などの立地を避けることを定めている。

本章では，全国に先駆けて制定された本条例において，特に注目に値する「中央構造線活断層帯に係る土地利用の適正化」が条例に盛り込まれた経緯やその内

Ⅱ 社会・経済

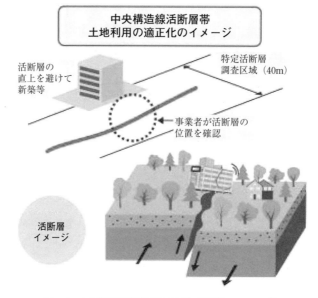

図-7.3 中央構造線活断層帯土地利用適正化のイメージ[2]

容について解説する。

7.2 経　緯

　徳島県では東日本大震災の発生以前から地震・津波対策が講じられてきたが、甚大な被害が発生した東日本大震災の教訓を踏まえて対策の見直しが行われた。
　まず、震災発生後の翌月である平成23年4月に、有識者等で組織する「地震津波減災対策検討委員会」を設置して、検討が開始された。対策の見直しの進捗にあわせ、震災対策に関する条例についても、平成23年11月に有識者や各界各層の県民で構成する「震災対策推進条例（仮称）策定検討委員会」を設置して、議論を開始した。
　条例に盛り込む中央構造線活断層帯に係る土地利用の適正化については、特に専門的な見地からの慎重な検討が必要であるとの理由から、条例策定委員会の下に活断層の専門家で組織する「中央構造線活断層図検討会」を設け、国内や国外

での活断層に関する規制等の事例を参考として検討を行うなど，議論が積み重ねられた。

　平成24年2月には条例の素案を作成し，その後，県議会や市町村，関係団体などからの意見や，パブリックコメントによる県民からの意見を反映させた「徳島県南海トラフ巨大地震等に係る震災に強い社会づくり条例（案）」ができあがった。この条例案は平成24年11月に県議会で可決され，平成24年12月21日に施行に至った。

7.3　内　容

　徳島県を東西に貫く中央構造線活断層帯は，国の地震調査研究推進本部において，主要な活断層帯として位置づけられ，その長期評価が公表されている全国でも有数の活断層帯である。徳島県内には，このほかにも複数の活断層があるといわれているが，すでに調査が進んでいるこの活断層帯を条例の対象にしている。

　また，中央構造線活断層帯を構成する活断層にも，その地形などから「位置が明確なもの」や「位置がやや不明確なもの」などが存在している。その中には調査を実施しても位置の特定が難しいものや，堆積層が積もり活断層の影響が直接地表面に及ばないものが存在するため，条例では活断層約180 kmのうち，その位置が明確な約60 kmを対象としている。

　国の地震調査研究推進本部によると，中央構造線活断層帯を震源とする直下型地震の発生確率はきわめて低い（我が国の主な活断層における絶対的評価：Aランク，地震発生確率：30年以内でほぼ0〜0.4%）ものの，ひとたび発生すれば甚大な被害が予想される。このときの地震の規模はM8程度，もしくはそれ以上となり，1回の活動に伴う右横ずれ量は最大で6〜7 m程度の可能性があるともされており，さらに北側の土地が数m隆起する可能性があるとの指摘もある。

　このため，活断層の直上では，いくら耐震化を実施しても地表面のずれによる建築物などへの被害を免れることは困難と考えられることから，こうした「活断層のずれ」に伴う被害を未然に防ぐため，長期的に緩やかな土地利用の適正化を図ることとしている。

　条例では，活断層の直上に建築物などを配置しないことを事業者に求めており，

Ⅱ 社会・経済

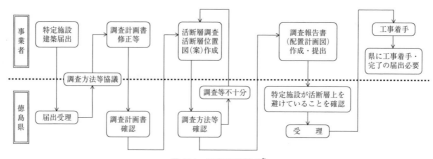

図-7.4 届出の手続き[2)]

具体的には，中央構造線活断層帯に沿って，活断層の調査が必要な区域（幅40m）を「特定活断層調査区域」として指定し，倒壊などによって多くの人に危害が及ぶことが懸念される「多数の人が利用する建築物」及び周辺への二次被害が懸念される「危険物を貯蔵する施設（以下，「特定施設」という）」の新築等（新築，改築，移転）を行う場合には，事業者において活断層の位置を確認し，その直上での建築行為を避けてもらうようにしている。

また，活断層調査などに関する事業者との協議などにあたり，徳島県は活断層の専門家で組織する「活断層調査専門委員会」を設置し，助言を得ることにしている。

7.4 特　徴

この条例の特徴として，徳島県独自の取組みとして中央構造線活断層帯に係る土地利用の適正化を規定していることをあげることができる。直下型地震が発生すれば，活断層の直上では地表面がずれることにより建築物などに大きな被害が発生するおそれがあるため，事業者が活断層の調査を行う必要がある区域を「特定活断層調査区域」として指定し，「多数の人が利用する建築物」や「危険物を貯蔵する施設」の新築等（新築，改築，移転）を行う場合には，活断層の位置を確認し，その直上における建築物などの立地を避けるようにしている。

7.5 課題と今後の展望

　徳島県は、「想定外」という言葉を二度と繰り返すことなく、いかなる震災をも迎え撃つ体制の整備を進め、この条例の基本理念に基づき、被害を最小化する「減災」と「自助・共助・公助」を基本とする震災対策を推進するとともに、将来の世代への「安全・安心」の責務を果たすため、実効性のある土地利用の規制などにあわせて、市街化調整区域における建築物などの立地規制の緩和なども実施していくことにしている。

　また、この条例の制定と同時に、震災対策に必要な財源を確保するために、「徳島県震災対策基金条例」を制定した。これらの2つの条例により、県民すべての願いである真に震災に強い社会づくりの実現に向けて、さらに取組みを加速している。

7.6 参考［条例における活断層への土地利用対策に関する条項］

徳島県南海トラフ巨大地震等に係る震災に強い社会づくり条例（抜粋）

第一章　総則
　（目的）
第一条　この条例は、南海トラフを震源とする巨大地震、中央構造線活断層帯を
　　震源とする直下型地震等による震災から、県民の生命、身体及び財産を保護す
　　るため、震災対策に関し、基本理念を定め、県民、自主防災組織、学校等及び
　　事業者の役割並びに県の責務を明らかにし、関係者相互の緊密な連携及び協働
　　を促進するとともに、より実効性のある具体的な施策を定めることにより、震
　　災対策を総合的かつ計画的に推進し、もって震災に強い社会の実現に寄与する
　　ことを目的とする。

第二章　予防対策
第六節　特定活断層調査区域における土地利用の適正化等

Ⅱ 社会・経済

（特定活断層調査区域の指定等）

第五十五条　知事は，特定活断層（地震防災対策特別措置法（平成七年法律第
　　百十一号）第十条第一項に規定する地震調査委員会において長期評価が行われ
　　ている中央構造線断層帯のうち讃岐山脈南縁に係る部分をいう。以下同じ。）
　　の変位による被害を防止するため，特定活断層の位置に関する調査が必要な土
　　地の区域を，特定活断層調査区域として指定することができる。

　2　知事は，前項の規定により特定活断層調査区域を指定するときは，あらかじ
　　め，関係する市町村の長の意見を聴かなければならない。

　3　知事は，第一項の規定により特定活断層調査区域を指定するときは，その旨
　　及び指定の区域を徳島県報で公示しなければならない。

　4　知事は，前項の規定による公示をしたときは，速やかに，規則で定めるとこ
　　ろにより，関係する市町村の長に，当該公示された事項を記載した図書を送付
　　しなければならない。

　5　特定活断層調査区域の指定は，第三項の規定による公示によってその効力を
　　生ずる。

　6　知事は，第一項の規定による特定活断層調査区域の指定の理由がなくなった
　　と認めるときは，当該特定活断層調査区域の全部又は一部について当該指定を
　　解除するものとする。

　7　第二項から第五項までの規定は，前項の規定による特定活断層調査区域の指
　　定の解除について準用する。

　8　県は，最新の活断層の位置に関する情報の把握に努めるとともに，把握した
　　当該情報を公表するものとする。

（特定活断層調査区域における土地利用の適正化等）

第五十六条　特定活断層調査区域において次に掲げる建築物又は施設（以下「特
　　定施設」という。）の新築，改築又は移転（以下「新築等」という。）をしよう
　　とする者は，特定活断層の直上への当該特定施設の新築等を避けなければなら
　　ない。

　　一　学校，病院その他の多数の者が利用する建築物であって規則で定めるもの

　　二　火薬類，石油類その他の危険物であって規則で定めるものを貯蔵する施設

　2　特定活断層調査区域において特定施設の新築等をしようとする者は，当該新

築等に係る工事（開発行為（都市計画法（昭和四十三年法律第百号）第四条第十二項に規定する開発行為をいう。以下同じ。）を伴う場合にあっては，当該開発行為）をしようとするときは，あらかじめ，規則で定めるところにより，次に掲げる事項を知事に届け出て，知事と協議しなければならない。

一　氏名又は名称及び住所並びに法人にあってはその代表者の氏名

二　特定施設の名称及び所在地

三　特定施設の用途

四　その他規則で定める事項

3　前項の規定による届出には，特定施設の位置図その他の規則で定める書類を添付しなければならない。

4　第三項の規定による協議をした者は，当該協議に基づいて特定活断層に関する調査を実施し，その調査報告書並びに特定活断層の位置図，特定施設の配置計画図及び規則で定める書類（以下「調査報告書等」という。）を知事に提出しなければならない。

5　第三項の規定による届出若しくは協議又は前項の規定による調査報告書等の提出（以下「届出等」という。）をした者は，当該届出等に係る事項を変更しようとするときは，あらかじめ，その旨を知事に届け出て，知事と協議しなければならない。

6　宅地建物取引業者は，その取り扱う宅地又は建物が特定活断層調査区域にある場合は，当該宅地又は建物を取得し，又は借りようとしている者に対して，その売買，交換又は貸借の契約が成立するまでの間に，当該宅地又は建物が特定活断層調査区域にある旨及び前各項に規定する内容を説明するよう努めるものとする。

第五十七条　県は，特定活断層調査区域において建築物の新築等をしようとする場合は，特定活断層の直上への当該建築物の新築等を避けなければならない。

2　県は，特定活断層調査区域の不動産の譲渡，交換，貸付等（以下「譲渡等」という。）をしようとするときは，当該譲渡等に係る契約の締結までに当該不動産の譲渡等の相手方に対して，当該不動産が特定活断層調査区域にある旨及び前条第一項から第五項までに規定する内容を説明しなければならない。

3　県は，特定活断層調査区域に建築物を所有する者が，当該建築物を特定活断

Ⅱ 社会・経済

層調査区域以外の区域に移転する場合には，当該区域への移転が円滑に行われるよう，土地の利用に関する規制の緩和等について凪慮するものとする。

（工事又は開発行為の着手又は完了の届出）

第五十八条　第五十六条第二項の規定による協議をした者は，当該協議に係る新築等の工事若しくは開発行為に着手し，又はこれらを完了したときは，遅滞なく，その旨を知事に届け出なければならない。

（報告の徴収及び立入調査）

第五十九条　知事は，第五十六条，前条，次条及び第六十一条の規定の施行に必要な限度において，特定施設の新築等をする者に対し，報告若しくは資料の提出を求め，又はその職員に，当該特定施設若しくは当該特定施設に係る新築等の工事若しくは開発行為が行われている場所に立ち入り，当該特定施設に係る新築等の工事若しくは開発行為の状況若しくは書類その他の物件を調査させ，若しくは関係者に質問させることができる。

2　前項の規定により立入調査をする職員は，その身分を示す証明書を携帯し，関係人に提示しなければならない。

3　第一項の規定による権限は，犯罪捜査のために認められたものと解釈してはならない。

（勧告）

第六十条　知事は，第五十六条第一項の規定による特定活断層の直上への特定施設の新築等の回避をしなかった者，同条第三項の規定による届出又は協議をしなかった者，同条第四項の規定による調査報告書等の提出をしなかった者及び同条第五項の規定による届出又は協議をしなかった者に対し，必要な措置をとるべきことを勧告することができる。

2　知事は，前条第一項の規定による報告若しくは資料の提出をせず，若しくは虚偽の報告若しくは資料の提出をし，又は同項の規定による立入調査を拒み，妨げ，若しくは忌避し，若しくは質問に対して陳述をせず，若しくは虚偽の陳述をした者に対し，必要な措置をとるべきことを勧告することができる。

（公表）

第六十一条　知事は，前条の規定による勧告を受けた者が正当な理由がなく当該勧告に従わない場合は，その旨，当該勧告の内容その他規則で定める事項を公

表することができる。

2　知事は，前項の規定による公表をしようとする場合は，あらかじめ当該公表の対象となる者に対し，証拠を提出し，及び意見を述べる機会を与えなければならない。

＜参考文献＞

1) 徳島県：「「徳島県南海トラフ巨大地震等に係る震災に強い社会づくり条例（愛称：命を守るとくしま－0（ゼロ）作戦条例」について」 http://anshin.pref.tokushima.jp/docs/2013082700049/

2) 徳島県危機管理部南海地震防災課：「「徳島県南海トラフ巨大地震等に係る震災に強い社会づくり条例」について」，『自治体法務研究』，ぎょうせい，No.34，pp.46-49（2013）

3) 徳島県危機管理部南海地震防災課：「南海トラフ巨大地震及び活断層地震に備え，死者ゼロを目指す」，『自治体法務 NAVI』，第一法規，Vol.55，pp.25-29（2013）

第8章

「三方一両得」の漁業づくり
－日本漁業の潜在的収益力とレントの検討－

髙尾克樹

8.1 日本の漁業の現状

　世界的なシーフードブームで，人気の高いノルウェーのサケなどは，大量に養殖しても需要に追いつかないという。それに引き換え，我が国の漁業はどうだろう。漁業生産量はピーク時の3分の1以下にまで落ち込み，沿岸漁船漁家の平均漁労所得は，とうとう年間200万円を割り込んでしまった（平成28年水産白書）。

　我が国の近海は世界有数の漁場なのだし，水産物の品質も種類の豊富さも世界一といって間違いない。本章では，そんな日本漁業が再生できないか，その方向を検証するため，我が国近海の海洋環境がもたらす潜在的な収益力を計測してみる。

　ここでは，漁業再生の方策として「三方良し」という，一見無茶な政策を提案してみたい。「三方良し」とは近江商人が「売り手良し」，「買い手良し」，「世間良し」と，商売の目標を表した言葉である。また，落語や講談に転じては「三方一両得」，あるいは逆に「三方一両損」ともいう。知恵のある方は，皆が得をする政策などとは話がうますぎるとお笑いになるかもしれないが，なぜ漁業で「三方一両得」となるのか，この先を読んでいただければ，きっとおわかりになるだろうと思う。

8.2 潜在的収益力と帰属レント

漁業は農業や工業といった他の産業と異なる，奇妙な特性がある。農業などの場合，農地に対して耕作労働や機械などの投入量を増加させていくと，収穫量はそれにつれて増加し続けるが，その増加速度は投入量が増えるに従って徐々に鈍ってくる。この性質は収穫の逓減と呼ばれるが，これこそが効率的な経営を成立させる条件でもある。これに対して漁業において，投入量の増加は最初こそ収穫の増加をもたらすが，すぐに資源の制約に達して，収穫は逆に減少し始め，ついには何も穫れない悲惨な資源枯渇を招いてしまう。漁業におけるそんな特徴的な投入と生産の関係を表したのが，ゴードンのモデル（1954）である。

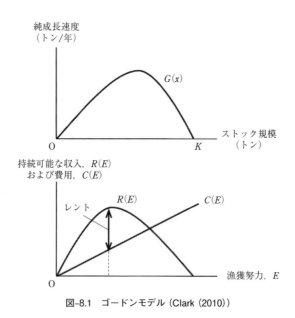

図-8.1 ゴードンモデル（Clark（2010））

図-8.1はこのゴードンモデルを図示したものである。上図は，このモデルのベースであるグレアムの成長曲線で，長期的な均衡状態の下での魚群のストック規模と純成長速度との関係を表す。図の原点は魚の生存数がゼロの状態を示し，右に行くにつれ次第に個体数が増え成長（再生産）が高まってくる。そして右端は餌

の制約により，もうこれ以上は増える余地のない飽和状態を示している。この2つの中間において純成長速度は最大となるが，この純成長速度の最大値は，最大持続可能産出量 MSY とも呼ばれる。

下図は，このような魚群の再生産特性を前提とした，漁業における漁獲努力（E）と持続可能な収入 R（E）と費用 C（E）との長期的関係を表している。ここで想定している漁業は，ストック規模を一定に保ちながら漁獲量を維持する持続可能な漁業であり，これは毎年増えた分だけを漁獲する漁業と言い換えても良い。

魚の漁獲を行うと，漁業者には獲った分だけの漁獲収入 R（E）が入るが，その分だけ魚群ストックの規模は縮小する。そのため，R（E）は，上図の G（x）と比べると左右反転したような形となる。

R（E）と C（E）の間の垂直距離は持続可能な漁労利益である。漁労利益が十分な大きさを持つ場合，この漁業は魅力的に映るため，漁業への外部からの参入を呼び，それにつれて漁業全体の漁獲努力は増大する。もし漁場が参入制限のないオープンアクセスであった場合，このような外部からの参入は，漁労利益がプラスである限り止まらないので，最終的には R（E）と C（E）の交点まで均衡に達する。

この状態は努力すればするほど漁獲が減る状態であり，のちにハーディンが「コモンズの悲劇」と表現した共倒れの状態でもある。オープンアクセスの下でのこのような乱獲構造が，ゴードンモデルの意味するところであり，漁業の特徴でもある。

R（E）と C（E）の差，漁労利益はレントまたは経済的レントと呼ばれる。ここでいうレントとは，「その生産要素が供給されるのに最低限必要な支払いを超えて支払われる部分」（Varian（2007））を指す。レントは生産者にとっての超過利潤を表しているから，例えば農業の場合，質の良い作物が多く収穫できる土地は同じ労力でも大きな収益を上げるため，この土地を利用するためには付加的な地代，すなわちレントを支払う必要がある。土地に対するレントは，肥沃な地質や降水量といった自然の差によって決まると考えられ，例えば高級な銘醸ワインを産する土地に対しては，痩せた土地（限界地）と比較した場合の利潤の差（超過利潤）が高額な地代をつくり出す。このような事情は，石油などの鉱物資源の採掘権も同じである。

II 社会・経済

これに対して，海面上には境界線を設定することが難しかったため，財産権制度も地代も発達してこなかった。そのため，動力船などの技術が進歩するとともに，魚群ストックへの漁業圧力が高まり，ゴードンモデルが描いたような乱獲状態が多くの海域で顕在化してきた。

海にレントが現れはじめたのは，近年になって個別取引可能漁獲割当制度（ITQ）などの財産権制度が，いくつかの国で創設されたことによるものである。例えばITQ制度が導入されたニュージーランドでは，漁獲割当本体の取引とともにそこから派生した「賃貸」取引も頻繁に行われ，安定したレント市場に発展している（大西（2005））。この場合，漁獲割当の賃貸価格が，土地に対する地代に相当する。

漁業のレントは，このような制度を導入していない地域では実現しないし，実現した場合も，制度次第でレントの実現実態やその市場価格は異なる。ここでは，このような可変量であるレントの固有な「最大値」に着目し，これを「帰属レント」と呼ぶことにし，以下ではレントと言えばこれを指すこととしたい。ゴードンモデルにおいて，レントが最大になるのは，C（E）の平行線とR（E）が接する時であり，この時の漁獲量は最大経済的産出量（MEY）と呼ばれる。つまり，帰属レントはMEYに等しい理想的な漁業におけるレントであり，同時に収益力の最大値でもある。

海における「帰属」レントは，見方を変えると海洋から得られる生態系サービスの経済価値ととらえることもできる。近年研究が進んだ生態系サービスの経済価値評価（例えばCostanza, *et. al.*）では，多くの場合，「無償」で得られる「自然の恵み」に焦点が当たっているが，里山などのように人間社会と密接なかかわりを持ってきた自然，言い換えると半人工的生態系の経済的価値を考える上では，そのような人間の側の経済的な負担を無視することはできない。レントによるアプローチは，人間の努力や費用負担によって変化する里山的生態系サービスの経済的価値計測に適した手法である。

8.3 対象範囲と資料

分析には，「海面漁業生産統計調査」（農林水産省HP，長期累年統計）および

第8章 「三方一両得」の漁業づくり

「漁船登録による漁船統計表－総合報告」（各年）を用いた。前者の統計は，数量ベースおよび金額ベースの漁業量データの資料として，後者は漁獲努力の資料として用いた。

漁獲努力の指標としては，一般に漁業従事者数，海上作業従事日数，漁船数，漁船トン数なども考えられるが，このようなものでは，ゴードンモデルが想定しているような魚群ストックに対する漁獲圧力を十分に反映させることが難しい。近年の漁業技術の進歩に伴って，ソナー（魚群探知機）や漁網の動力巻き上げ機，その他作業の自動化技術が導入され，漁業従事者は減少しているのにもかかわらず，漁船がかつてない量の漁獲を可能にする能力を獲得してきたからである。そこで，以下では既存の統計資料のうち，これらの機械装備と最も関連性の深いと考えられる「漁船総馬力数」を，主要な漁獲努力の指標とした。

分析は統計分類上の漁業種類別に行ったが，その分類方法は両者の統計で多少異なる。ここでは，漁船統計の分類方法をベースとして用いることとした。具体的には，採貝藻，定置網，一本釣り，はえ縄，刺し網，まき網，敷き網，底引き網，引き網，雑漁業の10種類である。また，分析対象期間は，原則として両者のデータが共に得られる1956年から2012年までとした。

8.4 結 果

1956～2012年の期間における，我が国近海，沿岸漁業全体の漁船総馬力数と総漁獲量の変化を表したのが図-8.2である。これを見ると，1956年から1980年代後半までは，漁船総馬力数も漁獲量もともに肩を並べて伸びているが，1980年代半ばに差し掛かると，漁船総馬力数は増え続けているのに，漁獲量は急激な減少に転じていることがわかる。その後，漁船総馬力数の急激な伸びは止まったものの，漁獲量はしばらく減り続けた。2000年前後にようやく急激な下落は一段落したものの，漁獲量は回復の兆しが見えていない。近年，漁船総馬力はふたたびじわじわと増える兆しも見せている。

さらに詳しく見ると，図中の領域Aでは，漁船総馬力数と漁獲量の組み合わせは，モデルの長期均衡ライン（後述）から大きく上方にかい離していることがわかる。このことはこの時期（1978～1995），持続可能な漁業の組み合わせを大

141

Ⅱ 社会・経済

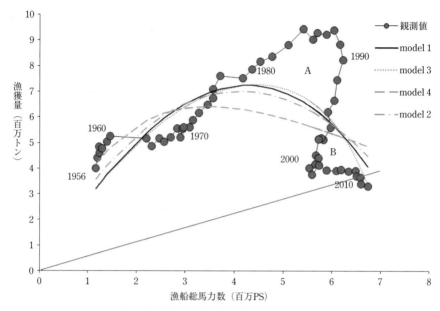

図-8.2 漁船総馬力と漁獲量の関係（1956～2012年）

きく逸脱して，短期的に魚群ストックを食いつぶすような過剰漁獲が行われていたことを示唆している。

一方，領域Bではこれまでとは逆に，長期トレンドラインから下方にかい離している。このことはそれ以前の領域Aで行われた短期的な過剰漁獲の影響により，持続可能漁獲量のラインを相当程度下回る過小漁獲の後遺症が現れていることが見て取れる。このようなかい離状態は，おおむね解消する方向にあるが，その中味は馬力数だけがじりじりと増え，漁獲量は回復しないという縮小均衡状態にあると見られる。

同じ分析を，細かく漁業種類別に見たものが図-8.3である。ここに示した10種の漁業種類のうち，定置網，はえ縄，刺し網，敷き網，底引き網，引き網，雑漁業の7種類では，沿岸・沖合漁業全体と同じ逆U字型のパターンが見られた。

逆U字型のパターンが見られなかった3種の漁業種類のうち，まき網では漁船総馬力と漁獲量の拡大と縮小とが同時に起こっている。これはイワシの資源枯渇によるものと見られるが，このようなパターンは排他的経済水域（EEZ）の制

第8章 「三方一両得」の漁業づくり

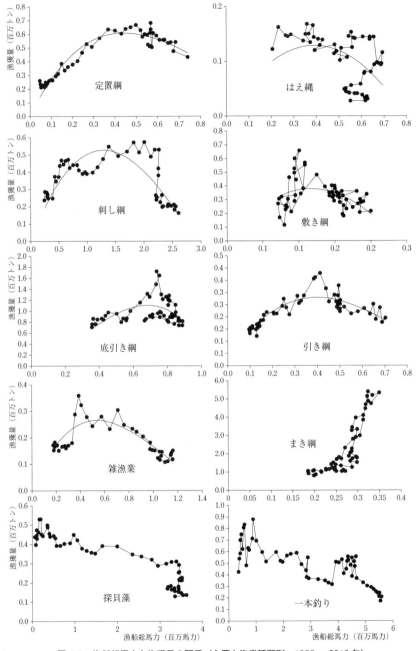

図-8.3 漁船総馬力と漁獲量の関係（主要な漁業種類別，1955～2010年）

Ⅱ　社会・経済

度が導入されて以降急速に衰退した遠洋漁業で典型的に見られるものである。また，採貝藻，一本釣りは，漁獲努力の拡大にかかわらず，漁獲量が比較的安定した水準を保ってきたが，それは両漁法が網を使わないことに関係しているものと思われる。ただし，いずれも 2000 年になって遅れて資源枯渇の兆候が表れはじめている。

8.5　レントの推定

　次に，我が国の漁業資源のレント推定を試みる。推定に当たっては，以下の仮定を置いた。

① 　基準年次（2002 年から 2006 年の 5 年間）において，我が国漁業のレントはゼロと仮定する。言い換えるとこの間の漁労にかかる総費用は総漁獲収入（金額ベースの総漁獲高）に等しい。

② 　漁労にかかる費用関数 $C(E)$ は，漁船総馬力数 E に比例する。

③ 　費用関数 $C(E)$，持続可能な漁獲収入関数 $R(E)$ ともに，

　　　$E = 0$ の時，$R(E) = 0$，$C(E) = 0$

　なる境界条件を満たす。

④ 　漁獲収入は漁獲量に比例すると仮定する。比例定数に当たる魚価は，基準年次における総漁獲収入を総漁獲高で除したものとし，固定する。

　持続可能収入関数 $R(E)$ は，異なった関数形をもとにした複数のモデルを設定した。それぞれのモデルは，最小二乗法（OLS）を用いて統計的当てはめを行った。そのうちの代表的なものの当てはめの結果を**表-8.1** に示す。また，各モデルの適合の様子は先に掲げた**図-8.2** で比較することができる。このうち，以下の分析にはモデル 1 の 3 次多項式を用いることとした。これを選んだ理由は，形式が比較的単純であり扱いやすいことと，モデルの適合度が最も良好なもののひとつであるためである。

　このモデル 1 の $R(E)$ をもとにして，持続可能な漁獲量の最大値，すなわち最大持続可能産出量 MSY の推定を行う。推定結果は**表-8.2** に示したように，沿岸・沖合漁業全体で MSY は年間 724 万トンとなった。この推定値 724 万トンは，直近 2012 年の漁獲量 330 万トンの約 2.2 倍に相当するが，95%信頼範囲の下限，

144

第 8 章 「三方一両得」の漁業づくり

表-8.1 持続可能な収入関数 $R(E)$ の推定結果

モデル	関数形
モデル 1 （ベースモデル）	$R(E) = -0.0187E^3 - 0.2734E^2 + 3.051E$ $(t = -0.606) \quad (0.827) \quad (4.821)$ $R^2 = 0.9309 \quad F = 242.5 \quad n = 57$
モデル 2	$R(E) = -0.4095E^2 + 3.408E$ $(t = 9.98) \quad (14.69)$ $R^2 = 0.9304 \quad F = 367.8 \quad n = 57$
モデル 3	$R(E) = 3.101E - 0.3191E^2 - 0.00054E\,e^E$ $(t = 9.544) \quad (-0.4033) \quad (-1.334)$ $R^2 = 0.9327 \quad F = 249.3 \quad n = 57$
モデル 4	$R(E) = 4.997E\,e^{-0.2871E}$ $(t = 16.279) \quad (-13.896)$ $R^2 = 0.7782 \quad F = 193.09 \quad n = 57$

注） $R(E)$ は，数量ベースの漁獲量（百万トン）の単位で表記している

表-8.2 我が国周辺海域のレント推定結果

レント，産出量	年額（億円 / 年）	（上限，下限）*
基本シナリオ	11 725	(19 290, 4 160)
MEY（百万トン / 年）	7.08	(10.353, 3.807)
MSY（百万トン / 年）	7.243	(10.516, 3.970)
費用削減シナリオ	16 206	(23 771, 8 641)
価格下落シナリオ　50% 下落	7 691	(11 473, 3 909)
80% 下落	5 271	(6 784, 3 758)

＊　95%信頼範囲

397 トンもまたこれを上回っている。最小二乗法によるピーク位置の推定は，一般的にいって信頼性が高いとはいえないが，現在の漁獲の状態は最適な状態を大きく超えた過剰漁獲による資源枯渇状態であると考えて間違いなかろう。

　さて，帰属レントはレントの最大値であるから，以下のように表される。

　　（帰属レント）＝ $\max \{R(E) - C(E)\}$

　これによる帰属レントの算定結果は，年額 1 兆 1 725 億円（4 160 億〜 1 兆 9 290 億円）となった。この最大値は，先述の通り最大経済的産出量 MEY の時に現れるが，その MEY は年間 708 万トンと推定される。

　この 1 兆 1 725 億円というレントの中味を，さらに分析してみたい。基準時点のレントはゼロと仮定しているので，上記レントは効率的漁業管理制度を導入することで新たに得られる収益の大きさを示している。そしてその中味は，1 つに

145

Ⅱ 社会・経済

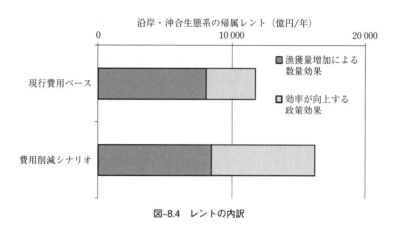

図-8.4 レントの内訳

は資源の枯渇状態を脱し，漁獲量を MEY まで引き上げることによる効果（数量効果）と，もう1つは無駄の多い漁業実態が解消され，費用が削減されることによる効果（効率効果），という2つの部分に分けて考えることができる。

第一の数量効果は，漁獲量が増加することによる収入増加である。漁獲量の増加量は，基準時点の漁獲量年間 358 万トンと，MEY = 708 万トンとの差，349 万トンである。この漁獲量純増に基準価格である 231 円を乗じたものが数量効果で，年間 8 067 億円，レントに占める割合 68.8％と推定される（**図-8.4**，上の帯グラフ）。そして効率効果は，レント総額からこの部分を差し引いた残りで，それは年間

表-8.3 既往研究による漁業レント推定値

対象水域	推定値	年	出 典
world fishery	$ 51 billion	2009	World Bank/FAO
world fishery	$ 80 billion	2005	Wilen
world fishery（将来推計を含む）	$ 90 billion	2002	Sanchirico and Wilen
world fishery	$ 46 billion	1997	Garcia and Newton
world fishery	$ 50 billion	1993	FAO
Gulf of Tonkin, Vietnam	$ 52 million	2006	Ngyuen and Nguyen, 2008
Iceland cod	$ 426 million	2005	Arnason
Namibia hake demersal trawl	$ 94 million	2002	Sumaila and Marsden, 2007
Peru anchoveta purse seine	$ 163 million	2006	Paredes, 2008
Bangladesh hilsa artisanal	$ 115 million	2005	(not cited at source)

［出典］ World Bank and FAO (2009)

3 658 億円（同 31.2%）となる。

比較のため，既往研究で報告されている漁業レントの推定例を**表-8.3**に示した。ここに挙げた推定値のほとんどは数理モデルを使って産出されたもので，長期の統計を基に算出した本章の結果とは算出手順が異なるが，ベースとなるゴードンモデルは共通である。最も新しい世界銀行と FAO による推定結果，年額 510 億ドルは，ここで推定した我が国近海のレント（ドル換算で年額約 107 億ドル）の概ね 5 倍に相当する。

■感度分析

最後に，この年間 1 兆 1 725 億円というレントのベース推定値に対して，計算条件を変えることによる感度分析を行い，推定の信頼性を検証してみよう。まず，レント推定のアップサイドリスクとして，レントが基本シナリオよりも拡大する可能性を検討する。新たな漁業制度のもとでは，漁業者自身の工夫によって，費用を削減できる可能性がある。現在主流となっている漁業協同組合ごとの漁獲総量規制の下では，漁期開始直後の早獲り競争が生まれ，非効率な操業実態が出現することがしばしば指摘されている。このような不合理を解消し，狙った魚を落ち着いて捕獲できるようになれば，より少ない漁船と漁獲能力で定められた量の漁獲を上げることができるだろう。

馬奈木（Managi（2009））によると，漁船の馬力，総トン数は現在の規模ではほとんどが不要であり，適切な漁業政策を導入して漁獲上限を実行し管理を行うことができれば，固定的要素投入は約 100 分の 1 以下にまで削減できるという。ここでは，悪天候などのため，ある程度の能力の余裕が必要という漁業特有の自然依存特性を考慮に入れて，控えめに現在の 10 分の 1 までは費用を削減できると仮定し，費用削減シナリオを設定した。

この費用削減シナリオの場合のレントは，基本ケースよりも 38.2% ほど大きい，年間 1 兆 6 206 億円となった。この間，漁業生産額は年間 1 兆 6 737 億円と基本シナリオから 2.3% と，わずかに増えるが，レントの増加分は主に効率効果によるものと考えられる。その結果，同シナリオでは数量効果と効率効果がほぼ同じ規模となった（**図-8.4**下の帯グラフ）。

次に，これとは逆のレント推定のダウンサイド・リスクとして，漁獲物の価格

下落によるレントへの影響について考慮してみる。基本シナリオでは漁獲物価格は一定と仮定してきたが，2つの要因で下落とする可能性がある。1つは漁獲量増加による供給超過による価格下落というケースで，もう1つは，増加する魚の多くが低価格魚で占められた場合の平均価格下落ケースである。後者は，過去30年余りの漁獲量の減少が，アジ，サバ，イワシなどといった低価格の魚種でよりはげしく起こったために，漁獲の全般の回復以上にこれら回復余地が大きく，価格を押し下げてしまう可能性である。

この漁獲物価格の下落については，次のようなシナリオについて検討した。まず，漁獲量が増えても，現在の漁獲量までは現状の価格で取引されるものと仮定する。価格下落は，現在の漁獲量を超過した分について想定することとし，その下落率として，50％および80％を設定した。

それぞれのケースにおけるレント算定の結果は，価格の50％下落のケースでは年間7 691億円，80％下落のケースでは年間5 271億円となり，それぞれ基準レントと比較して34％，55％の減少となった。しかし，80％下落のケースで，基準ケースと比較してレント規模は半分以下に減少するとはいえ，それでもレントは相当程度プラスの値として残存する。

以上の検討をまとめると，次のようになる。レントは，沿岸・沖合漁業が行われている我が国沿岸海域全体の合計で，年間1兆円を超える規模になると推定される。異なるシナリオの下ではレントの規模も変化するが，その変動範囲は，最大年間1兆6 206億円（費用削減シナリオ）から最小年間5 271億円（価格80％下落シナリオ）の範囲となる。レント推定値はこのような幅があるが，レントがゼロになる可能性は低い。年間1兆1 725億円のレント中心推定値を資産価値に換算すると，社会的割引率を1％と仮定した場合，総額117兆円に相当する。

8.6 「三方一両得」の政策

漁業におけるレントの意味をもう少し考えてみよう。レントは絵に描いた餅，つまりイデアの世界だけの話ではない。効率的な資源管理を導入することにより，豊かな漁業からキャッシュフローとして実現することが約束された利益である。ではどのような効率的な資源管理により，それが実現できるのだろうか。

第8章 「三方一両得」の漁業づくり

　このような漁業管理制度の一例として，これまでも個別取引可能漁獲割当（ITQ）制度に言及してきた。ITQ制度とは，これまでの漁業協同組合別に定めた共同的漁業権の代わりに，個別漁業者に漁獲可能量の割当（漁獲割当）を配分し，さらに割当を自由に取引できるようにする方式である。ITQ制度を，効率的な漁業資源管理の有力な選択肢と考えるのには，いくつか理由がある。第1に，それが長期的なMEYに基づいた科学的な漁業資源管理アプローチであるということ。ITQ制度の特徴は，漁獲できる上限をきっちりと定める数量規制（出口規制）という点であるが，この漁獲上限は，魚類生態系の科学的調査に基づいて，魚種ごと，水域ごと，水深ごとなどについて厳密に設定することができる。

　第2に，これまでの漁業協同組合をベースとした集団的規制と異なり，ITQ制度では漁業者個人や個別漁業会社に漁獲割当が配分されるので，漁業者は自分の狙い通りのタイミングや方法で漁獲を行うことができる。これまで一般的であった，漁協ごとの集団的漁獲上限設定は，できるだけ多くの漁獲枠を獲得するインセンティブを生み，漁期開始直後の無意味なスタートダッシュや，若い魚まで獲ってしまうような不合理性をもたらしてきた。ITQ制度は漁業者一人ひとりの合理的経営方針に基づいた効率的漁業を可能にする制度でもある。

　そして第3に，漁業継続意欲の強い効率的な漁業者にとっては，割当をより多く獲得し操業規模を拡大するチャンスが広がる一方，逆に非効率な漁業者にとっては漁業からの退出を促すことができる。このような漁業への参入と退出による長期的な効率化プロセスは，動的効率性とも呼ばれるが，これこそが長期的に見た漁業の構造改善の推進力となるはずである。またこのITQ政策の有効性は，ニュージーランドや北欧諸国のこれまでの導入事例で実証済みである点も，改めて強調しておきたい。

　ただ，ITQ政策にはひとつ注意すべき点がある。それは，レント・シーキングの弊害である。レント・シーキングとは政治的判断によって創設される利権をめぐって繰り広げられる，政治の裏側での誘導行為，争奪戦のことである。レント・シーキングは，新たな利権に多くの利害関係者が群がることで，これまでもさまざまな闇取引や裏金などの政治的弊害の温床になってきた。したがって，まずレントの行方（帰属），すなわち誰がレントによる利益を手にすべきかについては，原則きちんと明確化しておく必要がある。

149

ITQ 制度のレントは，人為レントの一例である。人為レントとは，自然条件の差によって自然に形成される自然レントと対比されるもので，政策的に市場に独占状態をつくり出すことによって発生するものである。人為的レントの例としては，弁護士や会計士といった特定の能力や資格を保護するために認められている職業的な特権や，特定の地域で過当競争を防止し運行の安全を保つために一定の車両台数に限定して与えられるタクシーの営業許可証などが代表的なものである。

人為的レントが「自由な市場」の中でどのような形となって現れるかについては，ニューヨークのタクシーの例（Varian（2014））が参考になると思う。1986 年，タクシー営業免許のリース料金は昼間のシフトが 1 日あたり 55 ドル，夜間のシフトが 65 ドルであったという。街を走る運転手には移民も多く，なり手も多いため，彼等の手取りはこの営業権と燃料代を差し引くと 1 日 80 ドル，年収にして 25 000 ドルほどにしかならない。一方，このタクシー営業免許は，1 件当たりなんと，10 万ドル前後で取引されていたという。投資用資産としてみた場合，この営業免許は 1 日当たり昼夜合計で 120 ドルの収益を生み，その収益率は 17％に達する。つまり人為レントは，競争的労働市場を前提とする限り，労働所得の引き上げにはつながらず，不労所得たる資本所得のみを生むのである。たとえタクシー運賃を引き上げても，それはただちにレント価格の変化，すなわち営業免許の市場価値の上昇となって表れるが，けっして運転手の待遇改善にはつながらない。

ITQ 制度をいち早く導入したニュージーランドでは，制度導入後すぐに，恒久的権利としての ITQ は市場にはあまり出回らなくなり，リースとしての賃貸取引が支配するようになった。ITQ の無償交付を受けた多くの漁業会社にとって，ITQ は「金の生る木」であり，簡単に手放したくない「おいしい」利権なのである（大西（2005））。もし，ニュージーランドと同じような手順で，ITQ の割当が日本で配分されると，既存漁業関係者も多く，レント規模は年間 1 兆円を超えるため，ニュージーランド以上の利権争奪合戦が起こる可能性がある。

このようなレント配分をめぐる ITQ 制度の厄介な問題は，実は簡単に回避することができる。それは，割当配分を「有償」にすればよいのである。有償による割当配分とは，政府が漁獲割当を必要とする漁業者・漁業会社に価格をつけて売却するという方法である。その際の割当価格は入札（オークション）によって

決めればよいし,いうまでもなく政府の手を離れた後は市場の取引で決まることになる。このような方法によれば,最も割当てを必要とし,最も効率的な漁業者に割当が最も高い価格を応札することができるため,彼らに多く配分されることになる。これまで漁業権を管理してきた漁業協同組合には,既得権を保護するという立場から,一部を無償で配分するという方法も考えられるだろう。

実は,有償配分は排出量取引制度では広く見られる割当配分方式である。排出量取引制度はキャップ・アンド・トレード（許可証取引）制度の代表的な例であるが,許容総量の管理を目的とした市場ベースの規制手段である点で,ITQ制度も同様である。

ただし,この2つのキャップ・アンド・トレード制度には大きな相違点がある。排出量取引制度の場合,規制実施によって排出削減費用を対象企業が追加負担することになるのに対し,ITQ制度の場合,追加的費用負担は存在せず,むしろ規制対象者は漁業資源が回復することによる利益を受ける点である。ITQ制度では規制利益が生態系保護の形で国民一般にもたらされるのと同時に,漁業者は規制により資源が保護され漁獲収入は回復する。言い換えると,ITQは"win-win"の制度なのである（**図-8.5**の左図,中図）。

図-8.5　キャップ・アンド・トレード制度による規制利益と規制負担

"win-win"たるITQ制度に有償配分方式をプラスした,有償配分型ITQ制度こそが,本章のテーマ「三方一両得」の政策である。「三方」とは「漁業者」,「国民」,そして「政府」である。"win-win"の前二者に加え,有償配分方式にすることによって,もう1つの"win"として政府が加わり,ここに大きな財政収入

Ⅱ　社会・経済

がもたらされる。その規模は，最大でレント総額にあたる年間1兆円に相当する
だろう。財政収入の一部は制度の監視や資源保護活動に充てることができるが，
これはむしろ将来世代の利益になるような環境基金づくりや政府の累積債務減ら
しに使うことが望ましいのではなかろうか。そのように財源を運用することに
よって，三方の一角は「政府」の代わりに「将来世代」と置き換えることもでき
るはずだ。

　これまでの分析によって，未実現のレント，言い換えると，過去60年間に漁
業資源が荒廃することで失われてきた利益は，年間1兆円を超えることが示され
た。ただし，利益が国民にとって真にプラスになるか否かは制度設計次第である。
資源回復を実現するための制度設計を考える際には，今後海からの利益やサービ
スを国民がどのように分けあうかについて，注意深く考えねばならない点だけは，
重ねて強調しておきたい。

8.7　結びに代えて

　テレビで，こんな紀行番組があった。その番組はアラスカの漁民を訪問し，そ
の船上生活を取材したものであるが，驚いたのは，漁民の豊かさである。この漁
民は4人家族で，漁期は皆で海上生活しながらサケ漁業を続けている。取材があっ
たのは漁期が始まってまだ2週間ほどしかたたない時期であるが，すでに50万
ドル（邦貨約5500万円）ほどの水揚げに達したという。サケの漁期は短いので，
漁期が終わったのちは，半年をハワイにある別荘で悠々自適に暮らすのだそうで
ある。それに加え，冬にはカナダブリティッシュコロンビア州にあるもう1つの
別荘で，今度は山スキーを楽しむという。家族ぐるみで漁業を営む一家の子供た
ちは，海の上から学校に通いながら漁業を続けているが，自分たちのゆったりと
した生活スタイルには大きな誇りを持っており，この仕事が好きで都会には興味
ないと話していたのが印象的である。

　この取材が行われたのは，アラスカ州のプリンス・ウイリアム湾である。プリ
ンス・ウイリアム湾といえば，1989年，アラスカ産原油を満載したエクソン社
の巨大タンカー，バルディース号が座礁した現場である。その時の原油流出量は
24万バレルと推定され，史上最悪の海洋原油流出事故となった。もともと，同

第8章 「三方一両得」の漁業づくり

湾は世界的なサケの漁場で，漁期になると太公望が世界中から集まる場所でもあるが，この漁業は原油流出事故によって壊滅的な被害を受け，貝類など，生態系への影響は30年以上も続くと，研究者は予想していた。筆者も事故の2年後にここを訪れたが，サケの姿をほとんど目にすることができなかった。

先のテレビ番組にあったようなアラスカ漁業の復活は，生態系の再生能力の想像を超えた大きさを示すものでもある。しかし，豊かな漁民の生活のほうは，アラスカ州特有のきびしい漁業政策，中でも，1973年制定の参入制限法によるものであることは疑う余地がない。ただし，先のテレビ番組は，漁業規制で再生した漁業の恩恵，すなわち実現したレントの多くが，漁民達の手に渡ったことを示唆している。

本章の研究のもとを築いたカナダの経済学者ゴードンは，カナダの漁民の貧しさという現実を見て，漁業経済の研究を始めた。彼の問題意識は，豊かな海を持つカナダの漁民がなぜこんなに貧しいままなのかという問いである。彼は天然資源への自由なアクセスが，最終的には乱獲と漁民の共倒れを呼ぶという構造的要因が存在し，このことが漁民の貧困の根本原因であることを見出した。そして，漁業資源保護と漁民の生活維持には政府による強い漁獲規制が必要であることを説いた。レント配分の妥当性はさておき，現在の豊かなアラスカ漁民の姿は，ゴードン以来の漁業経済研究と，それを政策に生かした漁業政策の成果と言えるだろう。

アラスカの原油流出事故に限らず，災害からの復興においては，復旧ばかりを目指していたのでは，いつまでたっても豊かな未来の姿が見えてこないのではないだろうか。東北の被災地を歩くと，震災から6年が経過した今も，新たに整備された区画の間を工事用の車両が行きかうばかりで，人間らしい生活の営みのにおいを感じることは難しい。そんなとき，原油流出事故を乗り越えて，見事に現在の豊かな漁業をつくり上げたアラスカ州の例は，我々に多くの示唆と希望を与えてくれているのではなかろうか。

コラム　里山と里海

人里の近くにある山林や谷川などの身近な生態系は，里山とも呼ばれる。里山では，人間の活動の影響を受け，自然の動植物と人間の活動が入り混じっ

153

Ⅱ　社会・経済

た独特の生態系をつくり出している点が特徴である。例えば，杉や竹，桜などの植物，ため池や水路の水辺，レンゲや彼岸花などの花，コウノトリなどの動物，田んぼのメダカなどである。

　里山に対して，岸から近い海の沿岸水域や湿地は里海とも呼ばれる。海の沿岸では漁業を生業とする漁村が成立してきたが，漁民たちは魚介の採取ばかりでなく，産卵場所となる藻場の育成のためのアマモの植え付けや，養分補給を目的とした「魚付き林」整備などの手入れを行ってきた。2013年の漁業センサスによると，漁場の保全活動を実施している漁業協同組合は46.3％に上っている。

　このような里山・里海から，人間集落はさまざまな恩恵（生態系サービス）を受けてきた。例えば，薪炭などの燃料，キノコ類，山菜，魚介などの食料，薬草，飲み水，竹や木材などの住宅・日用品の素材，牧草地などの家畜飼料，萱などの肥料，そして洪水緩和や斜面安定などの防災機能である。またこのような自然と人間とのふれあいの中で，多様な伝統文化が形成されてきたことも見逃せない。

　このような自然と人間との関係は，歴史とともに変化してきた。石炭や石油が普及する以前の里山では，燃料採取による利用圧力が一貫して強かったため，第2次大戦以前はその多くがはげ山であったといわれる。また，高度成長期以降は，ニュータウンやゴルフ場などの開発が盛んに行われ，里山は大きく縮小した。しかしバブル期以降，開発圧力が弱まるとともに，里山にもようやく豊かな緑が戻りつつある。

　近年はさらに，里山の境界付近で耕作放棄地が広がる傾向にあり，シカやイノシシ，ニホンザル，カワウなどの動物が復活し，一部で農地への「害獣」被害や，クマなどが人を襲う被害なども見られるようになった。このように里山では，戻ってきた野生動物とどのように共生していけるかが，今後の大きな課題となっている。

＜参考文献＞

1)　水産庁：「平成26年度水産の動向」，平成27年度水産施策，第189回国会（常会）提出（2014年

版水産白書）（2014） http://www.jfa.maff.go.jp/j/kikaku/wpaper/

2) 小松正之，寶多康弘，馬奈木俊介編：『資源経済学への招待―ケーススタディとしての水産業―』，ミネルヴァ書房，所収 pp.39-56（2010）

3) 大西学：「ニュージーランドの ITQ 制度における割当取引の実態とそのメカニズム」，『漁業経済研究』，49（3），pp.1-23（2005）

4) 高尾克樹：『キャップ・アンド・トレード－排出権取引を中心とした環境保護の政策科学』，有斐閣（2008）

5) Christy, F. T., and A. Scott.：The Common Wealth in Ocean Fisheries. Some Problems of Growth and Economic Allocation. Baltimore, MD:Johns Hopkins University Press for Resources for the Future（1965）

6) Clark, Colin W.："Mathematical Bioeconomics ? The Mathematics of Conservation, third ed.", John Wiley and Sons, Inc., Hoboken, NJ（2010）

7) Gordon, H. S.："An economic approach to the optimum utilization of fishery resource", J. of Fisheries Research Board of Canada, 10（7），pp.442-457（1953）

8) Graham, M："Modern theory of exploiting a fishery, and application to North Sea trawling", J. Cons. Int. Explor. Mer., 10, pp.264-274（1935）

9) Managi, Shunsuke："Capacity Output and Possibility of Cost Reduction:Fishery management in Japan", DPRIETI Discussion Paper Series 09-E-040（2009） http://www.rieti.go.jp/en/

10) Varian, H.："Intermediate Microeconomics – A modern approach", 8th edition, W. W. Norton & Co.;New York and London（2014）

11) World Bank and FAO："The Sunken Billions:The Economic Justification for Fisheries Reform", Agricultural and Rural Development, World Bank, Washington, D. C. and FAO, Rome（2009）

第9章
遊撃手として機能する大学

秀島栄三

9.1 大学あるいは研究者の多様なスタンス

　本書を執筆しているのは，ほぼ大学の研究者である。災害への関わり方はそれぞれに違っている。最初から災害に関することだけを研究している人もいれば，過去の大災害を機に，本来の専門に近い主題だけを一時的に取り組む人もいる。自分はといえば後者，すなわち純粋な災害の研究者ではない。社会基盤（インフラストラクチャ）の整備に係わるテーマから始まり，土木施設（ハード）にとどまらずに BCP などソフトな防災へと研究対象を拡げていった。他方，被害想定を検討する委員会の委員就任の要請や，経済被害を主題にして博士論文を書きたいという志願があるなどして，必ずしも自らの判断だけに依らずに防災というテーマに関わっていく面もあった。大災害が起こると，そうした「ニーズ」が高まりやすい。無論リクエストを拒むという姿勢もあり得る。と，自己分析めいたことはここまでにして，要するに災害に対する大学あるいは研究者のスタンスは，必ずしもカチッと定まっているものではないということである。

　「官」，「産」，「民」，「学」と並べた場合，災害に対する「学」の接し方は他に比べてかなり自由である。官すなわち行政は諸々の計画に従って行動する。それ以上でもそれ以下でもない。産すなわち企業は基本的に自社の防災に専念する。余力があれば社会貢献も行う。民すなわち市民は，自分あるいは自分の地域の防災に注力すればよい。しばしば災害弱者にもなる。学，ここでは大学についていえば，災害あるいは防災を客観的にとらえる立場になる一方で，災害直後に前線

II 社会・経済

に出て活動する立場にもなる。他の種類の主体と手を組んで進める行動をとることも多い。自助・共助・公助という考え方が広まって久しいが，大学は共助の重要な担い手にもなり，かつ公助を後ろ支えする立場にもなる。

　大学あるいは研究者の災害との関わり合いは多種多様であり，抱える課題も数限りがない。本章では，大学に所属する筆者が関わってきた取り組みに触れた上で，災害と大学あるいは研究者の関わり合いについて考察する。その上で大学が防災において他の種類の主体と連携することの意義，さらなる可能性について論じる。

> ## コラム　自助・共助・公助
>
> 　災害から身を守る姿勢として，自助：個人あるいは世帯が自助努力によって，共助：互いに助け合うことによって，そして公助：自治体等の公的機関によって，というようにして多様な防災・減災の取り組みがあることを意味している。これには，わが国の防災は公助，すなわち行政に強く依存してきたが，大災害時には行政がすべてに対応することはできない，津波避難など緊急を要する際には個々が独自に能力を高めておかなければ被災を免れない，といった憂慮が背景にある。そして，都市部，地方部の両方において地域コミュニティは崩壊の一途をたどっており，「助け合う」という意識が希薄化してきている。結果として助けを要するが誰にも助けられない人口が増えている。「共助」に目を向ける必要があるのである。ただし，災害時要支援者を助ける道理が「共助」と言えるか，また，行政は「公」ではなく「官」，すなわち地域社会あるいはコミュニティが「公」（コモンに近い）なのであって行政が果たす防災活動は「官助」として公助と区別されるべきではないか，といった議論が続いている。

9.2　大学あるいは研究者の災害との関わり合い

9.2.1　研究者の関わり方

　大学あるいは研究者が災害に関わる局面はさまざまである。

　まず第一には，本務である研究・教育である。災害あるいは防災を研究の対象

とすることもあれば，研究の成果を防災や防災教育に活かすこともある。防災教育の研究もある。そして学内のカリキュラムに則った課程教育の実践である。

第二に，そうした本務の周縁で色々な展開の可能性がある。1つには専門的知見を政策あるいは行政に活かすことである。審議会・委員会の委員の委嘱を受ける場合もあれば，研究会・研究プロジェクトのメンバーとして無報酬で参加する場合もある。行政でカバーされない領域については，NPO（特定非営利活動法人）や市民団体に関与あるいは所属してそれぞれの活動に活かすこととなる。また，官公庁，市民団体あるいは企業などが主催する研修やシンポジウム，防災訓練，生涯学習プログラムなどに講師やパネリストとして呼ばれる。

第三に，これは副次的なものといえるが，一般の市民として関わることである。地域の防災訓練に参加したり，家具固定の講習会に受講生として参加する等である。そうした中でワークショップのファシリテータを担う，ちょっとした調べ物をする，役所に要望を出しに行く等，普通に地域の活動に参画する上で，大学人固有の特性が利用されることは意外と多いようである。

実は第一の局面であっても，関わり方は確定的ではなく，遊撃手のごとく守備範囲を臨機応変にシフトする。災害直後などにはそうしたことがよく起きる。たとえば組織体制づくり，あるいは補助金や何らかの資源・資機材を獲得しようとする場面で大なり小なり関わることはことのほか多い。

第二と第三がオーバーラップしていることも多い。要するに職能や権限に沿って関わるだけではない。状勢や時代の変化に伴って新しい関わり方が生まれやすいことも，大学あるいは研究者の関わり方の特徴といえる。

ここまでは，どちらかといえば研究者個人の関わり方を示してきたが，次項以降では，組織的な取り組みの実際例をいくつか紹介する。

9.2.2 東海ネーデルランド高潮・洪水地域協議会

2005年のハリケーン・カトリーナによる米国ニューオーリンズでの大規模な高潮被害を受け，わが国のゼロメートル地帯の高潮対策のあり方について考える「ゼロメートル地帯の高潮対策検討会」（国土交通省）が設置され，わが国の高潮対策はいかにあるべきか議論され，2006年に提言が出された。この提言では，三大湾（東京湾，伊勢湾，大阪湾）において地域協議会を設置することが位置づ

II 社会・経済

第4回東海ネーデルランド高潮・洪水地域協議会を開催 国土交通省 中部地方整備局

- 平成27年3月23日(月)ウイルあいちにおいて、「第4回東海ネーデルランド高潮・洪水地域協議会」を開催、国や自治体、ライフライン関連企業等41機関、約80名が参加。
- この地域協議会では、我が国最大のゼロメートル地帯において、伊勢湾台風の規模を超えた巨大台風（スーパー伊勢湾台風）による大規模浸水が発生した場合に備えるため、危機管理行動計画を策定している。
- 今回、避難勧告等の発令タイミングの見直し、垂直避難や湛水期間を考慮した避難活動の考え方を導入した広域連携計画の精査を反映した危機管理行動計画（第三版）の承認を得た。

協議会メンバー
中部管区警察局、総務省東海総合通信局、財務省東海財務局、厚生労働省東海北陸厚生局、農林水産省東海農政局、経済産業省中部経済産業局、経済産業省中部近畿産業保安監督部、国土地理院中部地方測量部、国土交通省中部地方整備局、国土交通省中部運輸局、気象庁名古屋地方気象台、海上保安庁第四管区海上保安本部、陸上自衛隊第10師団、岐阜県、愛知県、三重県、名古屋市、海津市、養老町、津島市、稲沢市、愛西市、弥富市、あま市、大治町、蟹江町、飛島村、桑名市、木曽岬町、朝日町、川越町、日本赤十字社愛知県支部、日本放送協会名古屋放送局、日本銀行名古屋支店、中日本高速道路（株）名古屋支社、東海旅客鉄道（株）、近畿日本鉄道（株）、名古屋鉄道（株）、西日本電信電話（株）東海事業本部、東邦瓦斯（株）、中部電力（株）、NTTドコモ東海支社、中部地区エルピーガス連合会、名古屋港管理組合、四日市港管理組合、岐阜県警察本部、(公社)愛知県バス協会、(公社)三重県バス協会、内閣府政策統括官（防災担当）、岐阜県警察本部、愛知県警察本部、三重県警察本部、東海商工会議所連合会、(一社)中部経済連合　　　　　　　　　計53機関

開会挨拶（八鍬局長）

会議の様子

田村内閣府参事官補佐

開会挨拶（内田気象台長）

図-9.1　第4回ニュースレターほか[1]

けられ，国，地方自治体，インフラ管理者等の関係機関が共同し，危機管理行動計画を策定することが求められた．その提言を受け，中部地方整備局では，濃尾平野のゼロメートル地帯を対象として「東海ネーデルランド高潮・洪水地域協議会」を設置し，計画規模や現況施設の整備水準を超える規模の高潮・洪水，後述する「スーパー伊勢湾台風」が発生し，大規模浸水が生じた場合の被害を最小化するための危機管理行動計画を関係機関が共同して策定することとなった．

「ネーデルランド」とは，オランダ語でオランダ本国のことを指し，「低地方」を意味する．協議会では，愛知，岐阜，三重の3県に跨る日本最大の面積を有するゼロメートル地帯を「東海ネーデルランド」と名付けた．

また，「スーパー伊勢湾台風」とは，これまでわが国で観測された最大規模である室戸台風（1934年）が伊勢湾岸地域に対して最悪のコースをたどった場合の台風を意味している．このスーパー伊勢湾台風が東海ネーデルランドに来襲した場合の被害最小化策を協議会で議論し，広域避難計画，情報伝達方法などを含

む危機管理行動計画を策定してきた。

　十名弱の大学研究者がファシリテータと称して数十回にわたるワークショップの取り回しを担ってきた。しばしば事務局（中部地方整備局）と会議開催のための事前打ち合わせも行っている。従来型の委員会の委員のように，単に専門的見地から発言するだけにとどまらず，企画や運営に携わることで積極的に，ときに創造的に取り組むことができている。

9.2.3　南海トラフ地震対策中部圏戦略会議

　2011年の東日本大震災を踏まえ，運命を共にする中部圏の国，地方公共団体，学識経験者，地元経済界等が幅広く連携し，南海トラフ地震等の巨大地震に対して総合的かつ広域的視点から一体となって重点的・戦略的に取り組むべき事項を「中部圏地震防災基本戦略」として協働で策定し，フォローアップしていくこととして，2011年の震災後すみやかに「東海・東南海・南海地震対策中部圏戦略会議」（のち改称）が設置された。国土交通省中部地方整備局が事務局を務めるが，財務，総務，農水，経産，運輸それぞれの地方出先機関も揃って分野横断的に防災施策を検討しているところに特徴がある。1年に数回の幹事会，2回程度の全体会議が行われてきた。十余名の大学研究者は，全体会議において事務局によっ

図-9.2　全体会議の状況[2)]

てまとめられた提案に対し，意見を述べる形で参画している．全体としては多様な主体が参加し，当地域の防災上の大きな枠組みが固められていくようにもとらえられるが，研究者個々人からみれば従来型の委員会の委員として発言するにとどまっている感がある．

9.2.4 土木学会中部支部巨大災害タスクフォース

土木学会でもやはり 2011 年の東日本大震災を受けて学会全体としての取り組みがすぐさまにスタートした．社会安全推進プラットフォーム「安全な国土への再設計」支部連合として全国 8 支部の参画が求められた．中部支部では，名古屋大学大学院辻本哲郎教授（現名誉教授）のリードの下，「中部支部中部地方巨大災害タスクフォース」が活動を続けてきている．巨大災害として東海地方で懸念される南海トラフ型巨大地震と先述のスーパー伊勢湾台風，北陸地方で懸念され

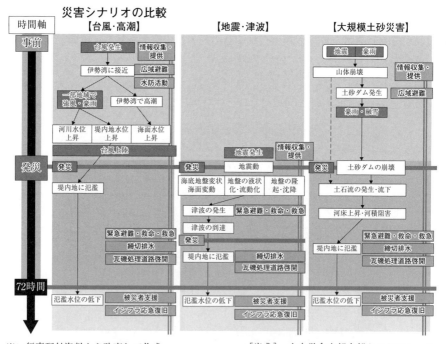

図-9.3 災害シナリオの比較

第9章　遊撃手として機能する大学

る大規模土砂災害の3つを取り上げている。最近言うところのタイムラインをこ
れら3種類の災害で比較するなどの諸考察，巨大災害の歴史を学ぶ見学会などを
産学官民の参加を得て行ってきた。この取り組みが順調にスタートしたのは，東
海ネーデルランド高潮・洪水地域協議会で構築された産学官連携のフレームが土
台としてあり，かつ同協議会の総括ファシリテータである辻本教授が代表である
ことに強く依っていると考えられる。

コラム　タイムライン

　縦方向に時間軸を，横方向に関連し合う主体を並べ，図中に，災害を受け
て各主体が各時点で取り組むべき行動を書き入れ，それぞれを矢印等で結ぶ
ことで行動間の時間的順序性，主体間の関係性を明示するものである。これ
を作成することによって災害時の危機管理，避難，復旧などにおける課題や，
事業継続計画（BCP）の可視化，問題解決の効率化が促進される。想定した
時間内に職員が参集できるか，資機材は整っているか等を確認すべくタイム
ラインに沿って訓練を行うことが有効である。つくられはじめてまだ日が浅
く，さまざまな改良の余地がある。手間はかかるものの複数のシナリオを想
定することで計画の信頼性が向上するであろう。地域では次第に復旧に要す
るリソースやインフラが充足されていき，タイムラインの前提が変わる可能
性がある。また，被害想定を厳しいものにしてみる，復旧目標を引き上げて
みる等の操作も考えられる。サプライチェインの途絶，協定によって協力を
受ける資機材の充足などを踏まえると，他主体のBCP，他地域のBCPとの
協調も考慮に入れるべきである。

9.2.5　土木学会調査研究委員会

　土木学会中部支部では2016年度より「地区防災計画」を主題とする調査研究
委員会「地区防災計画の策定支援方法検討委員会」が始まった。「地区防災計画
学会」が設立されるなど全国的にも注目が寄せられている主題である。先述の「土
木学会社会安全推進プラットフォーム」の発展的解消を経て創設された「土木学
会減災・防災委員会」においても主要テーマとなっている。調査研究委員会にお

Ⅱ 社会・経済

日付	○○学区
5月23日	
7月5日	
7月29日	
8月8日	四者打合せ
8月24日	
8月29日	
9月12日	
9月14日	学区委員長と顔合わせ
9月21日	
10月16日	第1回WS
10月30日	
11月10日	
11月20日	第2回WS
11月27日	
12月28日	
1月10日	
1月22日	
2月12日	第3回WS
3月3日	

※ 調査研究委員会の成果報告から改変して作成

図-9.4 調査対象事例

いては，学会員である土木分野の技術者，研究者が，必ずしも馴染んでいない一般的な地区規模のコミュニティに対し，防災の専門家としてどのように計画の策定や実践に関与していくことができるか，望ましいかを，活動を通じて考察する場となっている．名古屋市の実質的な地区防災計画である「地域避難行動計画」を事例対象としている．同計画は，2015年度に16小学校区，2016年度に32学区で策定してきた．調査研究委員会では2016年度に2学区を事例対象として取り上げた．学区は複数の町内会で構成される．1学区で2回行われるワークショップとまちあるき行事に，町内会代表や災害ボランティアが参加し，防災マップと災害時の行動マニュアルから構成される計画書をまとめ上げた．完成した計画書は住民に配布される．研究者は，ワークショップの中で専門的見地から講義を受け持つ一方，プロセス全体を検証し，土木分野の研究者や技術者が計画策定をどのような形で支援したらよいかを考察する．

9.2.6 東海圏減災研究コンソーシアム

　東海地方は，過去70年ほど大地震を経験しておらず，次に来る南海トラフ型巨大地震に向けて備えが十分であるとはいい難い。防災・減災にかかわりがある学内組織（センター等）を持つ6つの国立大学，岐阜大学，静岡大学，名古屋大学，名古屋工業大学，豊橋技術科学大学，三重大学が連携し，災害を軽減するための研究を強力に推進し，もって安全・安心な地域社会を実現することを目指すべく，2013年3月に「東海圏減災研究コンソーシアム」を設立した。

　各大学には個々に得意分野があり，設置した下記6つの部会ではそれぞれが教え，教わる関係にあるといえる。

- ハザード評価専門部会：地震・津波・液状化などのハザードの予測手法の開発と高度化
- 被害予測専門部会：構造物，経済被害などの予測手法開発と高度化
- 減災技術開発専門部会：社会基盤・構造物の維持管理，改修等に関する技術開発

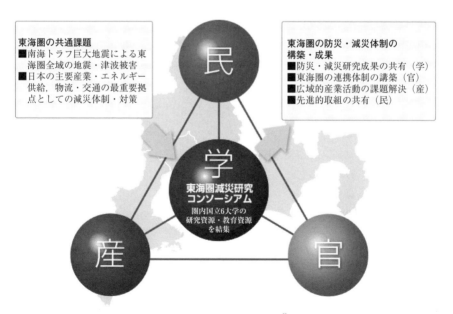

図-9.5　コンソーシアム概要[3]

Ⅱ　社会・経済

- 地域防災力向上専門部会：地域，企業の BCP 活動の促進による災害に強い地域社会の形成
- 人材育成活用専門部会：防災人材育成プログラムの開発，実践，育成人材の活用
- 情報基盤整備専門部会：情報・成果の統合化とまちづくり・人材育成への活用

当初はコンソーシアムとして外部資金を獲得する見積もりであったが，2014 年度より文部科学省による国立大学法人の予算体系が変わり，現在は各大学が独自に資金を集めてきてコンソーシアム活動が成立している状況にある。

9.3　取り組みの比較

9.2 節に挙げたさまざまな事例から，大学あるいは研究者による災害に係る取り組みは次のように大別できるだろう。① 研究，② 研究を通じた実践，③ 課程教育，④ 社会教育，⑤ 行政参加，⑥ 地域参加である。もちろんこのうちの複数の項目が混ざっている取り組みもある。

研究については，火山や降雨などハザードに係る自然科学的な研究から，制度設計や防災教育など人文・社会科学的な研究に至るまで，きわめて学際横断的である。防災を主題とする学会はいずれもそのようである。分野が異なれば検証方法，論点なども異なり，意見の相違が芽生えやすい。災害が起こらないと実証できない主題もある。

多くの研究者は論文を書くだけでなく，自らの取り組みや仮説の有効性ないし可能性を実際上から推察したいと考える。行政や市民による活動が，その検証，推察の場となる場合がある。もちろん自ら企画してそのような場をつくり出すこともある。災害が起きてみないとわからないことが多い故に，努めて実践に臨むことが大事な分野ではないかと考える。

課程教育と社会教育はあえて分けておきたい。課程教育においては，課程としての完結性，整合性が求められる。授業を実施する研究者個人が授業内容を好き勝手には決められない面がある。これに対し，社会教育では社会ニーズに基づいて主題を求められる場合もあるが，例えば大津波が起きた後には津波のメカニズ

ムが知りたいという声が高まる等，何でもいいから専門性がある話を求められる場合もある。また，社会教育では受講者の間で専門性や関心に著しい差異がある場合がある。災害ボランティアコーディネータ有資格者に対して講義を持つと，まさに釈迦に説法となる。しかしながらそういう方々に限って熱心に受講しているという現実がある。地域社会を災害に強くするためには，むしろ会場では見ることができない，災害に対して関心を持つことができない人たち（仕事が忙しくて？　遊ぶことが多くて？）を減らすことが先決ではないかとさえ思える。

　大学あるいは研究者が地域社会に参加する場面は多い。それが近年はさらに強く求められている。「地（知）の拠点整備事業（大学 COC 事業）」はその一例である。ここで「行政参加」と「地域参加」を使い分けておきたい。前者は，委員会に出て専門的見地から意見を述べることを指す。行政から参加を求められている時点で，立ち位置，やるべきこと，期間や回数，報酬などがほぼ定められている。さもなければ行政が研究者に業務を依頼する際の説明が不十分ということになる。これに対し，地域参加という言葉には，任意性を込める意図がある。ことが始まる段階でどのような方法，内容で参加するかが定まっていない場合がある。定まっていないからこそ当事者間で話し合う必要がある。防災に限らず地域活動あるいは「まちづくり」という言葉で説明されるものは，そうした当事者の自立性に依って立つ方が建設的であり，いい結果をもたらす可能性が高い。

　以上に述べてきた観点から，9.2.2 ～ 9.2.6 項に挙げた大学あるいは研究者の災害に対する取り組みを比較，考察してみよう。

　まず，東海ネーデルランド高潮・洪水地域協議会と南海トラフ地震対策中部圏戦略会議は，同じ地方整備局が設置したものであるが，前者の方が，研究者がより自由に参加し，議論を深めやすい状態にある。また，水害ということで専門性が絞られていることも議論を深めやすくする。これに対し，南海トラフ地震対策中部圏戦略会議では，近い将来に起こるかもしれない大災害への対策の立案というゴールに向けて各参加者が役割，使命感を持たされているために，各自が置かれた立場に大なり小なり拘束性があることが否めない。

　これら 2 つに対し，土木学会中部支部巨大災害タスクフォースは学会活動であるため，参加者がより自由な立場で参加することができる。よって，さらに踏み込んだ議論も可能であるし，逆に参加への拘束性がないためにいつも同じメン

バーが参加して揃って議論できるとは限らない。開催の都度，議論をやり直す形となるため非効率であるといってもいい。同じ学会活動でも，調査研究委員会の場合は，年度単位で助成金を受けていることから必ず成果を導き出さなければならない。参加者はそのことに向けて個々に作業に勤しまなければならない。学会活動には多様性があるということである。

東海圏減災研究コンソーシアムは，研究者が中心となって活動しているという意味では学会活動と同様となるが，明らかに強い使命を担うものとして成立している。いわば災害研究を進める複数の大学あるいは研究者による意思決定の場といってもよい。

9.4 連携とその構造

堤防の高さは，津波の被害想定だけでは決められない。巨大な堤防が海と街を分断することを好ましく思わない人もいる。地域において合意形成が求められる。そのプロセスには例えば景観の専門家も加わるべきであろう。このようにして災害の問題は，災害という1つの専門性に閉じずに問題を解決していかなければならない場合が多くある。しかも被災後の混沌とした中で合意を形成していくことは困難を極める。これに対し，被災後の地域のあり方をあらかじめ議論して計画にまとめる「事前復興計画」に注目が寄せられている。しかしながら，低頻度の大災害が生起するまでに，災害後の町のあり方に関心を抱き，時間を割く一般市民はなかなかいない。それでもなお事前復興計画を立案することが大事だということを誰が説得するか。専門家だけではできないかもしれない。こうしたところにも異なる立場の主体が手を組む意義が見いだされる。

災害に向けて異なる立場の主体が手を組む，すなわち主体間の連携について論じたい。連携に近い言葉には共同，協力，協働，結託などさまざまなものがあり，微妙にニュアンスが異なっている。なぜ手を組むのか，手を差しのべるのか，その動機のとらえ方もさまざまである。

同じ言葉でも人によって定義が違うことがある。ここであえて定義について述べていくこととすると，まず複数の主体がいて彼らが同じ行動をとるのは「共同」といってよいであろう。「協力」は力を合わせる，同じ行動でも違う行動でもいい。

「協働」には文字通り動作が含まれている。「連携」，「結託」には，暗に主体間の立場の違いが前提としてある。「結託」は悪い意味が込められている場合もあるが，異なる主体が協力しようとすること自体は必ずしも悪くはない。

「連携」とは，異なる主体が手を組み合うという意味で，複数の主体が同じ方に向かう「共同」と違う。いわば前者は質的，後者は量的である。しばしば図-9.6のようにベクトルにして説明する。例えば行政と大学が連携して防災計画を立案するとしたときに，前者は立案する施策を少しでも有効なものにしたいと考える。後者は計画立案を通じて（正確には災害の生起も含めて）どのような施策が有効であるかを検証したい。どちらも，社会の防災力を高めようとすることに変わりないが，これを連携して作業する際には計画の内容，期待する効果，立案作業における時間やリソースの使い方で必ずしも同じ方向に向かうとは限らない。「連携」において各主体はそもそも違う目的を持っていて，それがある側面では方向性（利益という方が正しいかもしれない）が一致するが，その反面で一致しない方向性もある。一致する方向性のスカラーが，反発する方向性のそれより大きいとき，連携は成立しやすくなる。

あまりの方向性の違いからコミュニケーションが断絶していると捉えられ，連携が不成立になる場合がある。行政と大学でなくても異質な主体が連携しようとする際には，こちらの前提で相手を考えてはならない。どのようなことで反発し

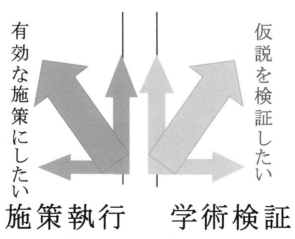

図-9.6　行政と大学の連携の構図

あうかはわからない。あるいは何が原因となって反発するかを探らなければならない。

さらにいえば，うまく行っている側面だけで協働関係を進めてはならない。本来的な方向性はそれぞれ別の方向を向いているのであって，それが結果的に部分的に（ベクトルの一成分としては）共通した方向性を示しているのである。

災害に関わると，ともすれば人命を意識する場合も生じる。不幸な出来事を目の当たりにすれば感傷的にもなる。そうした切羽詰まった時局においては，異質な主体との連携は，相互のコミュニケーションのあり方から気をつけなければならない。面倒な話でもある。主体間が連携しようとする際には「感情」も「自らの利益」も抑えることが大事である。

災害の取り組みがこのようにして分野横断的となることは，総合性という言葉に置き換えてもいい。大学は本来的にはその反対側にある専門性を追求する。しかし，防災の総合性を究める（極める）ことだってあってよいはずである。阪神・淡路大震災の直後，京都大学防災研究所では新たに総合防災研究部門がつくられた。大災害に直面して災害への取り組みにおける総合性が重要であると認識されたのであった。

9.5 おわりに

人はそれぞれに能力，権限，（業務上の）義務，関心，利害得失を有している。他者との関わり合い，組織への参画は，能力，権限，（業務上の）義務，関心，利害得失それぞれにおいて関係性が異なりうる。その意味では誰が何をしているか，という人間本位の記述では不十分な面がある。

実際には強い関心を持つ個人によって成立しているプロジェクト，さらには組織が存在することも事実である。逆にいえば流動性が少ない我が国の社会構造では，余人をもって代えがたいシーンが多く，逆にいえば存続可能性が低いといわざるを得ない場合がある。遊撃手を担う大学あるいは研究者がそうした非流動性を崩す，新しい構造を生み出す役割を持っている。

ボランティアという言葉に代表される，市民社会における自発的な動きをもった組織としての市民団体やNPOは，大学よりもっと遊撃手であるといえるかも

しれない。これらと大学とがどのように関わり合うか，関わり合うことでより新しくかつ効果的な動きができるようになるか，興味深い課題であるが，その考察は今後の機会に譲ることとする。

コラム　大　学

いわゆる高等教育を行う場として一定のカリキュラムを修学した者に対し，学士，修士，博士等の学位を授与する。日本の大学の仕組みは12，13世紀に西欧で始まったものに基礎を置いている。教員は自らも学術研究を行うが，学生が研究等を通じて学問を体得するよう教育することが本来のミッションであったといえる。現代では，教養を身につける意義を見失い，就職の踏み台と化し，かつ大学受験で疲弊した学生が勉学を軽視するような風潮から，レジャーランドと揶揄されることもある。国際ランキングが話題になることが増えているが，国立大学は法人化され，文部科学省による予算は削減される一方で，これを受けて外部資金獲得が推奨され，また任期制，年俸制などが始まり，教員は不安定なポジションに置かれ，かつ成果主義志向によるマネジメント的業務の増大も重なり，世界における日本の大学の地位は低下の一途をたどっている。しかし，若年人口が減少するにつれて大学間競争は激しくなっている。昼夜しっかりと勉学に勤しむよう指導することで在学生の成績が向上し，企業等からも好評価を得ている大学も見られる。

＜参考文献＞

1) 東海ネーデルランド高潮・洪水地域協議会　http://www.cbr.mlit.go.jp/kawatomizu/tokai_nederland/
2) 南海トラフ地震対策中部圏戦略会議　http://www.cbr.mlit.go.jp/senryaku/senryaku.htm
3) 東海圏減災研究コンソーシアム　http://www.gensai.nagoya-u.ac.jp/consortium/

第10章

生活復興を迅速に進めるために重要な
暫定的な住まいづくり
―「応急仮設住宅計画」と「暫定的土地利用計画」の提案―

浅野　聡

10.1 東日本大震災でクローズアップされた暫定的な住まいの復興に関する課題

10.1.1　震災復興の遅れに伴う被災地の地域衰退の深刻化

本章では，東日本大震災の震災復興の現状と課題を踏まえた上で，将来の南海トラフ巨大地震や首都直下地震等による大規模自然災害に備えて，被災地の迅速な生活復興に向けて重要となる「応急仮設住宅計画」と「暫定的土地利用計画」について提案することを目的とする。

東日本大震災の被災地では，震災復興の遅れ等を背景にして震災後の6年間で人口が減少しており，その結果，震災復興初期に計画をした災害公営住宅や宅地造成の規模等の見直しを余儀なくされている状況にある。震災前からすでに始まっていた地域衰退が，より深刻化することが危惧されている。

被災した3県では，既存市街地におけるかさ上げを伴う土地区画整理事業による市街地整備や，高台移転としての防災集団移転促進事業による新しい宅地造成が進んでいるが，2016年度末までに災害公営住宅は約25 000戸（計画全体の83％），高台移転は約13 000戸（同69％）が完成予定である[1]。

しかしながら，高台移転による宅地造成が完成しても，復興事業の終了までに長い時間がかかったためにすでに別の地域に引っ越しをしている等の理由により，整備されたすべての宅地に地域住民が住宅を再建するとは限らず，当初から空き地が生じることが危惧されている。

Ⅱ　社会・経済

　復興庁によると，2012 年度末の時点では，災害公営住宅を含めて 17 583 戸の
恒久住宅の供給が計画されていたが，2016 年 3 月末までに 14 % も縮小される状
況になっている [2]。たとえば岩手県大槌町では，約 30 ha の既存市街地にて平均
2.2 m のかさ上げを行い，2018 年 3 月末までに 510 区画の宅地を造成する事業が
進められているが，2016 年 8 月の時点では，住宅を再建する意向のある地権者
は 128 区画（25 %）と大変に少ない状況にある [2]。また陸前高田市では，約
300 ha の宅地が造成されるが，市の意向調査によると住宅を再建する見通しの
ない地権者が約 40 % もいることが明らかとなった [3]。いずれも宅地が埋まらな
い可能性が危惧されている。

　一方，復興の早さにこだわりをもって，大規模な高台移転事業を迅速に進めて
きた市町村として東松島市がある。これは，震災後に 12 行政区の区長から住民
が離散しないように早い復興を望む声が出たことを受けて，阿部市長（当時）が
復興庁と協議をして，野蒜北部丘陵地区等への大規模な高台移転の事業を推し進
めてきたものであり，2017 年 3 月の時点で約 90 % の宅地利用が見込まれている [3]。

　復興が長期化すると，当初は故郷に残ることを意思表示していた地域住民の中
でも，仕事の継続や転職，子どもの良質な教育環境の確保，余震が続く中での被
災地の将来への不安といったさまざまな事情を抱えて心境が変化し，結果的に故
郷を離れるケースが増えるのが一般的である。被災後の地域衰退を回避するため
には，迅速に復興を推進することが何よりも重要であることがわかる。

10.1.2　震災復興が遅れた要因――用地確保に時間を要した暫定的土地利用への対応

　東日本大震災で復興が遅れた根本的な要因は，複数の都道府県が同時に被災す
る広域巨大災害であり，津波による被害が甚大であったことである。これを背景
としながらも，震災復興前期において暫定的に必要となる土地の確保に時間を要
したことが，要因の 1 つとして上げられる。

　被災地では，既存市街地が津波によって広域にわたって浸水したために，復旧
復興に向けて暫定的に必要となる災害廃棄物仮置場や応急仮設住宅（以下，仮設
住宅と略す）建設地といった用地の候補地が不足するとともに，数少ない候補地
に対する土地利用の要望が重複したために行政内部で調整が難航する等の課題 [4]

が顕在化した。その結果，必要な面積の用地を迅速に確保することができず，本格的な復興に向けてのスタートが遅れてしまった。

なお，熊本地震においても同様の状況が繰り返された。熊本県内で被災した15市町村の中で10市町村では仮設住宅の建設候補地を事前に選定しておらず，その結果，迅速に用地を確保することが困難であった[5]。

復興には，社会基盤，住まい，産業，教育，医療，福祉，文化等の分野があるが，とくに「社会基盤」と「住まい」の2分野は，他の分野を復興させる上での基盤となるものである。本格的に復興事業を進めるためには，道路，電気，ガス，水道といった社会基盤は，何よりも必要である。そして次には暫定的な住まいの復興が必要となる。被災者は，避難所生活で精神的にも体力的にもきびしい日々を過ごしており，このような状況下では，自分の生活の将来設計を真剣に検討することは困難である。1日も早く仮設住宅に移り，暫定的に安定した生活を確保することが最低限必要となる。被災者は仮設住宅に入居してから，ようやく自分や家族，そして地域の将来について考えることができるようになる。仮設住宅は，あらゆる復興を進める上で欠かすことのできない必須の生活基盤といえる。

図-10.1　応急仮設住宅団地内の手づくりの集会所で談笑する入居者（岩手県山田町）

10.2 東日本大震災における応急仮設住宅の供給状況の特徴

10.2.1 住まいの基本的な復興プロセス

阪神・淡路大震災以降の震災復興の経験を踏まえて，住まいの基本的な復興プロセスのイメージをまとめると，図-10.2 に示す通りである。自宅を失った被災者の基本的な復興プロセスは，① 被災後の避難所生活から始まり，② 震災復興前期の仮設住宅等の入居を経て，③ 震災復興後期の恒久住宅（自宅再建や災害公営住宅等）の入居に至るのが，一般的である。

本章で対象としている仮設住宅は，災害救助法に基づいて供給されるものであり，① 建設仮設，② みなし仮設，③ 公営住宅等の3つに大別することができる。

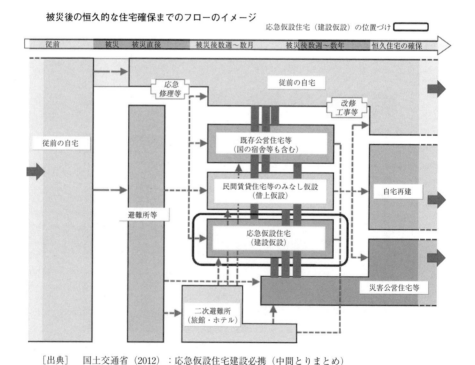

[出典] 国土交通省 (2012)：応急仮設住宅建設必携（中間とりまとめ）

図-10.2 住まいの基本的な復興プロセスのイメージ

第10章　生活復興を迅速に進めるために重要な暫定的な住まいづくり

建設仮設とは，新たに仮設住宅として建設するものであり，みなし仮設とは，行政が民間賃貸住宅を借り上げて仮設住宅として供給するものである。

10.2.2　応急仮設住宅の供給状況と特徴

近年の大規模災害時の仮設住宅の供給状況をまとめると，図-10.3に示す通りである。

阪神・淡路大震災では，48 439戸が供給され，その内訳は，建設仮設が48 300戸（99.7％），みなし仮設が139戸（0.3％）であった。東日本大震災では，122 965戸が供給され，建設仮設が53 194戸（43.3％），みなし仮設が42 869戸（34.6％），公営住宅等が26 902戸（21.9％）であった。熊本地震では，14 645戸が供給され，建設仮設が4 303戸（29.4％），みなし仮設が12 155戸（63.2％），公営住宅等が1 092戸（7.5％）であった。

阪神・淡路大震災時に大量の仮設住宅の供給を経験したことが，その後の復興の際に役立っているが，この3つの震災における対応を比較すると，仮設住宅の供給の在り方が変化をしていることがわかる。

第一に建設仮設，みなし仮設，公営住宅等の占める割合の変化である。阪神・淡路大震災では，建設仮設がほぼ100％を占めていたのが，東日本大震災では，

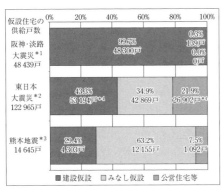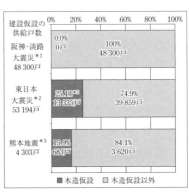

［出典］
*1　応急仮設住宅建設必携（中間とりまとめ），p.17, 国土交通省住宅局住宅生産課，平成24年5月
*2　東日本大震災（第113報）（2012年9月3日現在），pp.167-168, 国土交通省HP, 平成24年9月
*3　平成28年（2016年）熊本県熊本地方を震源とする地震に係る被害状況等について，p.29, 内閣府HP, 平成28年12月14日
*4　東日本大震災・緊急災害本部とりまとめ，p.2・46, 内閣府HP, 平成28年3月8日
*5　東日本大震災における実効的復興支援の構築に関する特別調査委員会 最終報告書，p.i-2, 日本建築学会，平成28年8月

図-10.3　近年の大規模災害時の応急仮設住宅の供給状況

Ⅱ 社会・経済

図-10.4　木造応急仮設住宅の事例（希望の郷「絆」：岩手県遠野市）

建設仮設が約40％となり供給戸数の半数以下となった。熊本地震においても同様であり，ここでは約30％と更に割合が下がることとなった。これは，東日本大震災以降，民間賃貸住宅を借り上げたみなし仮設の供給戸数が増えたことによる。その理由は，東日本大震災では，阪神・淡路大震災の約3倍もの供給戸数が必要となり，建設仮設の供給能力（半年で約50 000戸）を越えたため，民間賃貸住宅が大量に活用されたからである[6]。その結果，仮設住宅の建設コストが不要になるとともに，空き部屋となっている民間賃貸住宅の有効利用が進み，被災者が自ら物件を探して申請する方式が多く採用されることによって，被災者ニーズに応えることが出来た，というメリットが生じることとなった。

　第二に木造仮設住宅が供給されたことである。阪神・淡路大震災では，軽量鉄骨造のプレハブ仮設住宅のみであったが，東日本大震災では木造仮設住宅が供給され，熊本地震でも同様に供給されることとなった。木造仮設住宅の特徴は，利用期間の長期化が想定されより快適な居住環境が求められる上で，木質の温かみのある空間を提供できることである。また，地元の木材を利用して被災後の雇用を確保することにより地元経済の活性化を図ることができること，戸建形式とすることにより高低差のある敷地や公園等にも適応可能となること，在来軸組工法等で建設することにより解体や移築，増築等が比較的容易となり費用の削減につ

ながること，などがメリットとして挙げられる[7]。

東日本大震災以降，木造応急仮設住宅に対する評価は高く，今後の仮設住宅の在り方として注目されている。

10.3 応急仮設住宅の課題と被災地の住まいの現状

10.3.1 応急仮設住宅の課題

東日本大震災の仮設住宅に関する主な課題について，建設地，建設仮設，みなし仮設に分けてまとめると以下の通りである。

第一に建設地については，前述の通り，津波浸水エリアが広域に渡っていたことから，用地の確保が困難を極めたことである。日常時に建設候補地リストを作成していた市町村もあったが，甚大な津波浸水を想定していなかったために沿岸部の候補地がほとんど使えず，白紙から探さないといけないという根本的な課題が生じた。

厚生労働省の指針により，仮設住宅は公有地に建設することが基本となっているが，多大な必要量に対して公有地のみでは対応できず，多くの民有地を利用せざるをえない状況となった。また単に土地を借りるのみではなく，丘陵地や荒れ地を利用して土地を確保する必要があったため，土地の造成やインフラ整備を伴う等の時間を要した事例も少なくなかった。なお，厚生労働省からは，民有地を活用した際の借料，土地の造成費，用地の現状回復に対して，災害救助法の国庫負担の対象となる旨の通知が出されたおかげで，民有地活用が大きく進むこととなった[8]。

またやむをえず学校用地に建設したものの利用期間が長期化する中で学校教育に支障が生じたこと，従前居住地から離れた交通の便の悪い地域に建設した結果，被災者の申し込みが少なかったり入居後の買い物や通院に不便が生じたこと，1日も早い建設を優先して公有地を活用したため，その後の災害公営住宅の建設地等の種地の確保に苦労したこと，といった課題も生じた[9]。

第二に建設仮設については，事業者と行政の協力のもとで大量に供給出来たものの，供給のスピードが最優先されたため，施工不良や断熱材の不在等が要因となり，騒音や暑さへの対策不足といった課題が生じた。

Ⅱ　社会・経済

　プレハブ仮設住宅は，被災した県からの要請を受けて一般社団法人プレハブ建築協会が建設を行う仕組みとなっているが，同協会内の規格建築部会が建てるタイプと住宅部会が建てるタイプの2種類がある。前者は，工事現場事務所などに使われる軽量鉄骨造の建築物であり迅速に建設できること，利用が終わると資材をばらして保管してリユースができること等が特徴である。後者は，住宅メーカーが日常時に建設している民間賃貸住宅がベースであり，前者と比較して供給に時間がかかるものの，仮設住宅とはいえ日常時の民間賃貸住宅と同等程度の仕様にできることが特徴である。両者は，互いに一長一短があるが，供給のスピードが最優先された結果，規格建築部会による仮設住宅には，住民からの苦情が殺到してしまった。それらは，床の隙間等からアリ等が侵入すること，玄関の引き戸に網戸がないために通風の際に虫が侵入すること，隣の住戸との遮音性が不十分であること，風呂に追い焚き機能がないこと等であった。その結果，仮設住宅を寒冷地仕様としていなかったこともあり，断熱材の後づけ，追い焚き機能付きの風呂釜の交換といった追加工事が生じてしまった [10]，[11]。

　第三にみなし仮設については，前述のメリットがあるものの，被災者が既存の民間賃貸住宅に分散して入居することになるため，以下のような課題が生じた。

　建設仮設が群として建設され被災者が集団で入居できるのに対して，みなし仮設では，特定の地域の民間賃貸住宅に集団で入居することは難しく，家族であっても分散して入居するケースが生じるなど，被災者が広域にわたって分散して入居することとなった。その結果，家族や地域コミュニティが分断され，行政によるスムーズな実態把握が困難になり，被災者に対するさまざまな支援や情報は建設仮設に集中し，みなし仮設には十分に行き届かないという格差が生じた。また，被災した市町村内において必要戸数分の仮設住宅の供給が困難な場合は，被災地外のみなし仮設が利用されたが，その結果，避難生活の長期化に伴い被災地外に人口が流出することとなった [12]。

　みなし仮設は，熊本地震でも数多く供給されたが，全国的な人口減少下において，将来的には民間賃貸住宅の数も減少すると思われる。とくに人口10万人未満の地方都市では，現状でも民間賃貸住宅の数は少ないことから，将来的にも一定の戸数を安定して利用できるとは必ずしもいえないと思われる。また数多くの利用が可能であることは日常時に空き部屋が多いことを意味し，これは地域経済

180

の活性化の視点からは望ましくない状況である。みなし仮設の利用は東日本大震災後の新しい動きであり，今後，適切な在り方について検討する必要がある。なお，内閣府は，平成28年度に「大規模災害時における被災者の住まいの確保策に関する検討会」を立ちあげており，この中では，民間賃貸住宅が不足する場合は，個人所有の空き家を活用することが指摘されている[13]。

10.3.2 被災地の住まいの現状――３度目の引っ越しとコミュニティの再構築

復興庁が発行する「東日本大震災からの復興の状況と取組」（2017年1月）によると，仮設住宅等の入居戸数は，恒久住宅（自宅再建や災害公営住宅等）への移転が進み，最大約120 000戸から約45 000戸へと約40％に減少している。そして道路，河川，上下水道等のうち生活に密着したインフラの復旧はおおむね終了し，災害公営住宅は，約22 000戸（整備予定の74％）が完成し，2017年度末には97％が完成見込みとなっている。民間住宅等用宅地は，約11 000戸（同57％）が完成し，2017年度末には90％が完成見込みであり，震災7年後には，住まいの復興はおおむね完成の目途がつく予定となっている。

しかしながら，これまでの仮設住宅での生活の長期化に伴い，入居者の身体機能の低下，要介護者（認知症等）の増加，精神疾患による入院，男性高齢者のアルコール依存症，災害公営住宅等への入居による退去者の増加に伴い，残された住民の不安の増大といった課題が顕在化している。

最近，被災地では，「3度目の引っ越し」という言葉が使われ始めている。これは，避難所，仮設住宅，恒久住宅へと短期間に3度も引っ越しを重ね，その度に被災者同士の出会いと別れがあり，新しいコミュニティを構築しないといけないという，今までに経験したことのない厳しい状況に被災者がおかれていることを物語っている[14]。

10.4 提案Ⅰ：「応急仮設住宅計画」の策定――「応急仮設住宅ガイドライン」の作成と活用

前章までの内容を踏まえて，今後の南海トラフ巨大地震や首都直下地震等によ

Ⅱ　社会・経済

る大規模自然災害への備えとして，応急仮設住宅計画策定のための「応急仮設住宅ガイドライン」の作成と活用について提案したい。

10.4.1　応急仮設住宅計画の策定のための新しいガイドラインの作成

　仮設住宅計画を策定する際の手引きとなる国のガイドラインには，国土交通省による「応急仮設住宅建設必携（中間とりまとめ）」（2012年），国土交通省中部地方整備局による「広域巨大災害に備えた仮設期の住まいづくりガイドライン」（2013年）がある。前者は，東日本大震災の経験から得られた新しいデータや知見を含み，仮設住宅の供給に関する技術基準等が示されており，全体的に有用なものである。後者は，前者を踏まえて，南海トラフ巨大地震に備えて中部地方の市町村の取り組みを支援するために，長期化が予想される仮設期の住まいづくりで必要となる生活・コミュニティへの配慮，高齢者等要配慮者への配慮，地域特性や地域被害に応じた地域戦略等の必要性を示すとともに，市町村担当者向けの実務書として東日本大震災の事例や関連情報を網羅していること等が特徴である。

　筆者らは，これらのガイドラインをベースにした上で，市町村担当者や民間建築関係者にとってより使いやすく有用な内容となるガイドラインを作成することを目的に，「応急仮設住宅ガイドライン研究会」（メンバー：三重大学浅野研究室・三重県建築士事務所協会・三重県建設業協会・国土交通省中部地方整備局・三重県・四日市市・伊勢市・志摩市・紀北町・亀山市・伊賀市）を立ち上げた。そして研究会での議論を踏まえて，仮設住宅の建設に関する計画策定のための一連のプロセスとその内容を解説し，震災復興の事前準備に向けて活用することを目的として「応急仮設住宅ガイドライン－計画編－」としてとりまとめている[8]。

　このガイドラインの特徴は，以下の通りである。まず市町村全体における仮設住宅の必要戸数等の推計だけでは地域ごとの被害状況に応じた丁寧な対応は難しいことから，地域住民の日常生活圏ごとに具体的な対応を検討するために小学校区を計画単位としていること，次に現状の準備状況と今後の課題を示唆するための評価指標として「建設候補地の充足度」を設定していること，そしてこの充足度を視覚的に理解しやすくするために評価結果を「建設候補地の充足度評価マップ」として作成すること，軽量鉄骨造のプレハブ住宅ではない木造仮設住宅の建設を提案していること等である。これらは既往ガイドラインにはないオリジナル

182

な提案である。

10.4.2 応急仮設住宅計画の策定の手順

紙面の都合上，このガイドラインの詳細な説明は省略するが，ガイドラインの中で示している応急仮設住宅計画の策定の手順は，**図-10.5** に示す通りであり，STEP1 ～ STEP7 の 7 段階からなる。この手順を通じて，都道府県が公表している被害想定調査結果をもとに，仮設住宅の検討方針の設定，仮設住宅の必要戸数と必要用地面積の推計，建設候補地の検討，建設候補地の充足度評価の実施，建設候補地における配置計画の検討等を行うことができる内容としている（なお，このガイドラインでは，**図-10.5** に示すように配置計画の策定までを対象としており，仮設住宅の建設や入居者募集・選定等に関する内容は対象外としている）。

10.4.3 応急仮設住宅充足度評価マップの作成と活用

市町村の仮設住宅の建設候補地の準備状況に対する評価結果を一覧できるように作成するものが「建設候補地の充足度評価マップ」である。三重県 A 市を対象にして，筆者らが作成したマップの一例を掲載すると，**図-10.6** の通りである。

この充足度評価マップから，小学校区単位での仮設住宅の必要戸数と建設想定（建設可能）戸数，建設候補地の数と場所，建設候補地の充足度評価について視覚的に把握できるとともに，それらを集計して市全体としての充足度評価についても把握することが可能である。充足度が低い場合は，公有地あるいは民有地を対象として建設候補地を増やすことが必要になるが，例えば充足度の低い評価の小学校区から優先的に候補地を探すといった今後の対応の示唆を得ることが可能となる。

なお，南海トラフ地震においては，建設仮設だけで対応することは難しいと思われ，みなし仮設や公営住宅の活用を検討することも必要であり，これについては今後の課題である。

Ⅱ 社会・経済

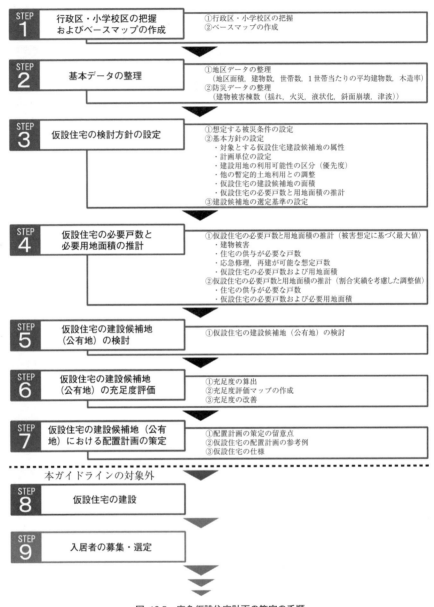

図-10.5 応急仮設住宅計画の策定の手順

第10章 生活復興を迅速に進めるために重要な暫定的な住まいづくり

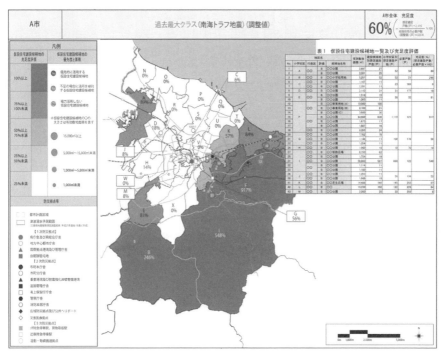

図-10.6 A市における応急仮設住宅の建設候補地の充足度評価マップ（提案）（過去最大クラスの南海トラフ地震）

10.5 提案Ⅱ：震災復興前期における「暫定的土地利用計画」の策定と活用

10.4節の提案を踏まえて，震災復興前期（後述）の都市全体の復興を計画的に進めていくために必要となる暫定的土地利用計画の策定と活用について提案したい。

10.5.1 暫定的土地利用とは

「暫定的土地利用」とは，復興プロセスの中で仮設住宅建設地のように一時的に必要となる土地利用のことであり，一定期間後には利用を中止して原状回復する（あるいは新たな用途で復興に資する）ことが前提となる。なお，狭い意味で

185

Ⅱ 社会・経済

の土地利用に限定せずに，同時期に必要となる主な施設利用（避難所等）も適宜含めることとする。被災後に都市空間全体がどのように暫定的に利用されるのか，主な施設利用を含めて事前に総合的に計画しておくことが迅速な復興に向けて必要となるからである。しかしながら現在の都市計画等においては，基本的に日常時を念頭において土地利用計画を策定しており災害時は想定されていない[15]。今後は，この状況を改善する必要がある。

　暫定的土地利用の事前検討が必要な理由は，前述の通り，復興のためには仮設住宅建設地のように土地を暫定的に利用することが必要となり，とくにハード面に関する復興で一定の面積以上のまとまった土地を要するものは，その手配を事前に準備しておかないと対応に長大な時間を要するからである。復旧復興の出足が早いことは，被災地が復興後の未来に希望を描き，人口や地場産業の流出を防ぐことにつながる。また，暫定的土地利用を事前に検討できれば，日常時の土地利用や施設利用を計画する際に，暫定的な利用も可能となるようにあらかじめ合理的に計画，設計することも可能となる。例えば，近年，都市公園を災害時の防災公園としての機能を併せ持たせるために，炊き出しができるかまどベンチやマンホールトイレ等を設置する事例が増えてきている。

10.5.2　暫定的土地利用計画の内容

　大規模自然災害後の災害復興期をおおむね10年間とし，都市基盤等の骨格事業の推進を前期（5年間），骨格事業完成後に取り組む復興事業の推進を後期（5年間）とすると，暫定的土地利用計画は主に前期に必要となる。詳細は時期区分によって異なるが，「応急対策期：発災後〜1週間後」では，（自衛隊・警察・消防の）活動拠点，物資集配地，避難所，災害医療拠点，災害廃棄物一次仮置場，緊急輸送道路等が必要となり，これらは「復旧対策期：発災後〜2か月後」でも継続して必要となる。その後の「復興対策期：発災2か月後〜5年後」では，災害廃棄物二次置場，仮設住宅建設地，仮設店舗建設地，仮設工場建設地，復興用建設資材置場等が必要となる（**表-10.1**）。

　これらの中で，広い面積を必要とし利用期間が長いという特徴を持つ代表的な用途としては，活動拠点，災害廃棄物仮置場，仮設住宅建設地の3つが上げられ，時系列順にまとめると**図-10.7**の通りである。これらは，候補地の条件が互いに

第 10 章　生活復興を迅速に進めるために重要な暫定的な住まいづくり

表-10.1　震災復興期における暫定的土地利用の用途

時期区分		暫定的土地利用
震災復興前期 (発災後～5年後)	(A) 応急対策期 (発災後～1週間後)	活動拠点, 物資集配地, 避難所, 災害医療拠点, 災害廃棄物一次仮置場, 緊急輸送道路 等
	(B) 復旧対策期 (発災後～2か月後)	「応急対策期」の暫定的土地利用の継続
	(C) 復興対策期 (2か月後～5年後)	「復旧対策期」の暫定的土地利用の継続＋災害廃棄物二次置場, 仮設住宅建設地, 仮設店舗建設地, 仮設工場建設地, 復興用建設資材置場 等
震災復興後後期 (5年後～10年後)		復興事業の進捗状況に応じて暫定利用を終了して現状回復 (あるいは用途変更して復興に利用)

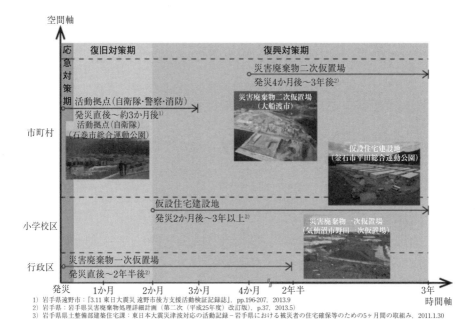

図-10.7　主な暫定的土地利用の用途と利用期間

重複する場合があることから，十分な事前調整が必要である．

10.5.3　暫定的土地利用計画の策定手順と活用

今までは，災害時の対応を検討する場合，その前提条件となる被害状況を推計

Ⅱ　社会・経済

することが難かしかったため，暫定的土地利用計画を検討する発想が育たなかったといえる。しかし，近年，大規模自然災害に関する被害想定調査が進み，国や都道府県によって公表済みの調査結果を活用すれば，暫定的土地利用計画を検討することは可能になってきている。暫定的土地利用計画の策定手順について提案すると，以下の通りである。

① 暫定的土地利用の基本方針の検討

　応急対策期，復旧対策期，復興対策期といった時期区分ごとに，必要な暫定的土地利用の用途，立地，面積，利用期間等に関する基本方針を検討する。なお，応急対策期と復旧対策期では，おおむね同じ用途でよいと思われる。

② 必要面積の推計

　被害想定調査結果を基に，暫定的土地利用の用途ごとに必要面積を推計する。関連省庁によって必要面積の考え方については公表されており，それらを参考にして推計する[16]。なお，被害想定の対象である地震には，理論上最大クラスや過去最大クラスといった複数の設定があることから，それぞれの地震ごとに推計する。

③ 暫定的土地利用の候補地の検討

　①で検討した暫定的土地利用の基本方針を基に，利用可能で適切な候補地を検討する。とくに広い土地を必要とする災害廃棄物仮置場と仮設住宅建設地は，公有地を基本としながらも民有地の活用が必要となると思われる。

④ 暫定的土地利用計画の策定

　①〜③を踏まえて，暫定的土地利用計画を策定する。なお，都市計画マスタープラン等と同様に，市町村行政区域を対象とした全体計画と日常生活圏（小学校区等）を対象とした地域別計画の2種類から構成するものとする。

⑤ 「暫定的土地利用計画図」の作成

　暫定的土地利用計画を図示するものとして，被害想定調査結果（津波浸水予測域等）と暫定的土地利用候補地の配置状況が一覧できるように「暫定的土地利用計画図」を時期区分ごとに作成する。記載する情報は，各種境界（行政区域・都市計画区域・小学校区等），主要都市施設（都道府県庁舎・市町村庁舎・消防本部庁舎・警察庁舎・主要道路・鉄道・河川等），被害想定区域（津波浸水予測区域等），防災施設（市町村指定避難所・災害医療拠点・

188

第 10 章　生活復興を迅速に進めるために重要な暫定的な住まいづくり

緊急輸送道路等），暫定的土地利用（活動拠点・災害廃棄物一次および二次
仮置き場・仮設住宅建設地等），生活利便施設（商業施設）等である。

⑥　暫定的土地利用の充足度の評価と見直し

②で推計した暫定的土地利用ごとの必要面積に対して，③で検討した候補
地の充足度を評価する。沿岸部を抱えて津波被害が想定される市町村では，
候補地が不足して高い充足度を得ることは難しいことが考えられる。充足度
評価を通して，現状の充足度を理解するとともに，より高い充足度となるよ
うに利用可能な公有地と民有地の掘り起こしに務めることが必要となる。

10.5.4　暫定的土地利用計画図の活用の可能性

暫定的土地利用計画図は，津波浸水予測域等の被害想定調査結果と暫定的土地
利用候補地の配置状況を一覧できるように作図することを意図している。これを
通して，応急対策期では人命救助や財産保全に対応できる状況かどうか，復旧対
策期では道路や鉄道が復旧して避難所，災害医療拠点，災害廃棄物一次仮置場等
が機能できるかどうか，復興対策期では仮設住宅等を迅速に建設できるかどうか
等を確認することができる。そしてこれらの確認を通じて，当該計画の効果や課
題の発見につながり，次の見直しにつなげていくことが可能になると思われる。

暫定的土地利用計画図の試案として，三重県Ａ市を対象として筆者らが作成
した一例を掲載すると，**図−10.8，10.9** に示す通りである。これは応急対策期お
よび復旧対策期を対象として，日常時の主要都市施設の配置状況をベースに，被
害想定区域（津波浸水予測区域），防災施設，活動拠点候補地等に関する三重県
とＡ市の関連計画情報[17]を加えて作図したものである。市全域を対象とした全
体計画図からは，被害状況と被災後の暫定的土地利用の全体像を把握することが
でき，小学校区を単位とした地域別計画図からは，全体計画図からでは判断でき
ない地域の詳細な状況を把握することができる。そして両者の検討をつきあわせ
ることによって，復興にかかわる関連部局間の調整と情報共有のための基礎デー
タとすることが可能となると思われる。

Ⅱ 社会・経済

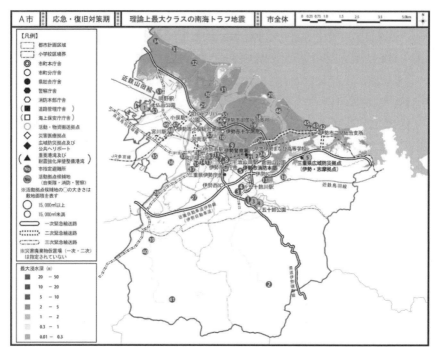

図-10.8　A市における暫定的土地利用計画の全体計画（提案）（応急・復旧対策期：理論上最大クラスの南海トラフ地震）

10.6　今後の展望

　本章では，将来の南海トラフ巨大地震や首都直下地震等による大規模自然災害に備えて，被災地の迅速な生活復興に向けて重要となる「応急仮設住宅計画」と「暫定的土地利用計画」について提案した．復興が長期化している東日本大震災から得られた教訓として，生活復興を迅速に進めることが被災地の衰退を予防することにつながり，そのためには避難所生活の長期化を避け，1日も早く仮の住まいである仮設住宅を供給して生活を暫定的に安定させることが，復興の最初の一歩として重要である．復興の最初のスタートを順調に切れるかどうかが，その後の本格的な復興を迅速に進めることを左右するといえる．今，そのための事前準備に取り組むことが急務と思われる．

第10章 生活復興を迅速に進めるために重要な暫定的な住まいづくり

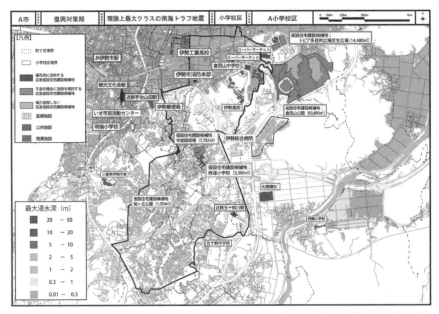

図-10.9 A市における暫定的土地利用計画の地域別計画（A小学校区）（提案）（復興対策期：理論上最大クラスの南海トラフ地震）

謝辞

本研究を進めるにあたり，応急仮設住宅研究会のメンバーにはデータの提供で，佐藤明彦君と高田直紀君（三重大学大学院生）には図表の作成でご協力頂きました。また科学研究費助成事業（学術研究助成基金助成金：基盤（C）・課題番号2456077 および 15K06356）を活用しました。記して感謝いたします。

コラム 「応急仮設住宅」のこれまでとこれから

応急仮設住宅とは，災害救助法に基づき，住宅を失った被災者に対して行政から無償で供給されるものである。仮設住宅は，① 建設仮設，② みなし仮設，③ 公営住宅等の3つに大別することができる。建設仮設とは，新たに仮設住宅として建設するもの，みなし仮設とは，行政が民間賃貸住宅を借り上げて仮設住宅として供給するものである。

仮設住宅は，公有地に建てる建設仮設が原則であり，阪神・淡路大震災ま

191

Ⅱ　社会・経済

では，建設仮設が中心であったが，東日本大震災では，被害が甚大で建設仮設の供給能力を越えたこともあり，みなし仮設が初めて大量に供給されることとなった。そして熊本地震においても同様の傾向となった。全国的に空き家が新たな社会問題として顕在化する中で，空き家を含めて民間賃貸住宅の空き部屋をみなし仮設として有効利用する方法は，今後も仮設住宅の柱の一つとなると思われる。建設仮設とみなし仮設には互いに一長一短があり，それについては本文中にて触れた通りであるが，被害状況に応じて，両者の長短所をよく理解して適切に併用することが望ましいと思われる。

東日本大震災後に指摘された新しい課題としては，仮設住宅の建設コストが一戸あたり約550 〜 600万円と高額であったことから，取り壊しを前提とする従来の方法ではなく，建設地の選定段階から復興用地として活用する見通しをたて，仮設住宅としての供用期間の終了後には，災害公営住宅として転用できるように最初から計画することである。住まいの復興に連続性を持たせることにより，迅速な復興の実現，復興事業のコストの削減，居住者のコミュニティの継続等のメリットがあると考えられ，今後の検討課題である。

表-1　建設仮設（応急建設住宅）とみなし仮設（応急借上げ住宅）の比較

	応急建設住宅	応急借上げ住宅
提供までの期間	・建設に要する期間が必要（通常，着工から完成までに3 〜 4週間程度必要）	・既存の住宅を活用することから比較的短期間に提供可能 ・空家がない場合は対応不能
住宅の特徴	・被災地の近くで立地が可能 ・同じ場所にまとまった戸数を確保することが可能 ・従前のコミュニティの維持が比較的容易 ・入居者への効率的な生活支援・情報提供が可能	・被災地の近くで提供が困難（物件は使用不能の可能性大） ・近隣でまとまった戸数を確保できるかは不明（基本的に困難） ・（建設仮設と比較して）住宅居住性のレベルは高い（立地・間取りの選択が比較的容易）
課　題	・建設コスト（概ね550 〜 600万円＊程度） ・撤去，廃棄物処理が必要	・退去時の原状回復の問題（住宅所有者との調整） ・被災者が継続居住を希望した場合の調整

＊　東日本大震災における実績

［出典］　国土交通省住宅局，土地・建設産業局，厚生労働省社会・援護局：被災者に円滑に応急借上げ住宅を提供するための手引き（2012）

第 10 章　生活復興を迅速に進めるために重要な暫定的な住まいづくり

　なお，一番重要なことは，大量の仮設住宅を必要としないような最善策を日常時から取り組むことに尽きるといえる。一般的に地震による建物被害の一番大きな要因は揺れ（倒壊）であり，その他には火災（焼失），液状化，斜面崩壊，津波（浸水）が挙げられる。どの要因への対応も必要であるが，地震直後の避難を考慮すると，揺れによって建物が倒壊しないことが必要不可欠である。したがって，仮設住宅の必要戸数を減らすためには，揺れによる倒壊への対策をとることが第一に必要であり，住宅の倒壊数を減らすことができればその効果は実に大きい。改めて日常時の耐震診断・耐震補強の実施と普及が重要であることがわかる。

＜注釈＞

[1]　復興庁：「東日本大震災からの復興の状況と取り組み」(2017)

[2]　朝日新聞：「かさ上げ地　戻らぬ住民」(2016.9.11)

[3]　朝日新聞：「首長と震災復興」(2017.3.6)

[4]　三重県 (2016)：「三重県復興指針」, p.15

[5]　朝日新聞：「仮設　進まぬ用地確保」(2016.5.16)

[6]　参考文献 5)：p.23

[7]　三浦研, 白井良孝：「東日本大震災を受けた木造応急仮設住宅の展開－十津川村・野迫川村のケーススタディ」,『東日本大震災における実行的復興支援の構築に関する特別調査研究委員会最終報告書』, pp.i-67-72, 日本建築学会 (2016)

[8]　参考文献 7)：pp.39-43

[9]　参考文献 5)：pp.21-23

[10]　参考文献 7)：pp.161-174

[11]　塩崎賢明：「応急仮設住宅の対応と課題」, 日本住宅会議編『東日本大震災　住まいの生活と復興』, ドメス出版, pp.129-132 (2013)

[12]　鳥居静夫：「みなし仮設住宅と被災者生活再建支援」, 日本住宅会議編『東日本大震災　住まいの生活と復興』, ドメス出版, pp.133-136 (2013)

[13]　内閣府：「大規模災害時における被災者の確保策に関する検討会（第1回）」(2016)　http://www.bousai.go.jp/kaigirep/hisaishasumai/dai1kai/index.html

[14]　阿部寛之：「被災地の行政職員の課題」, 三重県・三重大学みえ防災・減災センター・みえ防災塾, 講義資料 (2017)

[15]　横浜市では全国で初めて「震災時土地利用計画」を同市防災計画平成8年度修正版の中で策定している（三舩康道：『減災と市民ネットワーク』, 学芸出版社 (2012) より）。ただし担当者にヒアリングしたところ，日常時において具体的な計画が策定されているわけではなく，また利用する公有地のリストも外部には未公表とのことであった。

[16]　活動拠点は，内閣府の都道府県防災担当部局への事務連絡 (2014年7月31日), 災害廃棄物仮

Ⅱ　社会・経済

置場は,環境省の「災害廃棄物指針」(2015),仮設住宅建設地は国土交通省の「応急仮設必携（中間とりまとめ）」(2012)等によって,必要面積等の考え方が示されている。

［17］　平成25年度三重県地震被害想定調査結果：三重県緊急輸送道路ネットワーク図,災害時指定避難所（A市）等（2014）

＜参考文献＞

1)　浅野聡,広畑大輝：「公有地を対象とした応急仮設住宅の建設候補地選定に関するガイドラインの検討」,『都市計画論文集』,Vol.48,No.3,pp.801-806（2013）

2)　浅野聡：「災害復興計画における暫定的土地利用の必要性」,『都市計画』,Vol.66,No.1,第321号,pp.64-65（2016）

3)　高田直紀,浅野聡：「暫定的土地利用としての応急仮設住宅の建設候補地ガイドラインの検討－小学校区を単位として－」,『第27回日本都市計画学会中部支部研究発表会論文・報告集』,pp.51-56（2016）

4)　国土交通省：「応急仮設住宅建設必携（中間とりまとめ）」(2012)

5)　国土交通省中部地方整備局：「広域巨大災害に備えた仮設期の住まいづくりガイドライン」(2013)

6)　日本住宅会議編：『東日本大震災　住まいの生活と復興』,ドメス出版（2013）

7)　大水敏弘：『実証・仮設住宅　東日本大震災の現場から』,学芸出版社（2013）

8)　応急仮設住宅研究会：「応急仮設住宅ガイドライン－計画編－迅速な震災復興に向けた「暫定的な住まいづくり」に関する事前の計画づくり」(2017)

第11章
災害のロジスティクス計画
―生活物資の補給・備蓄と都市防災計画―

苦瀬博仁

11.1 災害におけるロジスティクスの重要性

2014（平成26）年6月3日に閣議決定した「国土強靱化基本計画」では「45の起きてはならない最悪の事態」を想定しており，さらに緊急の対応を必要とする15の重点化すべきプログラムを設定している。この15のうち「生命に関わる物資供給の長期停止」「サプライチェーンの寸断等による企業の生産力低下」など，6つがロジスティクスやサプライチェーンに関係している[1]。

そこでここでは，被災者の生命維持に不可欠な緊急支援物資に焦点を当てて，補給と備蓄の対策，および都市防災計画による対策を提案することにする。

11.2 ロジスティクスの内容とインフラ

11.2.1 サプライチェーン・ロジスティクス・物流の階層構造

サプライチェーン（Supply Chain）とは，原材料の「調達」から製品の「生産」，商品の「販売」に至る過程での，原材料や製品や商品の供給の連鎖である。

ロジスティクス（Logistics）とは，企業間における「商取引流通（発注，受注機能）」と「物的流通」で構成されている。このロジスティクスが鎖（チェーン）となって企業間を結び付けることで，サプライチェーンが構築される。

物的流通（Physical Distribution）とは，ロジスティクスの一部であり，6つの機能（輸送，保管，流通加工，包装，荷役，情報）から構成されている。

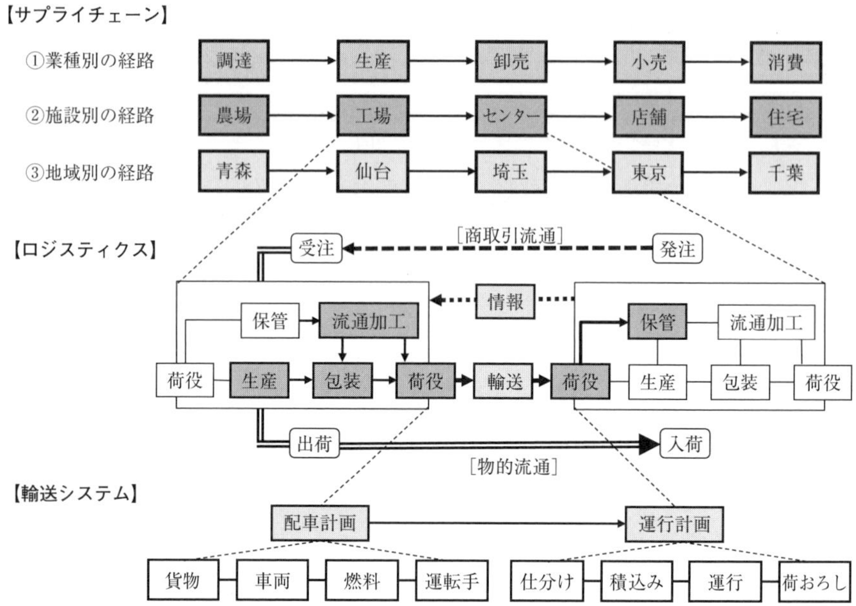

Ⅱ　社会・経済

【サプライチェーン】

①業種別の経路　　調達 → 生産 → 卸売 → 小売 → 消費

②施設別の経路　　農場 → 工場 → センター → 店舗 → 住宅

③地域別の経路　　青森 → 仙台 → 埼玉 → 東京 → 千葉

【ロジスティクス】

受注 ← ‐‐‐‐‐‐‐‐ ［商取引流通］ ‐‐‐‐‐‐‐‐ 発注

情報

保管　流通加工　　　　　　　　　　　　保管　流通加工

荷役　生産　包装　荷役　輸送　荷役　生産　包装　荷役

出荷 ――――――――――――――→ 入荷

［物的流通］

【輸送システム】

配車計画 ――――――――→ 運行計画

貨物　車両　燃料　運転手　仕分け　積込み　運行　荷おろし

図-11.1　サプライチェーンとロジスティクスと物流

　輸送システム（Transport System）は，物流機能のうちの輸送機能（物資流動）だけに着目したものである。さらに貨物車交通（Truck Traffic）は，輸送時の貨物車に着目したものである。このため，輸送（物資流動）と貨物車交通（交通）は，物流（物的流通）の一部でしかない（**図-11.1**）[2]。

11.2.2　ロジスティクスのシステムとインフラ

　ロジスティクスのインフラには，「施設インフラ」，「技術インフラ」，「制度インフラ」の3つがあり，ロジスティクス・システムを円滑に働かせる役割がある。

　施設インフラとは，ノード（交通結節点（Node）：港湾，空港，ターミナル，操車場など），リンク（交通路（Link）：航路，航空路，道路，鉄道線路など），モード（輸送手段（Mode）：船舶，航空機，トラック，貨車など）である。このとき，ノード・リンク・モードについて，具体的に施設や設備を設けるハードな整備と，交通管理・制御などのソフトな整備がある（**表-11.1**）。

　技術インフラとは，人材（専門技術者，管理技術者，有資格者など），管理（輸

196

第 11 章　災害のロジスティクス計画

表-11.1　ロジスティクスのインフラ

(1) 施設インフラ
（ノード＝港湾，空港，ターミナル，操車場） （リンク＝航路，航空路，道路，鉄道） （モード＝船舶，航空機，トラック，貨車） （ソフト・インフラ＝運行方法，料金制度，交通規制など）
(2) 技術インフラ
人材：（公共）行政・手続き遂行，不正防止・公平性，法令遵守など 　　　（民間）品質管理技術，改善意識，機密保持など 管理：輸送管理・貨物管理技術の普及の程度， 　　　パレット・コンテナの使用実態，冷蔵・冷凍技術など 情報：情報通信機器，伝票ラベルの統一，管理データの収集管理， 　　　データ標準化・規格化・共有化，コード共通化，利用ルールなど 資源：電力，電話，上下水・工業用水などの利用可能性
(3) 制度インフラ
法制度：規制と許可の基準，通関・検査・検疫システム， 　　　　金融税制，標準化，公平性の担保，市場論理との調整など リスク：損害補償システム，契約不履行，紛争・事故，生活保全など

送管理技術，貨物管理技術など），情報（情報通信機器，伝票ラベル，データ標準化など），資源（電力，電話，上下水・工業用水など）である。

制度インフラとは，法制度（規制と許可，検査・検疫など），リスク回避の体制（損害賠償，紛争・事故防止，生活保全など）である。

11.2.3　サプライチェーンやロジスティクスが途切れる状況

サプライチェーンは，構成する要素が 1 つでも欠ければ成り立たない。たとえば，原材料や部品が調達できなければ生産できないし，製品を生産できても卸小売業を通じて販売できなければ，消費者に商品を供給できない。

ロジスティクスでは，情報が途切れれば受発注ができなくなる。また，流通加工，包装，荷役，輸送などのうち 1 つの機能でも損なわれれば，物流（物的流通）は途切れてしまう。加えて，仕分けや荷役の物流技術が不十分であれば，また物資内容を示す伝票の表示方法が不適切であれば，物資の供給が滞ることもある。

輸送システムでは，貨物，車両，燃料，運転手などのうち 1 つでも欠ければ配車できない。そして，仕分けや積み込みに時間がかかれば，また道路が渋滞していれば，時間通りの運行はできない。

11.3 物流からみた災害対策とその目的

11.3.1 災害のカタストロフィーと予防・応急・復旧段階

　災害対策は，カタストロフィーの図面で示すことができる。平面の2つの軸は「災害対策の強靭度」と「災害の規模」であり，縦軸は「回避と被災」である。
　そして，① 予防段階では，「1) 壊れない（ヒト・モノ・カネ），2) 失わない（情報・技術），3) 途切れない（体制・組織）対策」がある。② 応急段階では，「逃げる（避難），助ける（救援），届ける（補給）対策」がある。③ 復旧段階では，「1) ヒト・モノ・カネと，2) 情報・技術，3) 体制・組織の復旧の対策」がある（**図-11.2，図-11.3**）[3]。
　なお，都市防災計画では，① 予防段階と ② 応急段階を対象とすることが多い。

11.3.2 災害対策の目的（A. 減災，B. 応急早期完了，C. 復旧期間短縮）

　災害対策の目的は，3つある（**図-11.4**）。
　「A. 減災」とは，被害を少なくすることである。たとえば，建物の倒壊を防止するための耐震化や，食料や飲料水の払底を防ぐ備蓄計画，原材料や完成品の

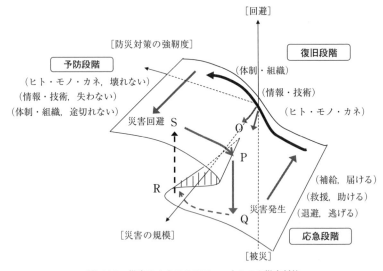

図-11.2　災害のカタストロフィーと3つの災害対策

第11章 災害のロジスティクス計画

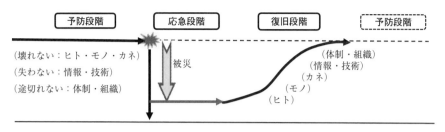

図-11.3 時間軸で示す3つの段階

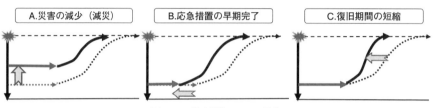

図-11.4 災害対策の3つの目的

在庫増，データの遺失を防ぐバックアップなどがある。

「B. 応急措置の早期完了」とは，応急措置の期間を短縮することである。たとえば，避難や救助のための緊急連絡網の整備，被災を想定した要員の配置計画，停電に備えた非常用電源の使用計画，緊急支援物資の補給計画などがある。

「C. 復旧期間の短縮」とは，復旧の時期を早めることである。たとえば，被災地外からの応援に対する受援計画，官民協同による復旧計画などを事前に立てておくことで，速やかで円滑な復旧が可能になる。

11.4 生活物資の補給対策（災害発生後の応急措置）

11.4.1 過去の震災に学ぶ緊急支援物資供給の課題

東日本大震災（2011（平成23）年3月11日）では，一部の地域で生活物資が不足した。その理由は，① 津波による食料品や生活物資の在庫流失，② 物資の保管や仕分けでの混乱，③ 流通業者のデータの損壊，④ 工場や倉庫での製造機械や搬送機器の破損，⑤ 車両・燃料・ドライバー不足などである。

Ⅱ　社会・経済

　熊本地震（2016（平成 28）年 4 月 16 日）では，① 避難所への仕分けの混乱，② 指定外避難所の把握の遅れ，③ 配送時の交通渋滞，④ 個人や企業による大量の義援物資などにより，緊急支援物資の供給が一部で滞った。

11.4.2　政府・自治体による緊急支援物資の補給対策

　国土交通省は，「東日本大震災からの復興の基本方針（2011（平成 23）年 7 月 29 日 東日本大震災復興本部決定）」を踏まえて，2011（平成 23）年 12 月 2 日に「支援物資物流システムの基本的な考え方」に関する報告書を公表した。これに従って，2011（平成 23）年度以降，全国のブロックごとに，国，地方自治体，物流事業者等の関係者による協議会が設置され，緊急支援物資の円滑な補給方法について検討されている。

　内閣府は，熊本地震を踏まえた応急対策・生活支援策検討ワーキンググループによる「熊本地震を踏まえた応急対策・生活支援策の在り方について（報告）」を，2016（平成 28）年 12 月 20 日に公表した。ここでは物資輸送について，① 官民連携による輸送システムの全体最適化（民間物流事業者との連携，物流事業者の物資拠点の活用，被災地外での拠点設置），② 個人や企業によるプッシュ型物資支援の抑制，③ 物資輸送情報の共有（輸送管理システムの活用，タブレットやスマートフォンの活用），④ 個人ニーズを踏まえた物資支援（時間経過に伴うプッシュ型からプル型・現地調達型への移行）などを示している[4]。

11.4.3　提案 1：緊急支援物資の供給システムの高度化

　政府や自治体による「緊急支援物資の供給システム」の実効性をより高めるためには，以下の 3 つが考えられる（図-11.5）。

　第 1 は，「プッシュ型とプル型供給のバランス」である。大災害の被災直後は，情報伝達手段の断絶や，被災者自身が必要な物資を把握できないことが多いため，被災者に必要な物資を想定して送り込む「プッシュ型の供給」が必要となる。しかし時間経過とともに被災者のニーズも多様化するため，「プル型の供給」が必要となる。このため，内閣府の報告のように，被災後の時間経過とともに「プッシュ型からプル型への移行」が必要となる。

　第 2 は，プッシュ型供給の場合に，被災者の必要物資を想定して，まとめて送

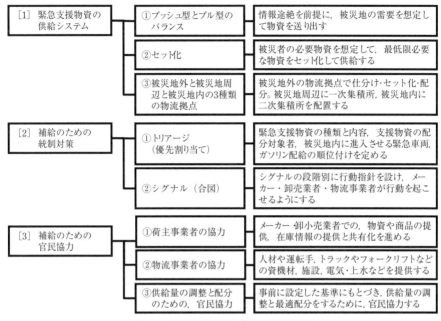

図-11.5　緊急支援物資の「補給」対策の提案

る「セット化」である。被災地で被災者自身が物資の仕分け作業をおこなうことを避けるために，必要な物資を被災地外でセット化しておくことが望まれる。たとえば冬の被災直後であれば，「冬山3泊4日」を想定し，食料品セット（飲み物，非常用ごはん，おかず缶詰，はし・スプーンなど）や生活用品セット（毛布，使い捨てカイロ，タオル，歯磨き粉，歯ブラシ，ティッシュペーパー，石鹸，バケツ，ヒシャクなど）を用意する。「乳児用セット」，「高齢者用セット」，「高血圧患者用セット」なども考えられる。

　第3は，「被災地外と被災地周辺と被災地内の物流拠点」である。被災地の負担を少なくするために，緊急支援物資の仕分けや配分の作業は，なるべく被災地外におこなう必要がある。このとき，① 被災地外において都道府県が運営する一次集積所を設け，② 被災地周辺には市町村が運営する二次集積所を設ける。そして，③ 最終的に避難所に配送する。

　この「一次集積所・二次集積所・避難所」という3段階の体制は，東日本大震災と熊本地震の供給体制や，内閣府が想定する体制と同じである（**図-11.6**）。

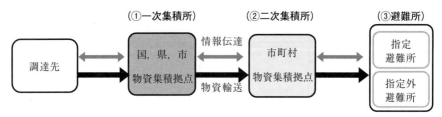

図-11.6　緊急支援物資輸送の3段階

11.4.4　提案2：補給のための統制システムの整備

　災害時は，平常時とは異なって，意思決定を短時間で的確に行うことは難しい。このため，次の2つについて，あらかじめ意思決定のルールを決めておくべきである。

　第一は，「トリアージ（優先割当て）」である。トリアージとは，医療分野の用語であり，「多数の患者を重傷度と緊急性から選別して，最も多くの人を救うように治療の順序を設ける危機対処方法」である。一般には，黒（回復の見込みのない者，もしくは治療できない者），赤（生命にかかわる重傷者でいち早く治療すべき者），黄（ただちに治療が必要ではないが，赤になる可能性のある者），緑（至急の治療が不要な者）に分けられる。

　このトリアージの考え方を参考に，緊急支援物資の種類と内容，支援物資の配分対象，被災地内に進入する緊急車両，ガソリン配給の優先順位などを，あらかじめ決めておく必要がある。

　第二は，「シグナル（合図）」である。シグナルとは，「一斉に行動を起こすための合図」である。気象警報や避難勧告などのさまざまな行動基準や段階に対応させて，救援や物資補給のシグナルを設定する必要がある。

　たとえば，大震災が起きたときに「シグナル3」と政府が宣言すると，あらかじめ決めておいた行動基準に従い，メーカーや卸小売業者や物流業者が，一斉に行動を開始する。次に，メーカーや卸小売業者は緊急支援物資を展示場や体育館などに運ぶ。さらに，物流業者や卸小売業者は食料品セットや日用品セットなどをつくる。そして，輸送会社はトラックに物資を積み込み被災地に向かうのである。

11.4.5　提案 3：補給のための官民協力体制

　災害時の民間企業は，政府や自治体の要請に基づき，緊急支援物資の提供や輸送の支援を行うことになる。このとき，荷主事業者（メーカー，卸小売業者）の協力，物流事業者（輸送業者，保管業者）の協力，供給量の調整と最適配分における官民協力，の 3 つが重要である。

　第一の「荷主事業者の協力」では，「在庫情報の提供」と「在庫物資の提供」が重要である。メーカーと卸小売業者にとって，「実際の在庫量」は秘匿しておきたい情報であるが，「被災時に提供できる品目と量」であれば公表しやすい。この「緊急支援物資として提供できる品目と量」を，あらかじめ行政に届けておくことで，災害が起きたときにただちに緊急支援物資の適切な調達が可能となり，速やかな被災地への配分も可能となる。

　第二の「物流事業者の協力」では，「輸送保管のための人材・資機材の提供」と「施設や設備の提供」が重要である。とくに緊急支援物資の輸送や仕分け作業において，物流事業者が「提供可能な人材・資機材の量」を，あらかじめ行政に届けておくことで，災害が起きたときにただちに人材と資機材の適切な調達が可能となり，円滑な救援活動が可能となる。

　第三の「供給量の調整と最適配分における官民協力」では，情報提供と物資配分が重要である。つまり，平常時や小さな災害であれば，必要な量の物資を供給しても在庫が払底することはないが，大規模災害になると被災者数が多くなるため物資の需要量も多くなり，在庫や生産が追いつかずに供給できないことが予想できる。そのため，緊急支援物資の供給可能量が需要量を下回り十分に供給できないときは，官民協力のもとで，被災地の供給先に優先順位をつけて，不十分な物資でも適切に配分する必要がある。

11.5　生活物資の備蓄対策（災害発生前の予防措置）

11.5.1　大規模災害における「補給」の限界

　過去の震災においても，緊急支援物資供給では一部に深刻な問題があった。しかし，発生が危惧されている首都直下型地震（予想被災者 3 000 万人）などは，東日本大震災（被災者 900 万人）よりも格段に被害が大きくなるはずである。

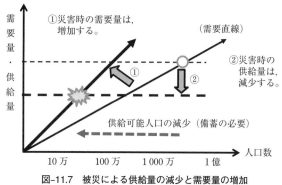

図-11.7 被災による供給量の減少と需要量の増加

　一般に，被災規模が大きいほど，緊急支援物資の需要量は多くなるが，同時に工場や従業員も被災し原材料の供給も滞るため，生産可能量も供給可能量も小さくなり，物資を供給できる被災者の数も限られてしまう。またライフライン（水道網や電力ネットワーク）が破断したり，生産設備が壊れたり，原材料を保管する倉庫が被災すれば，工場（例，食品工場）での生産自体が不可能になる（図-11.7）。

　さらに輸送するには，運転手・燃料・トラックが必要になるが，1つでも欠ければ輸送できない。道路もただちに修復できずに，通行できないことも考えられる。

　この結果，被災規模が大きくなるほど，外部から緊急支援物資を「補給」できない可能性が高くなるため，被災地内での「備蓄」が不可欠になる。このとき「備蓄」というと，政府と自治体の備蓄や企業の在庫を当てにする風潮があるが，大規模災害では，在庫量も不足し，物資輸送も滞ることが想定される。

　よって，生産や輸送を含め「補給できない事態」に備えて，通常の生活の場（家庭，職場，学校など）で，「食料品や生活物資を備蓄」する必要がある。

11.5.2　提案1：家庭における「防災グッズの備蓄」

　被災後の72時間が生存の限界といわれていることから，この72時間は救命が最優先なので，物資供給は被災後の4日目以降になることが多い。このため，「72時間内は，可能な限り被災地内の備蓄物資や，店舗などの在庫物資でまかなうこ

第11章　災害のロジスティクス計画

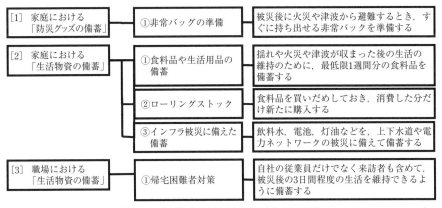

図-11.8　食料品と生活物資の「備蓄」対策の提案

と」が原則であり，できれば7日分の備蓄が望ましい（図-11.8）。

　発災直後の火災や津波からの避難では，すぐ持ち出せる非常バッグが必要である。首相官邸は，非常バッグの準備として，以下の持ち出し品を提示している。つまり，①飲料水，②食料品（カップ麺，缶詰，ビスケット，チョコレートなど），③貴重品（預金通帳，印鑑，現金，健康保険証など），④救急用品（ばんそうこう，包帯，消毒液，常備薬など），⑤防災用品（ヘルメット，防災ずきん，マスク，軍手，懐中電灯），⑥衣類等（衣類，下着，毛布，タオル），⑦日用品（携帯ラジオ，予備電池），⑧衛生用品（使い捨てカイロ，ウェットティッシュ，洗面用具など）である。

　総務省消防庁で推奨している非常持ち出し袋も，ほぼ同じ品目である。

11.5.3　提案2：家庭における「生活物資の備蓄」

　人々の日常生活の起点である家庭では，次の3つの視点にもとづき，生活を維持するための食料品や生活用品を備蓄しておく必要がある。

　第一は，「食料品と生活用品の備蓄対策」である。最低限1週間分の食料品を備蓄すべきと考えられている。

　家庭での備蓄については，農林水産省の「緊急時に備えた家庭用食料品備蓄ガイド」（2014（平成26）年2月5日）に示されている。主食21食分として，①精米または無洗米，②レトルトご飯・アルファ化米，③小麦粉，④パン（食パン），

205

Ⅱ　社会・経済

⑤もち，⑥乾麺（うどん，そば，パスタ），⑦乾パン・パンの缶詰，即席麺・カップ麺，などがあげられている。主菜には，①肉・魚・豆などの缶詰，②レトルト食品，③豆腐（充填），④乾物（カツオ節，桜エビ，煮干し等），⑤ロングライフ牛乳などである。これ以外に，副菜として，①野菜・山菜・海草類，②汁物（インスタントみそ汁など），③果物，④その他（調味料，嗜好品，菓子類など）もある。

　第二は，「家庭での備蓄においてローリングストック（回転備蓄）の導入」である。つまり，日常食べているインスタント食品や缶詰は賞味期限が長いので，買いだめをしておき古い商品から消費するのである。このように「なくなったから購入」ではなく，「備蓄量を下回りそうだから購入」という考え方に転換して，常に一定量を備蓄しておくことが重要である。

　第三は，「インフラの災害に備えた備蓄対策」である。電気は比較的早く復旧する可能性が高いものの，災害の規模によってはガスや水道の復旧作業に1週間から数週間を要することもある。このため，電池や灯油の備蓄などとともに，飲料水については備蓄とポリタンクの準備が不可欠である。

11.5.4　提案3：職場における「生活物資の備蓄」

　東日本大震災では，帰宅困難者が問題となった。津波や火災からはただちに避難しなければならないが，緊急避難の必要がない場合には，「動けば被災者，留まれば救援者」となる可能性が高い。そこで，帰宅困難者として被災することを避けるためには，帰宅せずに職場にとどまる必要がある。これにより，被災者を減らすとともに，自らは救援者になることができる。だからこそ，発災時にいた場所（家庭，職場，学校など）での安全を確保し，移動による危険を回避しながら，何日間か生活（籠城）する方法を考える必要がある。

　職場での備蓄については，東京都が2012（平成24）年3月に「東京都帰宅困難者対策条例」を制定した。ここでは従業員向けの備蓄例として，3日分の備蓄（水は1人1日3Lで9L，主食1日3食で9食分，毛布1人1枚）を目安とし，備蓄品には，ペットボトル，アルファ化米，クラッカー，乾パンなどをあげている。

　このとき，従業員だけでなく，来訪者や避難してくる帰宅困難者を含め，最低限3日間程度の生活を維持できるように備蓄しておく必要がある。

11.6 災害時のロジスティクスを維持するための都市防災計画

11.6.1 ロジスティクスからみた都市計画の施設整備と制度導入

　従来の都市防災計画は，耐震防火や避難に重点が置かれてきた。もちろん，これらの対策も重要だが，被災者の生命維持という点では，緊急支援物資の供給という視点を加味して，ハードな都市施設の整備と，ソフトな都市計画制度の導入が必要である（図-11.9）。

11.6.2 提案1：都市施設の整備（シェルター化，物流拠点化，自治体補助）

　ハードな施設整備には，シェルター化，物流拠点化，自治体の補助がある。
　第一の「シェルター化（籠城拠点化）対策」とは，コミュニティの核となる小中学校や公民館などを耐震化し，避難所と備蓄倉庫を兼ねた「シェルター化（籠城拠点化）」としておくことである。また，マンションやオフィスなどの大規模建築物も，食料品や日用品を備蓄することでシェルター化が実現できれば，補給が断たれても生命を維持できる。
　2012（平成24）年9月14日に建築基準法の施行令が改正され，高層ビルにおいて備蓄倉庫と非常用電源装置を設けやすいように，その分の床面積が容積率の

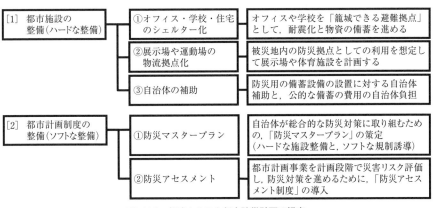

図-11.9　物流からみた都市防災計画の提案

Ⅱ　社会・経済

算定対象から外された。このような対策をさらに進め，周辺住民用の避難場所の確保を条件に，ビルの容積率を割り増す方法もある。さらには，高層マンションなどでの，数階おきの備蓄倉庫の設置や，非常用電源装置・非常用給水設備などの附置を義務づける制度も有効だろう。

第二の「物流拠点化対策」とは，過去の災害でも避難所として利用したように，小中学校や展示場や体育館や運動場などの公共施設を，あらかじめ避難拠点と物資集積拠点を兼ねた施設として，計画設計しておくことである。

つまり，災害時の利用を前提に，「たまたま災害がないから展示場だが，本来は避難所ないし防災拠点」と考えれば良い。そして，フォークリフトの走行可能な床やトラック用の出入口を確保し，物資の保管方法や配置場所も設定し，物資の取扱い方法をマニュアル化しておくのである。

第三の「自治体の補助」とは，防災用の備蓄設備の設置費用の自治体負担である。

例えば，離島では台風などの自然災害による欠航での燃料不足に備えて，あらかじめ離島内での石油の備蓄費用を行政が補助している。このような官民連携を進めて，さまざまな生活物資の備蓄を考える必要がある。

11.6.3　提案2：都市計画制度の導入（防災マスタープラン，防災アセスメント）

都市計画制度の導入には，防災マスタープランと防災アセスメントがある[5]。

第一の「防災マスタープラン」とは，総合的防災対策に取り組むための計画である。

マスタープランで考慮すべき項目には，ハードな施設設備として，建物の耐震設計や免震設計，避難路と避難施設の整備，居住者用の備蓄倉庫と物資の備蓄，非常用電源などがある。ソフトな規制誘導には，メーカーや卸小売業者や物流業者との連携，都市施設（公園，学校，体育施設など）の災害時の利用マニュアル，町会や自治会などの防災活動ネットワーク化などがある。

第二の「防災アセスメント」とは，環境アセスメントの防災版であり，日本都市計画学会の防災・復興問題研究特別委員会の第3部会が提唱している[6]。

都市計画事業の計画段階において，災害リスクを評価し，想定される被害レベルを前提に，耐震・耐火の確認，避難方法の設定，災害時のための公共施設の計画設計，生活物資・エネルギーの供給方法などをチェックするものである。

208

第11章 災害のロジスティクス計画

11.7 これからの災害のロジスティクス

11.7.1 ロジスティクスの意識改革への期待

ロジスティクスには，多くの誤解と錯覚がある。たとえば，仕分け作業や荷役の重要性が考慮されず，「輸送さえすれば届くと『誤解』」されがちである。とくに企業では，平常時の在庫削減や物流コスト削減の意識が強すぎて，「多少の被災なら企業活動は継続可能とする『錯覚』」に陥りがちである。加えて，商品価格と配送料を区別する諸外国と異なって，時間指定の配送サービスさえも「送料無料」と喧伝するほどの社会風土がある。

しかし，世界の大地震の4分の1が起きる我が国だからこそ，家庭や職場での生活物資と，企業の工場や倉庫での原材料や製品について，補給対策と備蓄対策を確立する必要がある。そのためには，ロジスティクスに関わる誤解と錯覚を解きながら，災害のロジスティクス計画を確立する必要がある[7]。

11.7.2 先人の知恵を活かした都市防災計画への期待

都市防災計画の中心は耐震・防火や避難計画であり，昭和40年代には東京都で木場公園や白髭防災地区などの防災拠点計画が立てられた。しかしそれ以降は，都市計画の主要課題が国際化・情報化や環境へと移り，都市防災計画が停滞するとともに，災害時のロジスティクスの計画はほとんどなかった。

しかし，我が国の歴史を振り返ると，防災について多くの知恵と工夫を凝らしてきた伝統がある。たとえば，災害を避けるように城や神社の立地地点を選択し，城下町では防衛と防火を兼ねた寺町や火除地をつくり，さらには河川沿いに蔵を設けて物資を備蓄し，水害の多い地域には水塚や輪中などを設けてきた。

これら先人たちの知恵と工夫を現代に活かしながら，より具体的で総合的な都市防災計画の確立と，「災害という名の『兵糧攻め』」に対処するための災害のロジスティクス計画の確立を期待している。そして，市民・企業・行政の協調のもとで，災害への備えがより進むことを望んでいる。

Ⅱ　社会・経済

コラム　ロジスティクス

　ロジスティクス（Logistics, 兵站^{へいたん}）は，もともと戦略・戦術とならぶ三大軍事要素の一つであり，「食糧・兵器・弾薬などを調達し，前線の兵士に補給すること」であった。しかし我が国は，過去に兵站の不備で敗戦を迎え，現代でも物資供給に対する意識と認識は低い。そのため，都市計画においても，ロジスティクスは軽視されがちである。

　しかし，世界の大都市が物資供給のために水辺に面しているように，都市にロジスティクスは不可欠である。その昔，水汲みに行く移動性（モビリティ）よりも，水道で水を手に入れる可用性（アベイラビリティ）が文明の証だったように，人々に物資を届けることは都市のインフラである。

　ロジスティクスからみたとき，これからの我が国に不可欠な対策は，災害対策と少子高齢化対策と考えている。この２つの対策の共通点は，「移動のための計画から，届けるための計画への変化」である。

　それゆえ，食料や生活物資を確保し生命をつなぐためのロジスティクスは，災害時も平常時も，より重要になっていくに違いない。

＜参考文献＞

1)　内閣府国土強靱化推進本部：「国土強靱化基本計画 – 強くて，しなやかなニッポンへ –」，pp.2–13，および「国土強靱化アクションプラン 2014」，pp.1–3，pp.51–53（2014）

2)　苦瀬編著：『サプライチェーン・マネジメント概論』，pp.23–24，pp.247–269，白桃書房（2017）

3)　苦瀬博仁，渡部幹：「大規模災害に備えた緊急支援物資の供給システムの構築」，『都市計画』，第318 号（64 巻 6 号），pp.68–71，日本都市計画学会（2015）

4)　内閣府：ホームページ（2016.12.28）http://www.bousai.go.jp/updates/h280414jishin/h28kumamoto/okyuseikatu_wg.html

5)　苦瀬博仁：「災害時の物資供給のための都市防災計画」，『都市問題』，107 巻，9 号，pp.36–39，後藤・安田記念東京都市研究所（2016）

6)　日本都市計画学会 防災・復興問題研究特別委員会社会システム再編部会（第 3 部会）：「社会システム再編部会（第 3 部会）報告書」（2012.11）

7)　苦瀬博仁：『ロジスティクスの歴史物語』，白桃書房（2016）

第12章
災害対策における情報インフラの利活用

山本佳世子

12.1 災害対策における情報インフラの利活用の必要性

　我が国では，2000年に「高度情報通信ネットワーク社会形成基本法（IT基本法）」が施行されるとともに，同年の「e-Japan」では日本型IT社会の実現を目指す構想，戦略，政策が提案され，2006年の「u-Japan」では2010年に「いつでも，どこでも，何でも，誰でも」ネットワークに容易につながる社会の実現が目指されてきた。また2010年には，「デジタル安心・活力社会」の実現を謳った「i-Japan2015」が提案された。そして現在では，「u-Japan」で目指されてきたユビキタスネット社会から，さまざまな情報ツールからインターネットにつながることができるクラウド・コンピューティング社会へ移行している。そのため，時間と場所を問わず，インターネットにつながる情報通信環境さえあるのならば，PCに加えてスマートフォンやタブレット型端末等の携帯情報端末などでも，インターネットが利用できるようになったため，いつでも，どこでも，何でも，誰でも容易に情報発信できるようになった。

　またさまざまなソーシャルメディアの普及により，言葉だけではなく画像，動画，音声などを組み合わせた複合的な形態での情報発信が可能になっている。中央防災会議の防災対策推進検討会議最終報告書（2012）でも，行政の情報収集には限界があり，さまざまな主体が収集・発信する情報を活用するために，ソーシャルメディアを含む民間メディアからの情報収集の必要性が示されている。同様に地理空間情報（G空間情報）の活用は，状況認識の統一や意思決定支援など

Ⅱ　社会・経済

できわめて有効であるため，静的情報については平常時から整備共有を進め，動的情報は迅速に収集するしくみを構築する必要性が示された。さらに防災基本計画（2015年修正）においても，地理情報システム（Geographic Information Systems：GIS）は災害対策を支援するために構築が推進されるものであると位置づけられている。このようなことから，強い伝播力を持つソーシャルメディア，デジタル地図を用いた情報の蓄積・共有化が可能なGISが，現代のわが国では情報インフラの基幹となっており，災害対策においてきわめて重要な役割を果たすと考えられる。

　近年では世界各地で，地震災害だけではなく，火山噴火，台風や局所的豪雨，豪雪などの気象災害の発災頻度も増え，自然災害対策が最重要課題になっている。また災害対策としても情報インフラは強靭化が進められており，わが国の情報通信環境や情報システムに対する社会的受容性は近年大きく変化している。そしてこれらは今後も変化し続ける可能性が予想でき，災害対策としてこれらについてどのように考慮するのかは重要な論点となりうる。そこで本章は，情報通信環境の変化に伴うコミュニケーション手段の多様化，災害時の情報インフラの利活用について明示したうえで，災害対策のためのシステム開発例について紹介し，情報インフラの利活用の課題について論じることを目的とする。

12.2　情報通信環境の変化に伴うコミュニケーション手段の多様化

12.2.1　超スマート社会の到来

　我が国では1995年11月に「科学技術基本法」に公布・施行され，この法律に基づいて1996年から5年ごとに「科学技術基本計画」を政府が策定している。最新の第5期科学技術基本計画は2016年1月に閣議決定され，第一の柱として「未来の産業創造と社会変革（世界に先駆けた「超スマート社会」実現）」が明確に打ち立てられた。第5期計画による「超スマート社会」の定義は，「必要なもの・サービスを，必要な人に，必要な時に，必要なだけ提供し，社会のさまざまなニーズにきめ細かに対応でき，あらゆる人が質の高いサービスを受けられ，年齢，性別，地域，言語といったさまざまな違いを乗り越え，活き活きと快適に暮らすことのできる社会」である。また「超スマート社会」は，「狩猟社会」，「農耕社会」，

212

「工業社会」,「情報社会」の次に到来する社会と位置付けられており,この新しい社会の実現に向けた一連の取り組みが「Society5.0」であるとされている。第5期科学技術基本計画を受けて刊行された平成28年度版科学技術白書では,「超スマート社会」では「膨大なデータ量を背景に従来のものづくりやエネルギーなどの分野が分野の枠を超えて相互に作用することであらゆる人に高度なサービスの提供が可能になる」,「危険な労働や肉体労働,専門的職業での代替が進み,創造的な仕事への注力が可能になる」と述べられている。そして2035年頃の自然災害時の効率的な救助や支援の在り方などについて具体的に例示している。

12.2.2　情報通信環境とコミュニケーション手段の多様化

図-12.1 は過去20年間のPC,インターネット,携帯電話の普及率を示したものである。1995年には阪神・淡路大震災,2007年には新潟県中越大地震,2011年には東日本大震災が発災した。**図-12.1** に示されるように阪神・淡路大震災時から現在までに高度情報通信ネットワーク化の進展は著しく,私たちを取り巻く情報通信環境は大きく変化している。阪神・淡路大震災の発生時期は,PCでのインターネットが利用されるとともに,携帯電話も一般に普及しつつあった時期ではないだろうか。これに対して現在の情報通信環境は複雑化しており,PCに

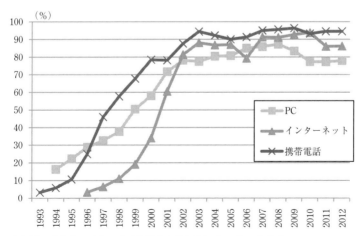

［出典］　内閣府：平成24年度版消費者動向調査（2013）より作成

図-12.1　PC,インターネット,携帯電話の普及率

Ⅱ　社会・経済

加えてスマートフォンやタブレット型端末等の携帯情報端末などでも，インター
ネットが利用できるようになったため，誰でも容易に情報発信ができるように
なった。データ取得の制限上，近年のデータは平成 28 年度版情報通信白書のも
のを参照すると，2015 年には携帯電話・PHS は 95.8％，スマートフォンは
72.0％，PC は 76.8％，タブレット型端末は 33.3％の普及率となっていた。それ
ぞれの普及率は，過去 10 年間において携帯電話・PHS はほぼ横ばい傾向，PC
は微減傾向，スマートフォンとタブレット型端末は増加傾向にあった。スマート
フォンやタブレット型端末のような携帯情報端末の近年の急速な普及により，個
人がその場その場で情報発信したり，検索したりすることや，他者とコミュニケー
ションを取ることができるようになったのである。

　表–12.1 は，平日・休日別に，主なコミュニケーション手段の年代別平均利用
時間を示したものである。利用時間で見ると，平日は全体ではメールが最も長く
29.1 分，次いでソーシャルメディア 19.6 分であるが，休日になるとそれぞれ
22.4 分，29.0 分と平日とは逆転していた。年代別に見ると若年層では，平日はソー
シャルメディアの平均利用時間は 10 歳代が 57.8 分，20 歳代が 46.1 分と，メー
ルの平均利用時間よりも長く，休日は若年層のソーシャルメディアの平均利用時

表–12.1　主なコミュニケーション手段の年代別平均利用時間（2015 年）

【平日】 （単位：分）

コミュニケーション手段	全体	10 歳代	20 歳代	30 歳代	40 歳代	50 歳代	60 歳代
携帯通話	6.5	2.8	5.1	7.7	7.6	7.7	5.8
固定通話	1.9	0.0	5.8	0.7	1.3	2.0	1.4
ネット通話	2.1	4.4	5.9	2.1	0.9	0.9	0.3
ソーシャルメディア利用	19.6	57.8	46.1	16.3	14.7	6.2	2.0
メール利用	29.1	17.0	36.4	32.9	34.6	35.0	15.3

【休日】 （単位：分）

コミュニケーション手段	全体	10 歳代	20 歳代	30 歳代	40 歳代	50 歳代	60 歳代
携帯通話	5.3	6.3	7.7	6.4	3.9	4.7	4.1
固定通話	0.7	0.2	0.2	1.0	0.5	0.6	1.5
ネット通話	4.1	10.7	11.3	3.8	2.8	1.0	0.2
ソーシャルメディア利用	29.0	93.3	70.5	24.9	18.2	7.4	2.3
メール利用	22.4	20.3	38.8	23.1	20.2	23.2	12.4

［出典］　総務省：平成 28 年度版情報通信白書（2016）より作成

間がさらに長くなる傾向が見られた。また全年代で，平日・休日ともに，携帯通話，固定通話，ネット通話の平均利用時間が，メールの平均利用時間よりも短いことが共通していた。またソーシャルメディアの平均利用時間も，50歳代，60歳代を除いて，携帯通話，固定通話，ネット通話のものよりも長かった。したがって年代層による相違はあったものの，若年層を中心として，ソーシャルメディアが日常生活におけるコミュニケーション手段として浸透していることが明らかである。

12.2.3　情報インフラの基幹としてのGISの機能と役割

　GISでは多様な情報源から大量の空間データを取り込み，デジタル地図を利用したデータベースを作成するとともに，データベースを効率的に蓄積・検索・変換・解析して地図を作成し，情報提供・共有化や意思決定支援を行うことができる。このため公共選択を行うにあたって，重要な役割を果たす情報システムであるといえる。GISは現在では実に多面的に利用されている情報システムの一つになっている。カーナビゲーションや地図検索システムなどの形態では，日常生活において「GIS」ととくに意識せずとも利用している人々が多いのではないだろうか。また東日本大震災（2011年），熊本地震（2016年）では，カーナビゲーションシステムを提供する民間企業が保有するビッグデータを提供したおかげで，自動車が通行可能な道路の情報を多くの人々が取得することができた。この点についても，前出の中央防災会議の防災対策推進検討会議最終報告書（2012）では反映されており，民間企業が保有する情報の共有を進めることとともに，情報を取り扱う上での注意事項について記述されている。

　我が国では阪神・淡路大震災（1995年）の被害状況についてGISによりデータベース化し，復興計画に対して情報提供を行ったことから，その有用性が認識されるようになった。前述のGISに関連した法律として，前出の「IT基本法」に加え，2010年12月には「地理情報利用推進基本法」が相次いで施行され，現在では私たちの日常生活のさまざまな側面での利用が大いに期待されている。またGISが扱うG空間情報データは最も重要な情報インフラの一つであり，国土交通省国土地理院では上述のように阪神・淡路大震災を契機として国土空間基盤としてのデジタル地図などの整備を行うとともに，一般への提供も積極的に進め

ている[1]。また民間企業，地方自治体においてもデジタル地図の整備は進んでおり，地上空間だけではなく地下空間の三次元地図の整備も進みつつある。したがって，このように多様な主体が整備を進めているデジタル地図を，どのように共有化するか，どのように更新および維持・管理を進めていくかが課題となる。災害対策としては，例えばデジタル地図を基盤として，過去の災害に関する記録と記憶のアーカイブ化を行うことが期待できる。

GISは，図-12.2に示すように，データベース作成機能，情報解析機能，情報共有化・提供機能，意思決定支援機能の大きく4つの基本的な機能を持ち，これらの機能を利用して現実世界と仮想世界をつなぎ，人や社会と密接なかかわり合いを持つ情報システムであるといえる。山本（2015）は，GISの情報提供・共有化機能，意思決定支援機能を併用し，市民参加型GISからさらに踏み込み，ソーシャルメディアとWeb–GISを統合することにより，図-12.2に示すようにGISに利用者間における双方向性のコミュニケーション機能を持たせることが可能で

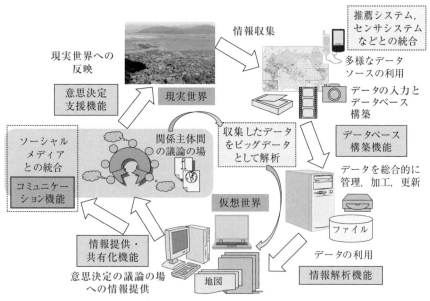

[出典] 山本(2015)より引用

図-12.2 GISの諸機能と社会とのかかわり合い

第12章　災害対策における情報インフラの利活用

あることを示した。そして従来型の Web–GIS とは区別して，「ソーシャルメディ
ア GIS」と呼ぶ新しい GIS を提案し，多様な分野におけるシステム開発の事例に
ついて紹介した。またソーシャルメディア GIS を利用することにより，デジタ
ル地図を基盤とした多様な主体の参加による e-コミュニティが形成され，地域
社会においてさまざまな課題に関する議論が深まり，地域活動が推進される可能
性を示唆した。

　さらに GIS で利用するデータは，行政，民間企業など多様な機関から提供さ
れるオープンデータであるとともに，多種類，大容量のビッグデータでもある。
この視点に立脚すると，GIS では多様な静的オープンデータかつビッグデータを
利用して，動的なリアルタイムオープンデータを生成することが可能になるとい
える。また生成されたデータは，GIS の情報解析機能と他の情報システム，手法
などとの併用により，多様な解析を行うことができる。つまり，GIS は他のシス
テムと結びつくことにより，既存の機能を強化するとともに新しい機能を創出す
ることができるため，**図–12.2** に示した現実世界と仮想世界をつなぐ情報の循環
において，中心的な役割を果たすことが期待できるのである。このような優れた
独特の機能を持つ GIS は，本章冒頭で述べたように，多様な情報システムの中
でも，今後の防災・減災対策，被災地域における復旧・復興において重要な役割
を果たす情報インフラの基盤となりうる。

12.3　災害時の情報インフラの利活用

12.3.1　東日本大震災時の情報通信手段の多様化・重層化

　阪神・淡路大震災時の情報通信状況は，被災地域とその周辺では電話や交通機
関が途絶し，ドーナツのように被災地中心部の情報が空白になってしまった。ま
た情報発信は，主に新聞，ラジオ，テレビなどマスメディアを通じて一方向的に
行われていた。とくに発災直後にはほぼすべての情報がラジオやテレビを通じて
報道され，インターネットは主に救出・救護段階以降に使用されていた。これに
対して東日本大震災時には，情報通信手段の被害も甚大であったため，発災直後
は情報伝達の空白地域が広範囲で発生したが，情報空白域を最小化しようとする
取り組みが行われた。被害が広域的かつ甚大であったこともあり，マスメディア

では限界のある，きめ細やかな情報を送ることが可能なソーシャルメディアなどの新たなメディアも用いられた。そしてインターネットなどを活用して，震災直後からさまざまな情報発信が行われるとともに，ボランティアなど後方支援を行う取り組みなども行われた。しかし災害時におけるインターネットの利活用については，通信量の厖大化や通信途絶，デマ情報やチェーンメールへの対応などさまざまな課題も浮かび上がった。

　一方，携帯電話各社では，大規模な災害時に携帯電話やスマートフォンで安否確認ができる「災害用伝言板」を提供している。このサービスでは大きな災害が発生した時に，被災地域の方々が携帯電話やスマートフォンから自身の状況を安否情報として登録し，全世界から確認可能である。またあらかじめ指定した家族や友人などの周辺の人々に対して，災害用伝言板に登録したことをメールで通知すること，被災地域の方々に災害用伝言板への安否情報の登録を依頼することも可能である。

　以上に加えて，従来型のマスメディアとソーシャルメディアの融合も見られた。NHKや民放放送局各社によるニュースのインターネットへの同時配信，インターネットのラジオ radiko による情報提供などがあげられる。公共機関もソーシャルメディアを用いた情報発信を行い，国，地方自治体などがソーシャルメディアを公式な情報発信手段の一つとして活用し始めるとともに，被災地域の新聞や放送事業者による Twitter での情報発信も行われるようになった。このように多様かつ重層的な情報通信手段の利活用により，震災直後から映像・文字により被災地情報が多様なメディアを通じてリアルタイムに発信された。

　とくにソーシャルメディア上では，個人が情報発信者となっていた。具体的には，被災地の人々という個人が被災状況や救援要請を投稿するとともに，動画中継サイト上で被災地の様子をリアルタイムに配信するようになった。例えば Twitter では震災当日の3月11日から，救援を要請するハッシュタグ「#j_j_helpme」をつけたコメントが多数投稿された。またニコニコ生放送では，ニコニコニュース「地震速報」という番組名で，被害の状況をインターネットでリアルタイムに配信していた。このような試みにより，マスメディアが現場に入る前に，被害の状況がインターネットを通じて広く伝えられることもあった。

　さらに地域メディアも，情報通信手段として大きな役割を果たしていた。例え

第12章 災害対策における情報インフラの利活用

ば宮城県気仙沼市では，登米市の支援を受けて23日に「けせんぬまさいがいエフエム」を消防局内で開局した（2017年6月に放送を終了）。同じくFMの臨時災害放送局として，宮城県山元町では3月21日に「りんごラジオ」，亘理町では3月24日に「わたりさいがいエフエム（FMあおぞら）」が開局された（前者は2017年3月，後者は2016年3月に放送を終了）。また地域SNS（Social Networking Service：ソーシャルネットワーキングサービス）の全国連携による「大震災『村つぎ』リレープロジェクト」の活動もあげられる。岩手県盛岡市の地域SNS「モリオネット」が「学び応援プロジェクト」を立ち上げ，兵庫，尾道，春日井，宇治，掛川，葛飾など全国約20の地域SNSが連携した。

　以上で示したように地域メディアやソーシャルメディアが災害時には公共情報コモンズとなり，情報通信手段の多様化・重層化において大きな役割を果たした。とくにソーシャルメディアは私たちの日常生活に深く浸透しており，今や重要な情報インフラの一つになっているといえる。

12.3.2　災害対策としての情報インフラの強靱化の必要性

　情報インフラの強靱化にあたっては，まずはわが国の高度情報ネットワーク化社会への対応を考慮して，全国レベルでの情報インフラの強靱化が重要であり，災害時にも利用可能な情報通信環境（インターネットの接続，電気，情報端末の利用など）の整備が必要とされる。情報通信環境に関する問題は，自動車や気球などに搭載した移動性のインターネット基地局の災害時の設営，平常時からのインターネット基地局の増設，ハイブリッド自動車などを用いた電気供給，携帯情報端末のバッテリー持続時間の延長や緊急時の長持ちモードの実装など，関連分野における技術開発が急速に進みつつあるため，近い将来に解決される可能性が高い。さらに電源を確実に確保するためには，避難場所・避難所などの施設には発電機を設置することや，個人が予備の携帯情報端末のバッテリーを常備しておくことも望まれる。また震災発生直後に陸上の情報ネットワークが利用不可能な場合には，衛星通信網を利用することが検討し始められている。

　行政の情報通信手段の整備はとくに重要であり，これは災害時には行政のウェブサイトにアクセスが集中することを想定する必要があるためである。行政の情報通信手段が停止すると，災害対応だけではなく日常的な業務にも支障が出るお

219

Ⅱ　社会・経済

それがある。熊本地震（2016年）では，いくつかの地方自治体でウェブサイトにアクセスが集中してダウンすることもあった。またいくつかの地方自治体は発災後しばらく緊急モードでウェブサイトを運営しており，ウェブサイトからの一般的な情報の収集が困難になっていた。このため平常時から地方自治体の情報通信手段を強靭化することや，関係自治体間，遠隔地の自治体間でミラーリング[2]などの技術を用いてデータを共有し合うことにより，災害時には情報通信に関する役割を非被災自治体が代替できるしくみをつくることが望ましい。このような取組は，企業などにも当てはまる。

　地方自治体の庁舎が被災すると，これまでに蓄積された行政データ（デジタル形式と紙媒体形式の両方）が破損してしまうため，上述のように平常時から行政データのバックアップシステムを完備すべきである。また正確かつ迅速な被災状況調査の実施が必要であるため，衛星写真，航空写真をもっと有効に利活用することも提案できる。さらに現代のクラウド・コンピューティングの技術を活用し，罹災証明書などの書類の申請・発行を電子化する。行政だけではなく，地域社会の他の主体（住民，企業，大学・研究機関など）との平常時からの連携により，ICT–BCP（Information and Communication Technology–Business Continuity Plan）を早急に推進する必要性がある。

　このためには平常時から近隣自治体間で広域連携体制を構築し，災害時に備える必要がある。過去の災害の例では，被災地域の地方自治体において災害対応をほぼすべて行っていたが，とくに近隣の支援自治体間で役割分担を行うことを検討する必要がある。現代社会ではクラウド・コンピューティングが普及しているため，被災自治体と支援自治体との適切な役割分担により，復旧・復興を迅速に推進することが可能である。

　また災害対策としてのマイナンバーの活用も提案できる。マイナンバーを活用する目的として，支援者（医療従事者やボランティアなど）の資格や身元の確認，避難者の居場所や移動先の確認・管理，避難所管理が考えられる。たとえば新潟県三条市は，水害が過去に多発していた地域であり，2106年6月にマイナンバーを用いた避難所訓練を行った。しかしながらマイナンバーの導入では，カードやスマートフォン，生体情報などを用いた多様な認証方法を検討する必要がある。

第12章　災害対策における情報インフラの利活用

12.4　災害対策のためのシステム開発例

12.4.1　システム開発の背景

　我が国の場合には，行政の「知らせる力」としての災害情報提供手段の一つに
ハザードマップが用いられているが，多様な行政主体からハザードマップが提供
されており，統合化されていないため，住民が避難に必要な災害情報すべてが効
率的に伝えられていない。また行政のハザードマップには，住民が災害発生時に
実際に必要とする詳細な災害情報は掲載されていない。しかしながら防災・減災
対策としての「自助」，「共助・互助」，「公助」のうち，最も基本となるのは個人
による対策の「自助」である。災害発生時には消防隊などの救助の手が全被災者
に届くわけではなく，減災対策で被害を最小限に抑えるためには，一人ひとりが
日常生活において防災意識を高く持つことが必要となる。そのため常日頃から災
害発生時には危険な場所，避難場所などを的確に把握し，位置情報付きの災害情
報として蓄積することにより，住民の「知る力」を高めることが重要である。これ
を「共助・互助」，「公助」へとつなげるためには，平常時から住民，企業，地方
自治体などの地域社会の関係主体間での災害情報の十分な蓄積・共有が必要である。
　一方，近年の我が国では高度情報ネットワーク化社会が形成されているため，
情報システムの効果的な利用によって住民が所持する災害情報の収集・蓄積が可
能になっている。また「地域知」は，科学的知見に基づく「専門知」と住民の経
験が生み出す「経験知」に分類できる。「地域知」とは地域にかかわる情報，知識，
知恵の総称であり，行政組織や研究機関が蓄積してきた情報（「専門知」），地域
の人々が持つ知識，知恵が含まれている（「経験知」または「生活知」）。「地域知」
としての災害情報のうちでも「暗黙知」として存在する住民の「経験知」，「生活
知」を利用されない「埋没知」にしないように，情報システムを利用して蓄積・
整理・活用・公開できる「形式知」に変えて収集し，地域の関係主体間で蓄積・
共有することが必要不可欠となる。

12.4.2　システム開発

　本章の著者はこれらを踏まえて，災害対策を平常時，災害発生時，復旧・復興

時の三段階に分類して，各段階に対応した三段階の災害情報システムを提案した．これらの災害情報システムの開発にあたっては，本章で紹介した東日本大震災の時の公共情報コモンズの役割を参考に，ソーシャルメディアや GIS の特性や役割を考慮した．開発した災害情報システムの一例として，**図-12.3** には災害発生時のシステムの設計，**図-12.4** は同じシステムのインタフェースを示す．詳細なシステム開発と運用の成果については，Yamamoto（2015）を参照されたい．なお**図-12.3, 12.4** に示したシステムは，現在も本章の著者の研究室のウェブサイト[3] に掲載している．

平常時には減災対策としての災害情報の蓄積を目的とした．Web–GIS に SNS，Twitter というソーシャルメディアを加えて 1 つのアプリケーションとして統合し，地方自治体と地域住民が提供する災害情報を GIS ベースマップ上でマッシュアップすることにより，減災対策のための平常時における災害情報の蓄積を目的とするソーシャルメディア GIS を開発した．

災害発生時には避難行動支援を目的とした．上記の平常時のシステムを基盤として，利用範囲を平常時の減災対策から災害発生時の避難行動支援まで拡張し，

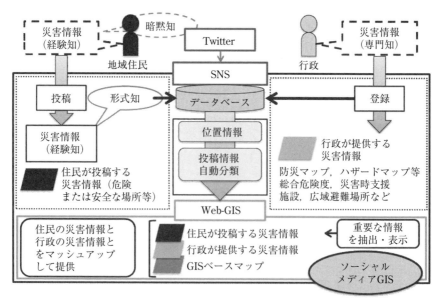

図-12.3　災害発生時のシステムの設計

Web–GIS と SNS を統合したソーシャルメディア GIS を開発した。利用範囲を拡大した最大の理由は，平常時からこのシステムを利用して慣れ親しんでおくことにより，災害発生時の緊急性がとても高い段階でも，このシステムを継続的にそのまま利用することが期待できることである。このシステムでは**図-12.4** に示すように，情報投稿・閲覧機能，多様な災害情報のマッシュアップという基本的な機能は平常時のものとほぼ同様であるが，さらに投稿情報分類機能，災害時支援施設確認機能が追加されている。前者では，投稿情報が危険性，安全性のうちのどちらに関連するものであるのか，テキスト情報からシステムが自動で判断し，Web–GIS のデジタル地図上に危険情報は赤色，安全情報は緑色の半透明で描画する。このことにより，災害発生時に避難者が避難行動中に携帯情報端末の小さな画面を見る時であっても，危険地域，安全地域を一目で判断することができる。また後者では，地方自治体の防災マップを参照し，災害時支援施設（避難所，帰宅支援ステーション，給水拠点など）に関する情報をあらかじめデータベースに格納している。利用者は災害時支援施設のカテゴリや現在地からの距離を任意に指定して検索し，付近の必要な施設を Web–GIS のデジタル地図上に表示させることができる。

　復旧・復興時には情報提供・情報交換を目的とした。複数地域間での情報交換を行うことができるソーシャルメディア GIS を開発した。このシステムは情報投稿・閲覧機能，システムの基本的な構成は平常時のものとほぼ同様であるが，コメント機能やボタン機能をさらに付加していた。コメント機能では複数地域間，特定地域内で利用者間のコミュニケーションを取ることができる。ボタン機能では利用者間でのコミュニケーションを取ることができるとともに，投稿情報の重要度を評価することにより，重要な投稿情報が埋没することを防ぐことができる。

　またこのシステムの目的は平常時と緊急時で異なっている。平常時は地域・観光に関する情報をそれぞれの地域内で発掘して発信し合い，複数地域間で交換すること，災害の復旧・復興段階などの緊急時は被災地域内外で必要なヒト・モノなどに関する情報を交換し，被災地域外から必要とされる場所にこれらを迅速に届けることである。緊急時には，被災地域内の利用者には被害に関する情報，必要なヒトやモノなどに関する情報を発信していただくこと，被災地域外の利用者にはこれらの情報に応答するとともに，必要な情報を送信していただくことを想

Ⅱ 社会・経済

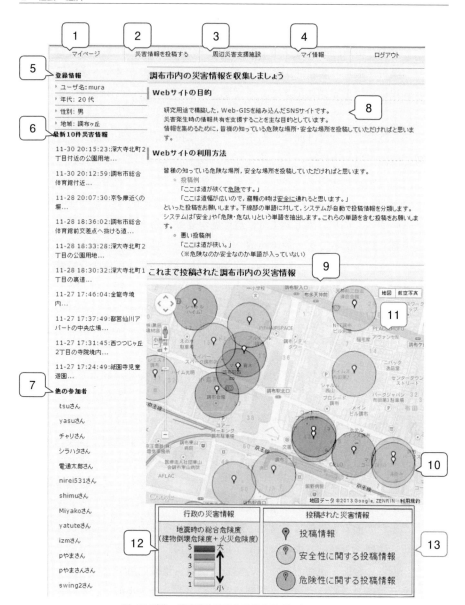

図-12.4(1) 災害発生時のシステムのインタフェース

第12章 災害対策における情報インフラの利活用

番号	内　容
1	災害情報を閲覧する画面に遷移する。
2	災害情報を投稿する画面に遷移する。
3	災害時支援施設を確認する画面へ遷移する。
4	利用者の登録情報を変更する画面へ遷移する。
5	利用者が登録したユーザ名，年代，性別，地域（居住地域または勤務地域）が表示される。年代，性別，地域は非公開とすることもできる。
6	投稿情報の最新10件が表示される。
7	他の利用者のユーザ名が表示される。
8	本システムの目的や利用方法が表示される。
9	Web-GISの画面であり，全ての災害情報が表示され，拡大・縮小，ドラッグしながら操作する。
10	利用者からの投稿情報の位置が白いマーカで表示される。投稿情報の内容が危険性または安全性に関すると分類された場合は，白いマーカの位置を中心として赤色または緑色の半透明の円が描画される。
11	調布市の防災マップに掲載された地震時の総合危険度が表示される。
12	調布市の防災マップに掲載された地震時の総合危険度の凡例が表示される。
13	利用者が投稿した情報についての凡例が表示される。

図-12.4(2)　災害発生時のシステムのインタフェース（つづき）

定する。姉妹都市などの日常的に地域交流を行っている地方自治体間で，このようなシステムを平常時から利用していただくことにより，災害の復旧・復興段階では被災地域の効率的な支援が実現できる可能性が期待できる。

　以上の三段階のシステムの運用成果から，地域社会において本システムの本格的な実運用を行うためには，地域コミュニティの代表者，地方自治体，警察，消防，大学・研究機関の研究者などの参加による運用・管理体制を運用対象地域の実情に合わせて構築することがまず必要であることが明らかになった。つまり，住民からの投稿情報を定期的に高頻度で確認し，万が一不適切な投稿情報を発見したら削除すること，投稿情報が前述の投稿情報分類機能で適切に分類されているか確認することなどにより，情報の信頼性や整合性を常時担保できる運営体制を構築することが望ましいといえる。また本システムには，地域コミュニティにおける防災訓練や避難訓練，帰宅困難者支援訓練，学校や地域コミュニティとの連携による防災マップや避難マップの作成における利活用も期待することができる。そして地域社会からの要望や社会環境の変化，情報インフラの進化などを考慮し，本システムを今後も継続的に改善し発展を図る必要がある。

Ⅱ　社会・経済

12.5 　災害対策における情報インフラの課題

　本章は，情報通信環境の変化に伴うコミュニケーション手段の多様化，災害時の情報インフラの利活用について明示したうえで，災害対策のためのシステム開発例について紹介し，情報インフラの利活用の課題について論じることを目的とした。情報インフラは災害対策としてだけではなく，平常時の日常生活をより豊かに快適に過ごしやすくするためにも，整備が図られる必要がある。とくにわが国では，少子・高齢化が全国的に進行しており，各地域の経済的・社会的な構造にも大きな影響が出つつある。このような問題を解決するためにも，全国各地で地域の実情に合った情報インフラの整備が必要とされている。たとえば全国的な情報通信環境の整備により，過疎地域において周辺に商店がほとんどなく「買い物難民」になってしまった方々にも，物流システムさえ整備されていれば，インターネット上で商品を購入するサービスを提供することができる。このようなサービスでは，一般的な自動車による物流だけではなく，ドローンでの商品の運搬も近年では検討されている。また国土交通省は建築・土木業界でも労働力人口の減少に対応し，ICT建設技術を統合＆進化させて，新たな取り組みの「i–Construction」を開始しており，ドローンやロボットを導入して少人数でも作業をできるような環境を整えつつある。

　しかしながらわが国では少子・高齢化のため，従来からの過疎地域だけではなく，コミュニティが維持不可能な限界集落も増えつつあり，地域の衰退化が深刻な問題になっている。とくに災害の被災地域ではこのような問題が深刻化し，復興の大きな妨げになっている。したがってこれらの経済的・社会的な変化に伴い，全国一律にインフラ全般を整備することは困難な状況になってしまっている。これは情報インフラにも該当することであり，全国的に同様なレベルで情報通信環境の整備を行うことは困難になっている。そのため「選択と集中」という考え方を適応して，経済的・社会的要因を指標として必要性の程度を評価し，インフラ整備の優先順位を付けることも検討せざるを得ない。そうすると，前述のような過疎地域におけるインターネットを用いたサービスの提供も困難になる可能性がある。このような状態になると，定住人口だけではなく交流人口の減少も進んで

第12章　災害対策における情報インフラの利活用

地域がさらに衰退化してしまい，地方創生とは逆行する状態になってしまうことが危惧される。

　また情報インフラ整備が進んだとしても，人々が実際の利活用を効率的に行うことができなければ，意味がないことになる。つまり，人々にも，進化を続ける情報通信環境に対応できる情報リテラシーの向上とともに，情報通信技術を適切に利活用するための情報倫理の習得が必要とされるのである。これは，過去の大災害において，従来型のマスメディアよりも格段に高い伝播力を持つソーシャルメディアが風評被害を増長させたことを見ても明白なことである。このように情報インフラ整備には，他のインフラとは異なり，ハード面とソフト面の両面からの対応が必要とされるのである。とくに災害対策としての情報インフラ整備では，平常時から慣れ親しんだシステムをそのまま災害発生後にも利用可能であることが必要不可欠である。

コラム　ソーシャルメディアによる双方向性のコミュニケーションの実現

　「ソーシャルメディア」と総称されるメディアには，もともと，SNS（Social Networking Service）と呼ばれる電子掲示板，Wiki，ポッドキャスト，ソーシャルブックマーク，Blog，Twitter，YouTube，Facebook，LINE などがある．ソーシャルメディアとは，ネットワークでつながった人々とコミュニケーションを取るという段階から SNS がさらに一歩進み，言葉だけではなく画像，動画，音声などを組み合わせた複合的な形態であるとともに，一般の人々が情報の送受信を行うことができるようになったことから用いられるようになった呼称である。

　現代の我が国では，日常生活の様々な場面において，特段意識されずとも，上記のいくつかのソーシャルメディアを利用された経験がある方々が少なくはないのではないかと思う。このようなメディアが発展してきた背景には，我が国において本章の冒頭で述べたようなクラウド・コンピューティング社会が実現されていることがある。またテレビ，ラジオ，新聞，雑誌などの従来型のマスメディアが一方向性の情報発信を大規模に行うことに適している

227

のに対し，ソーシャルメディアでは様々な人々や組織が情報の発信と受信の両方を行うことができるため，双方向性のコミュニケーションを実現することができる。またソーシャルメディアは，従来のマスメディアよりも格段に高い伝播力を持ち，私たちの日常生活に深く浸透しているとともに，近年の災害時には有効に利活用されたことから，情報インフラのうちでも重要な基幹インフラになっている。

＜注釈＞

[1] 国土交通省国土地理院 地理院地図：地理院地図とは，地形図，写真，標高，地形分類，災害情報など，国土地理院がとらえた日本の国土の様子を発信するウェブ地図である。国土地理院が整備するさまざまな地理空間情報の閲覧，地形図や写真などを 3D 表示にした閲覧が可能である。

[2] ミラーリング：データの複製を別の場所にリアルタイムに保存すること。通常は，ハードディスクに記録する際に 2 台以上のディスクを用意し，全部のディスクに同じデータを書込むことで信頼性を上げることを指す。

[3] 電気通信大学 山本佳世子研究室：「三鷹市災害情報システム」 http://www.si.is.uec.ac.jp/mitaka/login.php このシステムの開発・運用については，Yamamoto *et al.*（2015）を参照されたい。

＜参考文献＞

1) 中央防災会議：「防災対策推進検討会議最終報告書－ゆるぎない日本の再構築を目指して－」，48p.（2012）

2) 内閣府：「防災基本計画」，633p.（2016）

3) 文部科学省：「平成 28 年度版科学技術白書」，339p.（2016）

4) 内閣府：「平成 24 年度版消費者動向調査」（2013） http://www.esri.cao.go.jp/jp/stat/shouhi/menu_shouhi.html

5) 総務省：「平成 28 年度版情報通信白書」，437p.（2014）

6) 山本佳世子：『情報共有・地域活動支援のためのソーシャルメディア GIS』，古今書院，158p.（2015）

7) Yamamoto K.：Development and Operation of Social Media GIS for Disaster Risk Management in Japan. L Stan Geertman, Joseph Ferreira, Robert Goodspeed, John Stillwell (ed.) Lecture Notes in Geoinformation and Cartography:Planning Support Systems & Smart Cities. Springer, pp.21–39 (2015)

8) Yamamoto K. and Fujita S.：Development of Social Media GIS to Support Information Utilization from Normal Times to Disaster Outbreak Times. International Journal of Advanced Computer Science and Applications, Vol.6, No.9, pp.1–14 (2015)

III
生活，行動・意識

第13章

解決困難な状況におかれた人々の思い
－防潮堤建設の是非，救命艇への乗員選択をめぐって－

木谷　忍

13.1　被災住民による復興まちづくりを支援するために

　21年前の阪神・淡路大震災以来，日本列島は頻繁に想定外の大災害に見舞われるようになった。関東大震災以降70年間に，高度経済成長と併せ科学技術立国として日本は成長していく。私たち社会の基盤は科学技術により創られるといわんばかりに。日本の科学者たちのこの甘い認識が，自然リスクを増幅しかねない人工リスク（科学技術）で日本社会を囲い込んでいく。このような中で私たちは何を考えていかなければならないのだろうか。熊田（2005）は言う，リスクの影響が変動拡大（市民の結果受容の不一致の拡大）する現在，最も必要とされる社会装置はリスクコミュニケーションであると。

　被災地の住民の抱く人工リスクへの思いは多様であり，その一致をみることはきわめて難しい。しかし，合意形成への一助としてのリスクコミュニケーションの装置を開発するにあたって，被災住民の多くの意見や意識，感情を取り込み，討論を通じてコミュニケーションを図ることで何が生まれるか（他者理解や共感など）を探ることが問題解決への一助になることは間違いない。

　人間社会のコミュニケーションは人と人との間での情報のやりとりによって成り立つと考えられるが，それは「刺激－反応」のプロセスとみることができる。刺激への反応がまた新たな刺激として相手に伝わりコミュニケーションが成り立っている。人間社会を評価し適正な政策を打ち出すために，研究者や行政はこの社会の外に立つ観察者となることを強いられ，この「刺激－反応」のプロセス

Ⅲ　生活，行動・意識

を情報の交換過程とみなす。それは徐々に言語，記号，数値といった形式性を帯び，情報技術によって論理加工されていく。このような情報化社会でのコミュニケーションを通して，観察する人々の思考自体が形式化すると考えても不思議なことではない。この形式化によって他者理解が狭められるとすれば，行政や研究者の被災住民の理解への努力は無力なものとなる可能性がある。

　本章では，まず，東日本大震災で甚大な大津波被害を受けた三陸沿岸地域において，自然リスク・人工リスクに伴う結果への受容が異なる，被災住民の生の声にもとづいたある種の役割演技を観察することによって，私たちの市民への共感と他者視点の獲得について実験的に検討してみたい。さらに，私たちが被災住民とのコミュニケーションによって外から彼らを理解しようとするのではなく，自らが困難な状況下におかれた場合の仮想的状況において，どんな異なった感情や態度をとることになるのかを，別の実験を通して考えてみよう。

13.2　解決困難な状況におかれた被災住民を理解しようとする

13.2.1　防潮堤建設をめぐる合意形成の問題

　防潮堤の場所，高さなどは国や県，学識者，シミュレーション等によって決定され，被災住民の意見はほとんど反映されない。このため一部住民の間で，防潮堤について学ぼうとする動きや防潮堤に反対する動きがあったり，防潮堤に対する不安や戸惑いの声があがったりしている。例えば，宮城県気仙沼市では市民によって「防潮堤を勉強する会」という団体が設立された。大学から講師を招いて勉強会を行い，防潮堤に関する国の津波対策基準の見直しを求めるネット署名などの活動を行ったりしている。

　防潮堤建設予定地に住む被災住民の防潮堤に関する否定的な意見としては，「防潮堤で逆に海が見えなくなって怖い」や「高台移転をするため，防潮堤の背後に残るのは山や農地であり，必要性が感じられない」というもの，「そこまでの巨費を投じるなら，ほかの復興事業にお金を回した方がいいのではないか」といったものがある。防潮堤建設計画とそれに対する被災住民の一連の動きは，国や地方自治体の行おうとする公共事業の内容が必ずしも被災住民の意向に沿うものではないことに起因している。その理由の一つに，政府の予算執行上の観点から生

232

第13章 解決困難な状況におかれた人々の思い

表-13.1 政府と住民の防潮堤についての考え方

防潮堤について	政　府	被災住民
建設の是非	必　要	最優先ではない，いらない
建設への手続き	迅速さ	合意形成への十分な時間

じる強権的な態度があるだろう。さらに，被災住民の意見が多様なこともある。政府の防潮堤計画に反対する地域では，政府に意見を提出するまでの必要な時間，すなわち所定期日までに地域内で意見を統一する困難さがある。被災住民の持つ意見が多様なために，地域での合意形成に十分な時間が取れないでいる。

表-13.1 は，防潮堤建設の是非と防潮堤建設への手続きに着目し，政府と被災住民の防潮堤建設に対する考えをまとめたものである。政府は，人命を第一に防潮堤建設を必要と考え，迅速な建設着手を望んでいる。一方で被災住民の中には，必要だという意見と，最優先ではない，いらないという意見もある。建設への手続きについて，被災住民からは十分な合意形成のための時間を求める声がある。

13.2.2　合意形成における共感と他者視点の獲得

共感とは何かという定義については多くあるが。共感とはあくまで「自分」という感覚を失わないまま他者の感情を自分のものように感じること，と考えておきたい。他者視点の獲得に関して，本間・内山（2013）は知覚的視点獲得，感情的視点獲得，認知的・概念的視点獲得，社会的視点獲得の4つに分類しており，本章では，認知的・概念的視点獲得と社会的視点獲得の2つに着目する。認知的・概念的視点獲得は，相手の考えが自分のものとは異なると認識すること，社会的視点取得能力は「相手の気持ちを推測し，理解する能力であり，対人関係に生じた葛藤の解決や道徳的判断を行う前提となる能力であり，他者の立場に立って心情を推し量り，自分の考えや気持ちと同等に，他者の考えや気持ちを受け入れ，調整し，対人交渉に生かす能力である」とし，その他3つの視点獲得能力を備えた上での上位の能力と位置付ける。

13.2.3　他者視点獲得のためのゲーミング実験の設計

被災住民を理解する1つの方法として，ある種の役割演技に注目したゲーミング実験を紹介する（詳細については，木谷・相澤（2016）を参照のこと）。このゲー

233

ミング実験での役割演技は，実験参加者の演技に役割を与え，それを意識させるのではなく，参加者にあるきっかけ（コミットメント）を与え，特定の立場からの振る舞いを促すものである。ゲーミング実験の対象として，東日本大震災後の南三陸沿岸地域の防潮堤建設をめぐる被災住民のさまざまな思いを取り上げる。

第3回国連防災世界会議（2015年3月，仙台市）の期間に実施したパブリックフォーラム「災害と人間の安全保障」において，フォーラム参加者を前に被災住民4人に震災当時の状況や防潮堤建設への思いを話してもらう機会を設けた。東松島市のSさんとOさん，南三陸町のGさん，気仙沼市のMさんである。彼らは防潮堤建設予定地に住んでおり，津波体験への思い，防潮堤建設や防災への考え方について比較的明確な意見を持っている（**表-13.2**）。

ゲーミング実験は，① 震災や復興・防災計画にかかわる情報共有，② 被災住民の語りの傾聴，③ ディスカッションの3つのステージから構成される。実験参加者にはディスカッションにおいて被災住民の役割を期待している。①では，東松島市から提供してもらった10分程度の映像（東松島市における東日本大震災の津波被害の様子と防潮堤建設予定の概要）を鑑賞することで，参加者全員への東日本大震災の津波被害や防潮堤について知識の補完と，津波の様子を映像や音声で感じてもらい，被災住民への共感を促す。②の語りの内容は，4人の被災住民がパブリックフォーラムで話した東日本大震災での自身の津波体験と，防潮堤に関する意見である。あらかじめ，自分の名前，職業，出身地，震災当時どこで何をしていたのか，防潮堤に関する思いの5点を述べてもらうことを依頼し，4人の語りの枠組みの統一を図った。

ゲーミング参加者は被災住民4人のうち1人の住民の語りのみに接することができる。③では，それぞれの被災住民の役割を担う2名ずつ（計8名）と進行役

表-13.2　パブリックフォーラムに招いた被災住民の考え方と語り

被災住民	出　身	職　業	防潮堤の是非	防災への考え方（考慮すべき項目）	津波体験の語り
S	東松島市	市議会議員	必要	人命	有
O	東松島市	漁師・市議会議員	−	高台避難	有
G	南三陸町	漁師	−	高台避難・土地のかさ上げ	無
M	気仙沼市	中間支援組織・NPO 職員等	不要	地域のアイデンティティ	無

2名の計10名でのグループディスカッションである。

13.2.4 ゲーミング実験の評価のためのアンケート

　実験参加者へのアンケートではまず，他者視点の獲得と共感を含む感情にかかわる項目をつくり，それに防潮堤建設への合意形成に関する考え方（合意形成への十分な時間を重視（「合意形成」と略）と迅速な防災のどちらを重視（「防災」と略））を二者択一の形で聞く。アンケートを取るタイミングは，参加者全員で映像を観た後と，ディスカッションが終わった後の2回（事前，事後）である。

　事前アンケートでは，合意形成に関する考え方と防潮堤建設の際に最も重視すべきこととして「人命・風景・地域のアイデンティティ・生活 の利便性・安心感・その他の防災手段・自然との共生」から3つまで選択できる。事後アンケートでは，「あなたはディスカッション前に聞いた防潮堤建設予定地の地域住民の意見に共感しましたか」という設問と，具体的にどのような点に共感した／しなかったのかを回答してもらう質問を追加する。共感の設問については，「とても共感した・共感した・あまり共感できなかった・まったく共感できなかった」の4段階を用意する。

13.2.5 実験結果の分析枠組み

　実験結果の分析枠組みを図-13.1に示す。まず，参加者は実験を通して合意形成への十分な時間を重視する考え方（「合意形成」）に変化するだろうと推測する。この変化は，共感と他者視点獲得のうち社会的視点獲得によるものとし，共感を引き起こすのは「住民」の話のうち津波体験の語り，社会的視点獲得を引き起こすのは防潮堤に反対する意見だと考える。一方で被災住民の話の中の防災への考え方は，実験参加者に認知的・概念的視点獲得を引き起こすが，これは合意形成への十分な時間を重視する考え（「合意形成」）には繋がらないとみる。社会的視点取得能力が相手の気持ちを推測して理解する能力であり，対人関係に生じた葛藤の解決や道徳的判断を行う前提となる能力だからである（本間）。また，ディスカッションも他者視点獲得を促すと考える。

　ゲーミング参加者の合意形成に関する考え方の変化は，2回のアンケートに共通の「合意形成」，「防災」の選択の比較で確かめる。共感については，参加者に

235

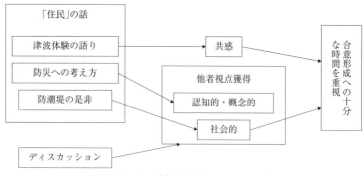

図-13.1 ゲーミング実験の評価のための分析枠組み

割当てられた被災住民の話の違いによってその度合いが異なると想定する。すなわち，話の中に津波体験の語りが含まれる住民S・Oの話を聞いた実験参加者S'・O'は，G'・M'より共感の度合いが大きいと考える（アポストロフィは被災住民の役割演技を期待している者を指している）。事後アンケートの「防潮堤を考えるとき，考慮すべき項目」で参加者O'・G'が「その他防災手段」，M'が「地域のアイデンティティ」を選択したとき，実験によって他者視点の獲得がされたとみなす。このうち前者は認知的・概念的視点獲得で，後者は社会的視点獲得に対応する。また，ゲーミング参加者の多くは，事前には「人命」を選択する傾向があると想定している。

13.2.6 ゲーミング実験の実施と結果

ゲーミング実験の参加者は東北大学学部生311人である（2016年1月）。実験前に参加者の震災経験（程度）について調査し，誰がどの「住民」の話を聞くかを偏りのないように振り分け，ディスカッションのグループを38つくった。1つのディスカッショングループはS'・O'・G'・M'がそれぞれ2人，進行役を務める学生が2人の合計10人で構成される。ディスカッションの進行役にはどの被災住民の話も聞かず，中立な立場で議論を進めるようにした。

事前事後のアンケートの有効回答数は182，参加者のタイプ別（被災住民の割当てによる役割演技のタイプ）の内訳はS' 54人，O' 40人，G' 34人，M' 54人であった。まず，「合意形成」と「防災」どちらを重視するかについて，被災

住民の話を聞く前の段階では「合意形成」を選んだ人数は30人,「防災」は152人であり,ゲーミング後に「合意形成」は50人,「防災」は132人で,「合意形成」を選ぶ人が増加している.

実験参加者のタイプ別に共感の度合いをグラフにまとめたものが図-13.2である.とても共感した(共感レベル4),共感した(同3)を合わせた割合はS',O',G'でほとんど変わらず,M'だけ低くなっている.また,とても共感した,を選んだ人はS',O'でほぼ変わらず,G',M'が少ない.

防潮堤の問題を考える際に考慮すべき項目で,人命,その他防災手段,地域のアイデンティティの選択数は表-13.3の通りである.人命は160から152に減少し,その他防災手段,地域のアイデンティティはそれぞれ26から52,45から72に,それぞれ統計的に有意に増加している.

「合意形成」と「防災」について,選択の変化は全体として「防災」から「合意形成」に変化している.共感の度合いについて,被災住民ごとの違いをみるために事後比較(対比)を行うと,S'・O'・G'には大きな変化は見られないが,M'のみ共感の度合いが有意に小さくなっている.さらに,S'・O'とG'・M'の間には有意な差が認められた.また,共感と合意形成に関する考え方の変化との間

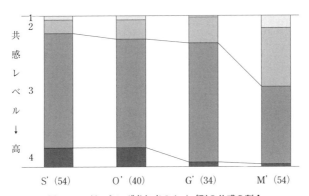

図-13.2 ゲーミング参加者のタイプ別の共感の割合

表-13.3 考慮すべき項目の選択数の変化

アンケート	人命	その他防災手段	地域のIdentity
事前	160	26	45
事後	152	52	72

Ⅲ 生活, 行動・意識

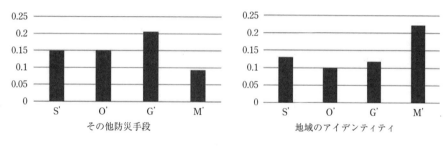

図-13.3 考慮すべき項目（その他防災手段, 地域のアイデンティティ）の変化率

の関係について，「合意形成」を1,「防災」を2とおき，アンケートの事後の数値から事前の数値を引いた値（これが−1になれば「合意形成」に変化）が，共感レベルとの間に有意な負の相関があることが確認された。つまり共感は，合意形成に十分な時間が必要という考え方と連動している。

防潮堤の問題を考える際に考慮すべき項目のうち，人命，その他防災手段，地域のアイデンティティの項目の選択数の変化について調べると，人命の選択における有意な変化は確認できなかったが，その他防災手段，地域のアイデンティティの選択は有意に増加しており，ゲーミング実験への参加を通して他者視点の獲得があったと確認できる。

「その他防災手段」「地域のアイデンティティ」のそれぞれについて，選択したに1を，しなかったに0を与え，事後アンケートから事前アンケートの結果を引いたものを変化率として図示したものが図-13.3である。その他の防災手段，地域のアイデンティティを選択した実験参加者は有意に増加し，ゲーミングを通じて他者視点の獲得があったといえるが，対比によるタイプ別の比較では，M'による「地域のアイデンティティ」の選択の増加が目立っている。

最後に，タイプ別参加者ごとの合意形成に関する考え方の変化について，O'・G'には有意な変化が見られなかったが，M'は「合意形成」に変化している。これは，他者視点獲得のうち，社会視点獲得が「合意形成」に影響を与える可能性を示唆する。

13.2.7 ゲーミング実験による被災住民の理解と課題

実験参加者は合意形成への十分な時間を重視する考えに変化したことは予想通

第13章 解決困難な状況におかれた人々の思い

りである。また共感と他者視点獲得のうち，社会的視点獲得のみがこれに影響を与え，さらに津波体験の語りは共感に影響を与えている。被災住民の多様な意見が存在し解決困難な防潮堤建設のような問題では，住民の合意形成には十分な時間を必要とし，共感や他者視点の獲得などを促すようなしくみが求められる，

　このゲーミング実験では，参加者はあくまで被災住民を理解する主体として設計されており，参加者に自ら被災住民である立場で考えることを要求していない。南三陸沿岸地域で生活して大津波に遭った被災住民であったら，という状況が実験参加者にとって自然な形で想定可能であれば，防潮堤建設を考える際にはまた違った意識を抱くに違いない。このような問題意識のもとで，大災害の被災と同じように非常に困難な状況に陥ったケース，遭難船の乗員たちについての別のゲーミング実験を紹介する。

13.3　自らが困難な状況におかれるときを想定する

13.3.1　内部観測からのゲーミングの評価について
　科学技術がどれだけ進歩しても想定外の災害は減ることはない。「想定する」という人々の自然な思考の形式化は，災害時に生じる厄介な問題への態度に影響を与えることはないのか。これを検討するためのフレームゲームを用いたゲーミング実験を紹介する。

　意思決定支援の方法としてのゲーミング実験参加者を評価するとき，その設計者が事前に構築した評価枠組みだけではとらえきれない振る舞いをすることがある。とくにフレームゲームと呼ばれるルール形式の緩いゲームを用いたゲーミングではその傾向が強い。このようなゲーミングを教育あるいは学習支援の観点から評価するためのもっとも中心的な議論は，ファシリテータの役割に関連づけられる。すなわちファシリテータは，いくつかの振る舞いについて前もって準備していた基準に沿ってすばやく参加者の態度を仕分けし，ゲーミングの意図と起きたことがらを再現しながら紹介する。彼は実験参加者に，ゲーミングを終えた後のディブリーフィングを通して，自分自身の振る舞いを再度見つめ直す機会を与え，それを教育や意思決定支援に生かそうとする。しかしながら，ファシリテータは参加者の意識や感情といった観点にはあまり注目していないのが現状である。

Ⅲ　生活，行動・意識

　ここでは，内部観測という観点からこのようなフレームゲームによるゲーミングの評価を試みる。内部観測の"観測"という用語は，観測という行為自体が観測主体を対象から切り離すことを想定するためにおそらく適当ではない。外部観測の対語として暫定的に使用されていると筆者は理解しているが，誤解を与えかねない用語であることは間違いない（コラム参照）。内部観測は生体内部に生じる意識や感情の生起にかかわっており，それはその生体行為の契機となる。人間は外部観測による行為と同時に，内部観測による行為も存在する。これらはそれぞれ人間の理性，感性からの行為と理解することもできる。

　内部観測からの評価（実験参加者の選択の契機）を取り込むために，ゲーミング実験参加時の感情を，参加者の思考形式と態度（選択）と付きあわせて調べてみる。この意味では，このゲーミングはアイスブレーキングとかディブリーフィングによる教育，意思決定支援を狙ったものではなく，実験参加者から得られるデータは被験者として（統計的）分析対象として扱われる。注意しておきたいことは，以下で述べるゲーミング実験での「外部」，「内部」という環境設定が外部観測，内部観測に対応するわけではない。2つの環境設定において，感情は実験参加者自らコントロールできず，その評価枠組みはゲーミング実験の設計者は構築することはできるが，実験参加者は自らそれを評価することはない。与えられた問題に対する実験参加者の思考形式は，感情や選択への契機に影響するであろう。実験参加者のもつ思考形式が感情や態度とかかわりを持っていること，さらに参加者に与えた役割（環境設定）の違いと感情，態度との関係性を検討すること（内部観測からの検討）がこのゲーミング実験の目的となっている。

13.3.2　ゲーミング実験「ロストインスペース」の概要

　遭難した宇宙船に乗っている登場人物 10 名から救命艇（定員 7 名）にどのような方法で移すかを決定するために，参加者には地球上に滞在するコンサルタントの役割を演じながら遠距離通信によるアドバイス（1 回限り）を行う。救命艇に乗り移っても助かる保証はなく，宇宙船に残る 3 人を選択するという究極な意思決定環境は避けることで倫理的負荷を和げている。乗船している 10 名は，70 歳のお坊さん，20 歳の女子大生，有名な漫画家，弁護士夫妻，武装した警察官，経験豊かなオペラ歌手，プロの競艇選手，途上国から留学中の技師，および看護

第13章　解決困難な状況におかれた人々の思い

婦である。まず，ゲーミング実験参加者が個人で回答し，次にグループ内で話し合って意見をまとめ，グループ発表を行う手順をとる。

　このゲーミング実験の特徴として，実験参加者に形式上は「正解」を求めているように見えること，登場人物の情報が限られていること（追加情報は与えられないこと），登場人物の外部におかれ彼らに感情移入するときの参加者の抱く感性の多様性，ディブリーフィングを含めたゲーミング参加過程において，他の参加者が持っている多様な価値観や回答方法に気づくように工夫がなされている。ただし，ここで紹介する実験では，実験参加者の感情と態度を，2つの異なる環境設定（異なる役割演技を与える）のもとで調査するため，ディブリーフィングは行わない。

13.3.3　ゲーミング参加者の思考形式と2つの環境設定

　東北大学全学教育の受講生（大学1年生）を対象として「ロストインスペース」を用いたゲーミング実験を紹介する（詳細については，S.Kitani, T.Hasebe（2014）を参照のこと）。日本の大学の学生は，全学に共通する科目においても文学部，教育学部などの文系学部と理学部，工学部などの理系学部に明確に分けられた教育カリキュラムに沿って学習する。したがって，大学1年生は教育アスピレーションの方向性（進学時の学部選択）だけではなく，学問に対する特有のモノの見方（思考形式）がそれぞれ異なることが想定される。おそらく，思考形式はゲーミング実験参加者の所属学部に関係すると思われる。

　感情は環境設定に深くかかわると考えている。ゲーミング実験の設計者が参加者に課す役割は，彼らの意思決定に影響を与えるであろうが，それらは参加者に生じる感情にも影響されるであろう。この感情は，参加者自身にとっては感情生起の段階でその意味は不明であり，意味をとらえた瞬間に，参加者はその感情を外部観測として位置づける。これによって自らのゲーミング実験での体験評価が可能となるが，ゲーミングの進行役が指示しない限り参加者はこのような外部観測は行わない。また感情は，参加者の属性だけでなく，彼らに陶冶されている思考形式にもかかわっていると考える。すなわち参加者の思考形式に従ってゲーミング実験中の他者の動きを観察し，自らの意思決定（態度）をする。

　ゲーミング実験における環境設定の一つは，問題解決に向けたコンサルタント

Ⅲ　生活，行動・意識

としての役割，もう一つは困難な問題に直面している当事者としての役割を与えるものである。ゲーミング参加者は，それぞれの異なる基本属性と思考形式のもとで，この2つの異なる環境設定の下で意思決定をすることになる。

13.3.4　ゲーミング実験のデザインと実施手順

　思考形式について2つのタイプに分けてみる。形式的なモノの見かたは，外部による教育や学習によって与えられ陶冶された枠組みやルールなどの規範を重視する見かたを指し，非形式的なモノの見かたは，外部から与えられた枠組みやルールにとらわれることなく，まず自分自身の感情にもとづいた主観的な見かたのことを指す。形式的なモノの見かたの例を挙げるなら，経済（取引）のルールや法律など社会的制度等への厳格な遵守への志向がある。人々が何か行動に移す際に，このような見かたが共通基盤として社会に共有され，幸せを経済合理的に追求し，また善悪を法論理的に判断する傾向を生む可能性があり，このようなモノの見かたを思考の形式化と呼ぶ。

　コンサルタントチームの一員としての役割では，チーム内でディスカッションをしながら，メッセージを作成するためにチームとしての合意が求められる（第1ラウンド）。当事者の役割では，登場人物の20歳の女子大生の代わりに恋人同士の男女を想定し，乗船しているのは11人とする。これは，参加者が大学生であることを考慮したもので，恋人同士の一方の役割を演じるように指示する。チームでは合意点を探ることはなく，それぞれの思いを伝えながらグループ内でまとめて終了する（第2ラウンド）。なお，1チームの構成は10名程度を想定し，うち2名はグループ内での議論の進行，議論内容の記録，およびグループの集約結果をもとに全体での意見発表を担当する。彼らは合意および意思決定には参加しない（**図-13.4**参照）。

　ゲーミング参加者の所属学部の内訳は，文学部・教育学部・法学部83名，経済学部81名，理学部96名，工学部・農学部72名となっている（以降，文学部・教育学部・法学部を文学部*，工学部・農学部を工学部*と略記する）。

　思考の形式について，日常の社会行動や考え方に関する質問の回答から因子を抽出する（主因子法）。質問内容は，答えの決まった数学的問題への選好，親戚付き合いに対する考え方（役に立つから），機械づくりと手づくりの同一性，校

第13章 解決困難な状況におかれた人々の思い

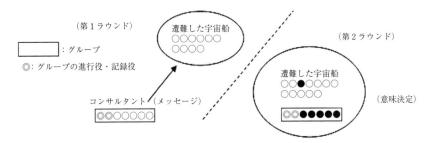

図-13.4 「ロストインスペース」での2つの役割演技（環境設定）

表-13.4 思考形式の2因子（バリマックス回転後）

	固有値	因子負荷量	因子解釈
因子1	1.337	待合せ時間 (.751), 校則遵守 (.650)	ルール遵守
因子2	1.318	機械同一性 (.718), 会議効率化 (.624)	効率化

則遵守への意識，行動計画の綿密化，待合わせ時間の遵守，仕事の選択における時給優先，会議の時間効率化の8項目である．**表-13.4**は，抽出した2つの因子と因子負荷量の高い項目を挙げたものである．因子1は，社会で決められたルールを守ることの意識の高さを表し，因子2はできるだけ手間を省きたいという意識であるから，それぞれ「ルール遵守」，「効率化」と名付けることにする．これらと基本属性（性別，学部別）との関係をグラフに示したものが**図-13.5**である．これをみると，ルール遵守の意識にはほとんど性差はないが，効率化に関しては性差が認められ，男性の方に効率化意識が強い．一方，所属学部別では，文学部[*]が他学部に比べてルール遵守および効率化を重要視しない．これも文学部[*]に女性が多いことに起因しているが，文学部[*]と他学部との間には，性差を統制した偏相関が認められている（**図-13.5**）．

ゲーミング参加者の感情を調べるための質問について，最初に37の感情を表す言葉を自由選択させ，2回の調査を合わせ5%以上の選択があった以下の20項目について，因子分析を通して因子を抽出した（**表-13.4**）．

悲しみ　驚き　軽蔑　愛情　恐怖　絶望　歓喜　哀れみ　憤慨　同情
自己肯定感　劣等感　後悔　傲慢　慈悲　残忍　嫌悪感　楽しさ　困惑
罪悪感

243

Ⅲ　生活，行動・意識

表-13.5　感情の3因子（バリマックス回転後）

	固有値	因子負荷量	因子解釈
因子1	3.348	絶望（.752），悲しみ（.694），恐怖（.459），楽しみ（－.218）	悲しみ
因子2	1.577	罪悪（.605），残忍（.580），困惑（.513），自己肯定（－.221）	葛藤
因子3	1.324	憤慨（.719），軽蔑（.695），嫌悪（.499），困惑（－.186）	憤り

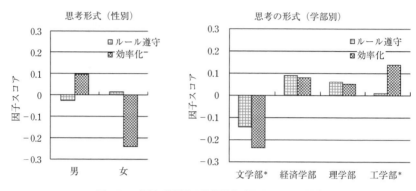

図-13.5　性別・学部別の思考形式（因子スコアの比較）

　感情調査は，第1ラウンド（コンサルタント役）の終わりと第2ラウンド（当事者役）の2回行った。有効回答数は第1ラウンド160，第2ラウンド153である。
　感情についての性差は大きく，女性では両方の役割で「悲しみ」の感情と，コンサルタント役での「憤り」の感情が多いのが目立っている。また，所属学部について，文学部*と理学部の差が大きく，文学部*では「悲しみ」と「葛藤」が多く，理学部では「葛藤」がきわめて少なく，コンサルタント役での「憤り」が多い。理学部の学生が文学部*よりも形式的な思考をする傾向があるとみれば，遭難船に残す人物の選択において，独自の基準による合理的判断が容易である一方で，そういった基準を取ることへの不満が表れていると考えられる。
　コンサルタント役と当事者役での感情の違いについて，全体的には「悲しみ」，「葛藤」にはあまり違いがみられないが，第3因子である「憤り」は当事者役のほうが少なく，とくに女性ではコンサルタント役と比較してきわめて少ない。また，男性では「葛藤」もコンサルタント役より当事者役のほうが少ない。文学部*と理学部で比較すると，文学部*では，コンサルタント役で多い「悲しみ」の感情は当事者役では少なくなり，「葛藤」がやや増える。理学部では，「悲しみ」の感情は両方の役で同程度に少ない。「憤り」の違いは文学部*と理学部と同じ

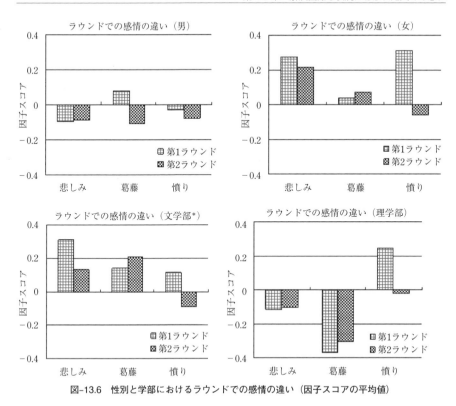

図-13.6 性別と学部におけるラウンドでの感情の違い（因子スコアの平均値）

傾向で，当事者役では少ない（図-13.6）。また，図には示していないが，経済学部と工学部*では総じて理学部の変化に近い。

13.3.5 実験参加者の態度（人物の選択）について

宇宙船に残る人物としてお坊さんの選択が非常に多く，次いで漫画家，恋人，警察官，オペラ歌手，競艇選手が同程度に続く。しかしこれらの多くは，2つの役割で大きく異なるものもあり，コンサルタント役でのグループ討議・グループ発表で漸増していたお坊さんの選択率は，当事者役ではやや減少する。コンサルタント役でのグループ討議で減少していた警察と競艇選手は当事者役になると選択率が増え，とくに競艇選手のそれは顕著である。このような2つの役割での選択率の違いを学部間，とくに文学部*と理学部の間で見ると，坊さんの選択率の減少は文学部のみに顕著であり，9割から6割へと大幅に減少する。この減少は，

Ⅲ　生活，行動・意識

警察官の3割から6割への大幅な増加を生んでいる。一方，理学部では競艇選手を除いて役柄の間で選択率に顕著な変化はみられない。恋人，警察官，競艇選手が文学部*，経済学部，工学部*がすべてで大きく変化しているのと対照的な結果になっている。

13.3.6　ロストインスペースを用いたゲーミング実験結果のまとめ

　以上の結果と分析を通してみると，ロストインスペースのような解決困難な課題が与えられ，かつなんらかの態度（人物の選択）が求められている状況では，ゲーミング実験参加者の思考形式が彼らの感情と深くかかわっている。ルール遵守や効率化を求める思考に馴染むと，解決困難な課題を用いたゲーミングでは「葛藤」という感情が生じやすいのではないか。また，絶望や悲壮感という自然な感情（「悲しみ」）は，属性に関係なく実験参加者に共通に生まれ，これはコンサルタントまたは当事者としての役割の与え方とは無関係と考えられる。「憤り」の感情は，当事者役ではあまり顕著に現れず，コンサルタント役，すなわち外部から困難な状況に置かれた当事者を眺めることから生まれているようにみえる。

13.4　まとめ

　本章ではまず，防災のための防潮堤建設という政府と地域の間，被災住民の間の難しい合意形成問題について，共感と他者視点獲得という観点から被災住民を理解するためのゲーミング実験を紹介した。被災住民の語りによってゲーミング参加者の共感が生まれることは確かであるが，筆者が強調したいのはゲーミング参加者の社会的視点獲得についてである。すなわち，迅速な防災体制の構築を目指す政府からみれば，合意形成に十分な時間をかけることは受け入れが困難であるが，その一方で，社会的視点の獲得という形で被災住民を理解し合意形成に十分な時間を求めていくことは，防潮堤建設問題の難しさを物語っている。

　解決の難しい社会的問題を考える際のもう一つの視点は，問題を外から定式してとらえる場合と問題の内に当事者として存在する場合の違いである。この2つの異なる環境設定の下でのゲーミング実験では，ゲーミング参加者に生じる感情を調査した。感情の生起は自らコントロールできないもので，ゲーミング参加者

246

第13章 解決困難な状況におかれた人々の思い

は自らそれを観測することはしない。ゲーミング参加者の感情のありようは、性別、思考形式の違い、与えられた役割で異なるが、「悲しみ」や「葛藤」の感情は思考が形式化することで抑えられるようにみえ、「憤り」の感情は当事者役ではなくコンサルタント役に多いことに注目しておきたい。

筆者は2011年の新学期、東北大学農学部の1年生と同農学研究科の大学院1年生を対象に、東日本大震災直後の人生観を調査したことがある。そこでは、大震災の体験が大学生（実際には高校卒業直後）のほうが大学院生よりも彼らの人生観に大きな影響を与えていたことが分かっている（S.Kitani, *et al.*（2012））。科学者は自然を定式化した上で法則を見出し、意味のない思索を排除し、冷静に推論を進める。今の実験系の大学院生はそのように陶冶される。大きな災害などで生じる解決困難な問題への対応は、ルールを守り、効率的に考え、感情を抑えて冷静に判断することが当然のように求められる。これらはすべて、難しい問題を外から定式化しようとする私たちの態度が背景にあるのではないだろうか。解決できない問題に遭遇したときに大切なことは、その問題にかかわる当事者への思いやりや同情なのであって、けっして冷徹な「感情移入」ではないように思えてならない。

コラム　内部観測

内部観測は、松野（2000）が「内からの眺め」という表現によって示した造語であり、1970年代の初めに自己決定的システムとして生命をとらえようとしたオートポイエーシスという概念に影響を受けているものと思われる。システムとその環境とを区別し、入出力に着目するという従来の観点と対立したオートポイエーシスが、生命現象の記述に役立ったことは想像に難くない。だが、松野の提示する内部観測は、こういった形式的世界観とは一線を画している。

最初に、内部観測という言葉がもつ意味を「内からの眺める」という表現によって外部からの観測に対比させ、「内部から観測する」というような意味にとってしまうといった誤解されやすい点について触れておきたい。ゲーミング実験への参加体験を評価する際には、とくにこのことに留意すべきだと思われる。なぜなら、ゲーミング実験での実体験や疑似体験によって、参

Ⅲ　生活，行動・意識

加者自身が主体的に世界を認識し，新しい行動規範について学習していくといった場合，参加者（の内部）の視点による「正しい世界観」への学びを評価するといったことにゲーミングの価値を求めることに留まってしまいそうだからである。

　内部観測では，学びそのものを外部から評価するのではなく，学びへの契機とみなすことになる。この契機はゲーミング実験の設計者が与えるものではなく，ゲーミング参加者自らが作り出すものであって，それは参加者の（感情を伴った）心の動きに深くかかわっていると筆者は考えている。

　内部観測は，その性格上・形式モデルとして記述できない。その性格とは，生命現象の特徴である「予想外」という様相について語ることになるからである。モデルで予想されることは予想外の出来事ではない。私たちの学習活動には，特定の目標が与えられ，その活動の方向付け（評価）がなされる。とくに教育現場では，教師が生徒に学習目標を与え，それをもとに学習評価をし，さらにそれが教師の教育評価に繋がっていく。教育学者の矢野智司は，発達と生成から教育をとらえ，前者に経験，後者を体験に結びつける。前者は外部からの観察によって事前に評価ができるが後者は評価が困難である。否，評価することを避けるべきなのかもしれない。内部観測はこういった後者の教育の評価に深くかかわっている。

＜参考文献＞

1)　熊田禎宣：「植福の科学づくりに貢献する計画行政学」，『計画行政』，28 巻，3 号，pp.16–26（2005）

2)　本間優子，内山伊知郎：「役割（視点）取得能力に関する研究のレビュー —道徳性発達理論と多次元共感理論からの検討—」，『新潟青陵大学学会誌』，6（1），pp.97–105（2013）

3)　木谷忍，相澤水樹：「防潮堤建設の思いを語る地元住民への共感と他者理解」，『日本シミュレーション＆ゲーミング 2016 年春期大会学会発表論文集』，pp.82–87（2016）

4)　S.Kitani, T.Hasebe：The Influence of Formal Mindsets on Decision Maker Attitudes When Confronted with Difficult Problems:A view of Gaming Simulation "Lost in Space" Using Inner Measurement, The Shift from Teaching to Learning:Individual, Collective and Organizational Learning through Gaming Simulation, W.Bertelsmann Verlag, pp.212–223（2014）

5)　S.Kitani, H.Yasue, and S.Oyamada：An Alternation of University Students' Philosophy of Life after 2011 East–Japan Great Disaster Linking to Students View of Science and Technology, Health and the Environment Journal, 3（2），pp.36–45.（2012）

6)　松野孝一郎：『内部観測とは何か』，青土社（2000）

第14章
自然災害による農業への影響

押谷　一

14.1　自然災害と農業

　自然災害は，地域や国の人々の生活や産業に重大な影響をもたらす。とりわけ自然の恩恵を利用して営まれている農林業，水産漁業は，その影響を直接，間接に受けることになる。さらに影響は，消費者に至るまで広範にわたることとなる。開発途上国においては，国民生産における農業セクターの占める割合が高く，洪水，旱魃，暴風などの自然災害は，人々の生活に対して重大な影響を与える。例えば，FAO（国連食糧農業機関）の報告によれば，自然災害が開発途上国に及ぼす被害のおおむね4分の1が農業セクターで発生しているとしている。

　そのため，自然災害による被害や生計損失を回復するための社会制度や，必要な資金を確保するための保険制度は，十分に提供されていないため復旧のための財源が十分にない農村，半農村社会では，頻繁に発生する自然災害によって貧困が拡大する原因となる。

　FAO事務局長ジョセ・グラジアノ・ダ・シルバは「農業そして農業を取り巻くすべては，われわれの食料供給にとって重要であるだけでなく，地球的規模で生計の主な収入源である。それは，リスクの多いセクターである一方，農業自体が災害に対してレジリエンスがあり，災害により適切に対処しうる社会の基盤となりうるのである」と述べ，生計への脅威と危機に対するレジリエンスの構築を最優先課題の一つとしている[1]。

　レジリエンスを支える災害リスク軽減と気候変動適応のための国家戦略が，農

249

Ⅲ　生活，行動・意識

業セクターにおいてもっとも必要であることを認識しておかねばならない。

　日本においても自然地理的条件から自然災害による農業分野に対する被害は，非常に大きい。上原[2]は，地球温暖化等に伴う自然災害被害の急増は，社会経済に深刻な影響を及ぼしているとして，フードシステムの一角を占める農林水産漁業および食品産業を天候リスク内在型産業と位置付けている。フードシステム上では，農業生産・経営から食品工業，食品流通，輸送，卸・小売，さらに消費者に至るまですべての段階において気象・気候変動による影響を受けることから，農業は，観光業界，家電業界，エネルギー業界等と並んで気象条件の変化に敏感な産業分野である。

　自然災害，とりわけ気象災害が農業生産・経営にもたらした被害額は，2002年で247億8 000万円にのぼっている。気象災害などのリスクを適切に管理・制御することは，食糧の安全保障，さらには財政的にも重大な課題となっている。たとえば，日本における社会資本は，2002年時点で総額700兆円とされているが，そのうちおよそ14％程度を農林水産業が占めていることを考えれば，自然災害への対策は重要である。

　2011年に発生した東日本大震災では，2万人を超える人的被害をはじめ，産業インフラの破壊やライフラインの寸断など甚大な被害を東日本にもたらし，とくに農林水産業の社会資本は，**表–14.1**の通りおよそ2兆円の被害を受けた。

表–14.1　東日本大震災の農林水産業被害の概要

区　　分		被害数[*1]	被害額[*2]
農業	農地損壊	14 734	3 957
	農業用施設損壊	18 364	3 180
	農作物・家畜（含む施設）		507
	小計	33 098	7 644
水産業	漁船	21 506	1 537
	漁港施設他	319	7 231
	養殖物・加工（含施設）		1 896
	小計		10 664
林業	小計		1 236
	合計		19 554

＊1　漁船：艘，港湾施設等：港
＊2　単位：億円
（農林水産省 6 月 19 日発表）

第14章　自然災害による農業への影響

　また，こうした復旧・復興のための資金の確保のための金銭面だけではなく，社会面への影響も大きい。たとえば，農業就労者の平均年齢は，1960年には，49.3歳であったが，現在は65.8歳となっており，農業分野を高齢者が担っているように農業後継者の不足が課題となっているなかで，地震，洪水などの自然災害によって農地，農業資本に対する被害が発生したことを契機に，若年層を中心に転廃業を余儀なくされるおそれがある。日本の農業分野においては，事業を継続させるためには，旧来のインフラを回復させるだけではなく，後継者対策などの取り組みも必要であることに留意しておかねばならない。

14.2　気候変動による農業へ被害

　大気中の二酸化炭素濃度上昇による地球温暖化によって，世界中の農業に対する影響が懸念されている。気候変動によってこれまで降雨量の少なかった地域で豪雨による洪水が発生したり，逆に降水量が減少し，深刻な旱魃が発生することによって，農作物の収穫に重大な変化が生じる。

　日本でも近年，地球温暖化の影響によって台風や，いわゆる爆弾低気圧が日本列島周辺で発生する頻度や，その規模が拡大する傾向にある。とくに台風が発生する時期がコメなど多くの農作物の収穫時期と重なることから農産物市場への影響も大きい。また，地球温暖化によって各地で積雪量が減少傾向にあり，春先の作付け時期の土壌中の水分が少なくなるなどの影響もある。さらに気温上昇によって，害虫の発生が増加したり，寒冷な土地や気候で栽培されている野菜などは，収穫ができなくなるおそれがある。

　日本では，現在のところ温暖化による顕著な影響は，現れていないが温暖化による海面上昇や，乾燥化によって農地面積が減少すれば，農作物の収穫量が減少する。このような気温や降水量等の地域平均平年差の拡大など気候変動による被害は，一次産業だけにとどまらず食品産業などの二次，三次産業や消費にも多大な影響をもたらすこととなる。

　第2次安倍内閣が日本経済の再生に向けて掲げている「成長戦略」は，「攻めの農林水産業」となることを目指している。たとえば，生産（1次産業）と加工（2次産業），流通・販売（3次産業）を一体化する6次産業化によって地域資源を

251

Ⅲ　生活，行動・意識

活用した新たな産業の創出を目指している。しかしながら，日本列島は，台風の常襲地帯であることや，地球的規模の気候変動による影響などによって短期間に激しい降雨となる回数が増加傾向にあることなどをはじめ 2011 年に発生した東日本大震災以降，各地で地震などさまざまな自然災害が多発しており，被害が拡大傾向にあることから攻めの政策だけではなく十分な対応策を講じておくことが必要である。

14.3　日本における近年の農業被害

次に，これらの自然災害による被害の大きさについて，農業分野に対して過去に例のない甚大な被害をもたらした東日本大震災を農林中金の一瀬研究員[3] の試算から見てみよう。

これまで記録的な冷害に見舞われ，全国的に米不足となった 1993 年が自然災害による被害がもっとも大きいといわれてきた。この年の被害額は 1.94 兆円に昇っている。冷害だけではなく北海道の道南西沖地震や雲仙普賢岳噴火などの自然災害も多発し，これらの自然災害による被害額を含んでいる。

これに対して東日本大震災による農林水産業の被害額は，2011 年 5 月 18 日時点で 1.77 兆円と推定されている。これらは被害額の集計途中の数字であること，福島第一原子力発電所の事故の警戒区域等の被害額が含まれていないことなどから，さらに大きな被害額となっている。

被害の大きかった岩手，宮城，福島の三県は，農業生産物，労働力，農地のいずれも日本の農業生産のおよそ 1 割であることから，国内の食料供給に対する影響はそれほど大きいとはいえない。

しかし，被災した市町村の総農家戸数が県全体に占める割合よりも小さく，被災市町村では，農業が相対的に零細であるとしている。そのため，被災した農業者にとっては，農業は生活費の獲得に重要であるので，地域の社会経済が重大な影響を受けることになる。そのため，農地，農業インフラの復旧・復興は，地域経済にとって重要な課題となる。

日本列島が位置する大陸のプレートの下に，海洋プレートのフィリピン海プレートが南側から年間数 cm 割合で沈み込んでいる南海トラフで 2 つのプレート

252

の境界では，ひずみが蓄積され，巨大な地震が発生する可能性が指摘されている。南海トラフでは約100〜200年の間隔で蓄積されたひずみを解放するために大地震が発生しており，昭和東南海地震（1944年），昭和南海地震（1946年）などが発生している。現在，昭和東南海地震および昭和南海地震が起きてから70年近くが経過していることから，南海トラフにおける次の大地震発生の可能性が高まってきている。南海トラフ地震によって被害を受ける生産農業所得は，全国の約4割の1.2兆円に上ると想定されている。さらに南海トラフ地震によって基幹的水利施設は全国の約3割が影響を受け，再建設費は5.6兆円に上ると想定されており，重大な影響が懸念されることから，事前に十分な対策を講じておくことが必要である。例えば農林水産省では，機能の低下したため池を整備し，決壊や崩壊による下流の農用地，宅地等の被害を防止することや，都市化，宅地化など流域の開発などによって，河川への雨水流入が変化し湛水被害が頻発していることから，排水施設の整備が求められる。一瀬は，農林水産被害額の最も大きな自然災害は，東日本大震災であるが，続いて冷害，台風，豪雨などの気象災害による被害も大きいことを指摘している。

　このほか農林水産業に大きな被害を与えた災害は**表−14.2**の通りである。

　近年，温暖化の影響もあり台風による農業被害が拡大している。2015年には，台風等による豪雨によって栃木県，茨城県等の農地において甚大な被害が発生した。いわゆる関東・東北豪雨災害である。9月7日から11日に台風18号による記録的な雨量が観測され，被害をもたらした。各地で河川堤防が決壊し，農地に，がれきや土砂が堆積するとともに，農地の土砂が流亡するなどの被害が発生した。幸い速やかな農地災害復旧事業によって早期に復旧することができ，次期，次々期の作付けには，間に合うことができた。

　さらに，2016年には，台風10

表-14.2　農林水産業被害額の大きい災害

（単位：10億円）

順位	災害	被害額
1	東日本大震災（2011）	1 775
2	冷害（1993）	1 035
3	冷害（1980）	693
4	台風17−19号（1991）	654
5	5−8月豪雨	464
:	:	:
45	新潟県中越地震（2004）	133
46	岩手・宮城内陸地震（2008）	131
:	:	:
81	阪神・淡路大震災	91

注）　原発による被害は含まれていない
農林水産省：「過去の主な異常災害と農林水産被害」
［出典］　一瀬裕一郎（2011）

253

号が東北地方に直接，上陸し，大きな被害をもたらした。被害額は，885.6億円（農作物等：256.4億円，農地・農業用施設関係：243.9億円，林野関係：201.8億円，水産関係：183.9億円）となっている。さらにこの年は，このほかにも多くの台風が上陸したこと，豪雨や，熊本や鳥取で地震が発生したこと等から，全国の農業被害は，総額3 817.2億円に昇った。この金額は，政府がコメ農家に支払っている補助金の総額のおよそ1.9倍に相当する。

　そのうち，農作物だけでも全国的な被害は，次の通りである。7道県（北海道・青森・岩手・宮城・秋田・福島・埼玉）で2万3 429 haに被害があり，被害額は177億4 000万円となり，3道県（北海道・青森・岩手）の家畜の斃死は，14万3 704頭羽，被害額は1億5 000万円となっている。さらに生乳の被害は351トン，被害額は3 000万円であった。農業用ハウスなどは6道県（北海道・青森・岩手・宮城・秋田・福島）で3 470件に被害があり，被害額は29億1 000万円となっている。畜舎などは5道県（北海道・青森・岩手・宮城・秋田）で983件に被害があり，被害額は27億9 000万円，共同利用施設は3道県（北海道・青森・岩手）で15件に被害があり，被害額は20億2 000万円となっている。農地・農業用施設関係は11道府県（北海道・青森・岩手・宮城・山形・福島・長野・三重・滋賀・京都・大阪）で3 936か所に被害があり，被害額は243億9 000万円となり農業にかかわる被害総額は，500億3 000万円となっている。とりわけ収穫の最盛期を迎えた農業王国・北海道を襲った記録的な大雨による影響は，農家だけでなく野菜価格の高騰によって消費者への影響も大きかった。

　河川の氾濫による畑地への土砂の堆積や，土壌の流亡によって，農作物の作付けに影響が出た。とりわけ北海道十勝地方では，独特の「輪作」と呼ばれる仕組みによる長期に亘る影響が懸念されている。輪作は，畑で育てる作物を毎年，変えていくことであるが，十勝地方では同じ作物を植え続けることで，病害の発生や土壌の養分が減って収穫量が落ちたりする連作障害が起きるのを避けるために小麦とビート，豆，そしてジャガイモの4品を周期的に栽培している。さらに，種まきや収穫の繁忙期をずらし，1つの作物が不作になってもほかの作物の収穫によって収入が補えるようにしている。今回の被害は，ジャガイモの収穫を終え，小麦の種をまく時期にあたっていたことから，多様な農作物の消費者に対する供給において影響が長年にわたることが懸念される。

洪水による冠水によって加工工場では設備の復旧のめどが立たず，今シーズンの操業を断念したため契約農家は，収穫した農作物を出荷できなくなることもある。

鉄道や道路が不通になると，道外の農作物市場に与える影響も大きい。

JR北海道の石勝線と根室線は，橋梁が流失するなどの被害を受け，運休が続いた。農作物の輸送は，鉄道によって札幌に集荷されてきたが，鉄道輸送ができないとトラックによるコンテナ輸送に振り替えることになるが，十分に確保することができないおそれがある。日高，十勝地方をつなぐ交通の要衝である国道274号の日勝峠は，約39.5kmで橋や道路が崩落し，長期にわたって通行止めとなっている。そのため大幅な迂回を余儀なくされ，燃料消費量が増加し，運転手の長時間労働などが発生するなど物流にも大きな影響が発生している。

14.4　自然災害に対する備え

このように農業は，気候変動をはじめとする自然災害によって収穫が重大な影響を受けやすく，さらに物流面にも重大な影響を与える。

このように農業は自然災害に対して脆弱な産業であることから，防災が重要な課題となる。農林水産省では，農業生産の維持および農業経営の安定を図るために農地防災事業を行っており，農業インフラストラクチャーの整備を進めているが，それらのインフラのなかには50年程度で寿命を迎えるものが多いことに加えて，気候変動によって生産が不安定になることや，津波や洪水被害から農業を守るための海岸や河川の護岸等の施設整備事業等の新たなインフラ整備が必要となっている。

一方，数年に一度起きるような気象災害リスクを保険でカバーしようとすると，保険料が高額になることから個々の農家が対応することは難しい。そのため，日本では，① 自然災害を原因として農家が受ける経済的な被害が甚大であること，② 半数以上の農家の経営規模が零細であることなどから，個々の農家の自助努力だけでは損害を回復し，復旧することは困難であるため，1947年に「農業災害補償制度（NOSAI制度）」1947年から設けられている。NOSAI制度とは，個々の農家が掛け金を出し合って共同準備財産をつくり，いわゆる農家の相互扶助を基本とした「共済制度」である。現在では，主要な農作物が制度の対象となって

いる。たとえば「家畜共済（牛，馬，豚）」，「農作物共済（水稲，陸稲，麦）」，「畑作物共済（ジャガイモ，大豆，タマネギなど）」の7つの共済事業が実施されている。日本は，アジア・モンスーン地帯に位置していることから，年間を通じて，風水害，雪害，冷害等の自然災害に見舞われることが多く，農業においても毎年，甚大な被害を受けることが多く，このような制度が不可欠となっている。

　さらに，収益が気象によって左右される企業は，企業全体の4分の3にのぼるともいわれていることから，天候デリバティブと呼ばれる，気温，風，降水量，積雪量などの天候による指標が一定の条件を満たしたときに，あらかじめ約定した金額の支払いをうけることのできる金融商品も紹介されている。これは，アメリカの大手エネルギー会社が開発し，日本では，1999年に損害保険ジャパンが気温を支払い規準としたデリバティブを販売したのが最初である。たとえば，対象期間中の最低気温があらかじめ定めていた一定値以下となる日の合計日数によって一定額の支払いを受けることができる。

　このような金融商品は，気候変動の影響がおおきく，財政的に脆弱な途上国において注目されている。

　気候による影響の大きな農業において，途上国の農民たちは，インフォーマルな自己保険制度によってリスクに備えている。作付ける作目を増やしたり，作付け時期を変えることや，換金性の高い家畜を飼育し，万が一の事態に備えて親族，友人などとの社会関係資本を形成しているほか，非農業所得の比率を高めるなどの取り組みである。農業生産において損が発生したときに，資産を売却したり，非農業所得を増加させることなどによって一定の有効性が確認されている。しかしながら，保険料が高く，影響を強く受ける貧困層は，そのような自己保険に加入することはできず，貧困から脱することはできないので，行政や海外援助機関による支援が必要となる。

　日本では，東日本大震災の発災を契機に，将来の地震をはじめ各種自然災害に対する想定と各種の防災計画の見直しが進められている。農業分野においても，都道府県をはじめ関係機関がBCP（Business Continuity Plan：事業継続計画）を策定する動きがみられる。BCPとは，自然災害，大規模な感染症の拡大，テロなどが発生した際に，企業や行政機関が事業を継続，あるいは事業を早期に再開するために，緊急時に行うべき行動などをあらかじめ整理し，定めておく計画の

第14章　自然災害による農業への影響

ことである。

　内閣府では BCP のフレームワークを示している。これは通常の防災計画とは異なり，企業や行政機関の社会的機能（財・サービスの生産の継続や再開）に焦点をあてて，被害や事業停止等による経営への影響を定めている。

　農業は我々が生きていくために不可欠な要素であり，自然災害によって農業が被害を受けることは国民生活にも重大な影響を及ぼすことから，より具体的な BCP の策定が求められる。とりわけ，途上国の人口増加，経済成長による食料不足が懸念されるなかで地球的規模の気候変動，旱魃や洪水などの発生によって食料確保が難しくなることも予想される。日本は食料自給率がカロリーベースでおよそ40％程度であり，自然災害によって国内の食料の調達が著しく困難になることも予想される。そのため，自然災害等の不測時における食品のサプライチェーンの機能維持のための取組として農業者だけではなく，食品産業事業者における BCP の策定の推進，食品産業事業者間の連携の促進，BCP の訓練・演習の実施の促進などが求められる。

14.5　今後の対策のあり方

　日本の農業は，食料自給率が下がり，農業者も高齢化が急速に進んでいる。このように衰退産業ともいえる農業ではあるが，世界的な状況を俯瞰すると，安定的に安心・安全な食料を国内で供給するニーズは今後，高まってくるものと考えられる。しかしながら，南海トラフをはじめ各地で頻発する地震によって，農業用水路などのインフラが破壊され，台風などによる洪水，あるいは渇水によって日本の農業は，もっとも影響をうけることから，いわば脆弱な産業となっている。

　農業の基盤である土壌は長い年月をかけて人々が形成してきたが，津波や洪水によって失われると復旧には多大な時間が必要となる。さらに高度経済成長時に整備された堤防などのインフラは，間もなく更新する時期に入っていく。農業は国民生活の基盤であることを再認識し，農業インフラの整備を進めていかねばならない。

　今後，高齢化などによって後継者の確保が難しい農村の地域社会を維持し，農業生産を保護することが重要であるだろう。農業，とりわけ稲作を中心とした農

257

業においては地域社会における人々の繋がりが重視されてきた。田植え，草取り，収穫等においていわゆる相互扶助の仕組みが形成されてきた。自然災害の発災後においても，住民自らの相互扶助がBCPにおいて重要な要素となる。さらに，農業の復興は，農作物の輸送のために鉄道，道路をはじめ物流の復興や，食品加工産業と強く関連していることを十分に認識しておくことが必要である。

　日本だけではなく世界各地で，気候変動がもたらすさまざまな気象変化によって，自然災害が頻発していることから，海外とりわけ途上国に対する技術協力の強化も必要である。農業分野に対する被害は，人口が密集する都市への被害とは異なり，食料供給が停止することになり，国民経済さらには世界経済に大きな影響を及ぼすため，速やかな復旧のための対策を事前に十分に検討しておかねばならない。

　東日本大震災の復興計画では，2011年6月25日に示された復興構想会議の中間報告「復興への提言〜悲惨のなかの希望〜」にあるように「すみやかな復旧から復興」とされている。農業分野においては，① 高付加価値化，② 低コスト化，③ 農業経営の多角化を示しているが，これらはすでに従前から課題となっていたことである。さらに「速やかな復興」のために従来の農業とは異なる方向を示された。農地から離れ，津波等によって利用できない農地を利用すること，季節に関係なく収穫のできる栽培，付加価値の高い農産物の栽培，先進的技術の導入による経営の効率化である。科学技術・経営技術を取り入れることによって農家の収入を確保しようというものである。

　災害に見舞われた農業地域においては植物工場や大規模圃場の形成，あるいはICT，IOTなどによる栽培管理等のスマート農業を紹介しているが，コスト削減のために大規模化や省力化あるいは新たなコスト負担の増加は多くの農家が地域から排除されることになる。そもそも農業は，収益性が低く，後継者の確保が難しいことなどから，自然災害を契機に転廃業する可能性が高い。農業は，食料供給という重要な役割を持ち，消費者をはじめ関連産業にとって重要な産業であり，強靭なレジリエンスを持つことが求められる。しかしながら，個々の農家は，零細で経済的基盤も脆弱であることから，自然災害が発災した場合，その復旧は著しく困難になる。そのために公的な財政的な支援が必要である。

　とくに伝統的な農業社会においては，他者との繋がり，連帯などといった，い

わゆる社会関係資本（ソーシャルキャピタル）があり，これが農業分野における災害からの復旧においてもっとも重要なレジリエンスとなる。いわゆる，ソーシャルキャピタルが農村社会のレジリエンスを支えていくことを再評価することも課題である。

コラム　自然に対して脆弱な農業

　　農業には，気温，降水量，地形，土壌の4つの条件が必要である。気温については，最暖月の平均気温10℃以上が必要であり，森林限界とほぼ一致している。年降水量も250 mm以下の地域では耕作を行うことはできない。250 mmから500 mmであれば牧畜が可能で，500 mm～1 000 mmでは畑作が，1 000 mm以上では稲作が可能となる。急峻な山地では，農業を行うことは困難であり，傾斜地では，土壌侵食を防ぐために防止が必要となる。日本の輪島市白米町の千枚田やインドネシアのジャワ島などでみられる棚田のような仕組みである。また，土壌や地形も農業生産に対して影響を与える。褐色森林土が最も農業に適している。インドのデカン高原は，玄武岩が風化してできたレグール土壌で覆われ，綿花の栽培が行われている。デンマークでは，氷河によって土壌が削られ，砂や石に覆われていたため，農業のために品種改良を続け，それを餌とした家畜の生産が盛んである。関東平野で広く見られる関東ローム層の土壌は，富士山や浅間山の噴火によって広く拡散した火山灰が粘土化したもので高台や台地を構成していることから農業用水の確保が難しいこと，植物の生育に必要な栄養分をあまり含んでいないことなどから，稲作には適しておらず，畑作が行われている。さらに，気候条件によって，地域固有の文化が形成される。例えば，日射量や降雨量が大きなモンスーンアジアでは，人びとが集団で農業を営む稲作文化が形成され，儀礼や祭祀が中心となった文化が形成されている。農業は，自然生態系の水，窒素，炭素などの物質循環を利用して行われていることから自然生態系の物質循環の働きを乱さなければ持続的に生産を続けることができる。しかしながら，生態系の働きを無視して過剰に肥料や農薬を使用すると農地の地力が低下し，農業生産が減少するだけではなく，生態系にも重大な影響

を与える。1940年代から60年代にかけて，高収量品種の導入や化学肥料の大量投入などにより穀物の生産性を向上させ，食料の増産に成功した緑の革命も，化学肥料や農薬といった化学工業製品の投入なしには維持できないことから持続可能性が失われる可能性もある。実際に1970年代以降，一部の地域では，生産量の増加が緩やかになり，殺虫剤に耐性をもった病虫害による被害や，大量の地下水の灌漑による塩類集積によって農業ができなくなっていることも指摘されている。また，農業は，風水害などの自然災害に対して非常に脆弱である。人類は，冷害や旱魃の被害に対して，作物の品種改良，灌漑設備の整備等によって対応してきたが，近年，温暖化など地球的規模の気候変動による想定以上の低気圧が発生したり，海水面の上昇によって農業被害が各地で拡大している。こうした被害を防止するためには，さらに河川の堤防や防潮堤等の社会的インフラストラクチャーを整備することなどが必要である。さらに気温の上昇や降水量の変化によって生産できる農作物の品種が変化することや，温帯や熱帯地域の害虫が高緯度地域でも発生することによって，新たな農業被害や自然生態系への影響が懸念されることから，今後は，気候変動に備えた品種改良や新たな農薬の開発も必要である。農業は，自然生態系と一体となった営みであることを改めて認識し，適切な適応策を講じていかねばならない。

＜参考文献＞

1) FAO：FAO最新報告「農業は災害による被害の矢面に立っている」（FAO駐日連絡事務所ホームページ）（2015.3.15）
2) 上原絢子：「農業分野への天候リスクマネージメント導入可能性に関する一考察」，『農業情報研究』，12（4），pp.337-346（2003）
3) 一瀬裕一郎：「東日本大震災による農業被害と復興の課題」，『農林金融』，2011年8月号，pp.42-54（2011）

第 15 章
観光地のリジリエンシー向上に向けた地域防災計画と BCP

朝倉はるみ・鎌田裕美

15.1 観光地と自然災害

　2011年3月11日に発生した東日本大震災は，東北地方を中心にさまざまな被害をもたらした。観光地も例外ではなく，観光資源や観光施設，宿泊施設をはじめ，交通機関などが被害を受けた。図-15.1 に示すとおり，東日本大震災が発生した平成23年3月を境に東北地方6県（青森，秋田，岩手，山形，宮城，福島）の観光客は急激に減少し，1年にも渡って全国の水準とはかけ離れたことがわかる。

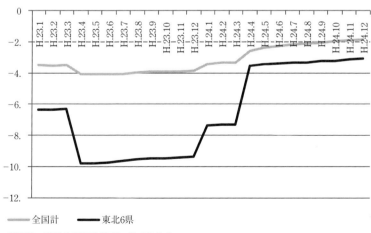

［出所］　宿泊旅行統計調査に基づき作成

図-15.1　宿泊客数の推移：前年比

Ⅲ　生活，行動・意識

こうした自然災害による観光地の被害や，それに伴う観光客数の減少は東日本大震災に限らない。噴火や火山活動の活発化，台風，水害，土砂崩れなど，さまざまな自然災害が発生する。また，観光地が自然災害の被害を受けた場合，そのときに訪問している観光客の安全を考慮することはもちろん，その後の復旧や風評被害に対する策も講じなければならない。どのような観光地も，こうした災害に見舞われる可能性はあり，災害に対する備え，被災時および被災後の対応を常に考えておく必要がある。

中小企業白書 2012 によると，多くの中小企業は BCP の重要性は感じているものの，策定のためのツールや支援を必要としていることに言及し，中小企業が BCP を容易に理解するとともに導入しやすいツールの提供が求められると述べている。中小企業庁では，そのツールとして「中小企業 BCP 策定運用指針」を作成，公表している。このほか，東京商工会議所によるツールや，全国中小企業団体中央会・商工組合中央金庫・株式会社損害保険ジャパンによる BCP 支援制度など，さまざまな支援がある。現在，公表資料では個別企業の具体的な BCP を入手することは難しく，観光関連企業の事例は少ない。被災経験のあるホテルの経験から，観光特有の状況を踏まえ，個別企業，企業間，地域間での BCP を検討する必要があることがわかる。観光地は自然災害を避けられず，製造業や販売業のように移転できない（朝倉（2013））。観光地で営業する宿泊業も同様の状況下にあり，移転せずに被災した観光地で事業継続することを想定した対策を検討，策定する必要がある。

本章では，観光地・観光業における自然災害への段階別対応を取り上げ，自然災害の発生前後を 3 段階に分けて対応策を考える。

15.2　観光地・観光客の現状認識

15.2.1　観光地と自然災害との関係

観光地の自治体や観光業は，観光地と自然災害の関係を，過去，現在，将来について理解しておく必要がある。

過去については，例えば過去 50 年の間になんらかの自然災害で被害を受けたことがあるかどうか，その自然災害の発生頻度はどの程度か（例：数年おき，最

後の噴火は 15 年前），被害の程度と地理的範囲，復旧に要した時間といった自然
災害の歴史である。被害の程度については，例えば火山噴火であれば，火山灰降
下，立ち入り禁止地区指定等，地震であれば建物倒壊，道路破損等，台風・大雨・
高波・津波であれば建物破損，浸水，土砂崩れ，ライフライン停止等である。

　現在については，観光地の立地が自然災害発生の可能性が高い場所にあるかど
うか，である。活火山や指定河川（洪水予報対象河川）の近くにあるのかどうか，
地震防災対策強化地域に指定されているかどうか，といった視点から確認できる。
活火山近くの観光地の場合，実際の噴火でなく噴火警戒レベル引き上げによって
観光地が立ち入り制限区域に含まれる場合もある。2015 年 5 月に噴火警戒レベ
ルが引き上げられた箱根町[1]では，町内の観光資源である大涌谷への立ち入り
が規制され（自然探勝歩道閉鎖），箱根ロープウェイ運休，温泉供給事業者の大
涌谷への立入許可が一時差し止められるなど，観光地としての一部機能が停止し
た[1]。

　将来については，過去の歴史や研究から，今後，発生が想定される自然災害（例：
噴火警戒レベル引き上げ，地震による建物被害や津波被害）を把握し，それを踏
まえて自治体計画等を策定・見直していく（詳細は後述）。

　観光地は，時に災害をもたらす自然と共生せざるをえず，移転することはでき
ない（個々の施設の移転は可能だが）。自然という観光資源がもたらすメリット・
デメリット両面を理解したうえで，観光地としての発展を考えなければならない。

15.2.2　観光客＝「一時住民」として認識

　自然災害発生時，自治体の保護対象は「住民」であるが，観光地には「観光客」，
つまり「一時住民」といえる人々が常に滞在している。住民（定住者）や，通勤・
通学者は，自分の居住地・勤務地・通学地での滞在時間が長いため，その土地の
ことをよく理解しているが，観光客の滞在時間は数時間から数日と短く土地勘が
ないため，自然災害発生時には避難経路や避難場所がわからず，被害者になる可
能性が高いといえる。

　観光庁「旅行・観光消費動向調査」[2]によると，2015 年に国内宿泊旅行に行っ
た人数は延べ 3 億 1299 万人，国内日帰り旅行は延べ 2 億 9173 万人，合計 6 億
472 万人にのぼる。また，同年の訪日外国人旅行者数は 1974 万人と史上最高（当

Ⅲ　生活，行動・意識

時）を記録した[3]。

　つまり，2015 年には日本人国内旅行者（延べ，宿泊＋日帰り）と訪日外国人旅行者を合わせ，約 6 億 2 500 万人もの旅行者が居住地を離れた旅行先に「一時住民」として滞在していたのである。

　それゆえ，観光地を有する自治体，とくに市区町村は，観光客も自然災害時の保護対象として考慮する必要がある。自治体によっては，住民以上の観光客が訪れている。例えば，外国人観光客にも人気の高い京都市の人口（2015 年 10 月 1 日現在，国勢調査）は 148 万人であるが，2015 年の同市への観光客数は 5 684 万人[4]と，人口の 38 倍である。これは年計であり，単純に 1 日当たりに換算すると約 16 万人となり，自然災害発生時には京都市だけで 1 日当たり人口プラス 16 万人の観光客を保護しなければならないのである。

　さらに，近年は外国人観光客も急増し，その来訪地も都市ばかりでなく，全国各地に分散している。外国人観光客は日本語を十分理解できない場合があり，日本人観光客以上に自然災害発生時に情報が得られず，被害に合う可能性がさらに高まる。

　市区町村は，まずは自市区町村への観光客数およびその内訳（例：日本人客数と外国人客数）を把握し，どれほどの「一時住民」を有しているのかを認識することが大切である。なお，地域防災計画では，高齢者，障害者，外国人等を自然災害発生時の避難等にとくに支援を要する者「自然災害時要援護者」としており，2013 年 6 月の自然災害対策基本法の一部改正により，避難行動要支援者名簿の作成を義務付けること等が規程された[5]。観光客も，ある意味では「自然災害時要援護者」と考えられるが，名簿作成は非常に困難である（とりわけ日帰り客）。しかし，宿泊客であれば宿泊施設が基本情報を入手できるため，それを自然災害時に活用できる。

15.3　自然災害発生前後の時間軸と観光地の取り組み

　自然災害は，発生が予測できない場合も多い。そのため，観光地としては自然災害発生前，自然災害発生直後，自然災害発生後という 3 つの時間軸に分けると，取り組み方が整理しやすい（**図-15.2**）。なお，本章では，「自然災害発生直後」は，

第 15 章　観光地のリジリエンシー向上に向けた地域防災計画と BCP

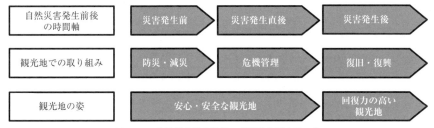

図-15.2　自然災害発生前後の時間軸と観光地の姿

観光地での自然災害発生後，観光客全員がその観光地を離れるまでの期間と想定する。

次節から，図-15.2 の 3 つの時間軸別に観光地の自治体と観光業に取り組んでほしいことを整理していく。

15.4　自然災害発生前——観光地・観光業の防災・減災

15.4.1　地域の各種計画への観光地・観光業の防災・減災施策の反映

都道府県・市区町村による自治体計画の中で，防災・減災に関係するものとしては地域防災計画がある（コラム参照）。

都道府県あるいは市区町村が観光地であるならば，地域防災計画の策定・見直しの際に，観光施設や観光資源が集積しているエリア（観光エリア）および観光客（一時住民）を保護対象として想定することが望ましい。

2014 年 11 月下旬に震度 5 の地震が発生した長野県白馬村を例にとると，スキー場や宿泊施設が集積する観光エリアに大きな被害はなく，地震発生後ほどなくしてスキーシーズンがスタートした。2014 年度，同村は地域防災計画の改定作業中であったが，観光エリア以外の住宅地や農地の一部では大きな被害が発生したため，同年度および次年度（2015 年度）は地震からの復旧事業に集中することとし，2016 年度に地域防災計画の見直しを完了した。その際，地震発生の経験を踏まえ，同村の防災計画としては初めて「観光地への応急対策」が追加された。また，国の「自然災害時要援護者の避難支援ガイドライン」を踏まえ，同村は 2009 年 10 月に「白馬村避難支援プラン全体計画」を策定し，この中で「自然災

265

Ⅲ　生活，行動・意識

害時要援護者参加型避難訓練の実施」が提案されている。計画策定後，2016 年
度末までに，この避難訓練は 2 回実施されている。同計画における「自然災害時
要援護者」に観光客は含まれていないが，今後は避難訓練に観光客を参加させる
ことで，観光関係者の防災・減災ノウハウも蓄積されると考えられる。

コラム　地域防災計画

　都道府県・市区町村の防災会議が自然災害対策基本法（昭和 36 年法律第
223 号）の規定に基づき策定しなければならない計画であり，毎年検討を
加え，必要があると認めるときは修正しなければならない。目的は，さまざ
まな自然災害の予防，応急対策および復旧・復興対策を実施し，住民の生命，
身体および財産を保護することである。震災編，風水編，火山編等に分け，
各編の内容は，自然災害予防計画，自然災害応急対策計画，自然災害復旧計
画というように時間軸ごとに策定される。

　観光地を有する自治体の地域防災計画においては，以下のような点に留意
することが望ましい。

　自然災害予防計画においては，防災訓練への観光客の参加，外国語による
避難情報発信体制の確立，観光エリアでの地滑り・土石流対策，避難場所・
避難物資の数量に観光客も想定する，といった内容の盛り込みである。とく
に避難経路については，観光客は土地勘がなく，前述したように「避難行動
要支援者」である。そのため，観光施設や交通拠点（駅，空港，バスターミ
ナル等）からの避難経路をわかりやすい看板等で示すといった対策が必要で
ある。

　自然災害応急対策計画は，自然災害発生直後の対策であり，自然災害予防
計画同様，避難対策や食料供給の対象者として観光客を想定した計画にして
おく。

　自然災害復旧計画には，自然災害救助法に基づき「生業に必要な資金，器
具又は資料の給与又は貸与」を盛り込むことができる[6]。観光業が「生業」
に含まれる条件を計画内に明示し，観光業者には，こうした支援があること
を平時に周知しておくことで，自然災害発生後の迅速な業務再開に結びつく。

266

15.4.2 総合計画・観光計画への防災・減災施策の反映

　都道府県・市区町村の自治体運営において最も重要な計画は総合計画であり，自治体のすべての計画の基本となる。2011年5月に「地方自治法の一部を改正する法律」が公布され，市町村においては，総合計画の基本部分である「基本構想」の策定義務（および必須議決事項としての位置付け）が撤廃された[7]。しかしながら，2011年3月に日本生産性本部が実施した「地方自治体における総合計画の実態に関するアンケート調査」によると，「今後も総合計画を策定する」との回答率は，都道府県で53.6%，市区町で57.9%と，回答自治体の半数以上を占めた[2]。同調査によると，市区町の76.4%は総合計画を基本構想，基本計画，実施計画という三層構造で構成し，期間として最も多いのは基本構想は10年以上15年未満が76.1%，基本計画は4年以上8年未満が64.9%，実施計画は3年以上80.9%である。

　総合計画期間中に大きな自然災害に見舞われると，次期の構想や基本計画の防災分野に改訂が認められる場合がある。例えば，三重県東紀州地域の5市町（熊野市，尾鷲市，紀北町，御浜町，紀宝町）は多雨かつ台風常襲地域であり，東海地震等の「地震防災対策強化地域」に指定されている。この5市町では大規模な風水被害の発生や地震発生確率の上昇変更，2011年3月の東日本大震災の後に総合計画を見直す際，防災分野の内容や施策の優先順位が変化している（朝倉（2013，2014））[8], [9]。紀宝町は，2011年に台風で熊野川が氾濫して甚大な被害が発生し，2012年12月に「平成23年度台風12号自然災害復旧・復興計画」を策定した。さらに2011年度に策定中だった後期基本計画は，同年の台風被害を踏まえて修正が必要となり，予定より1年遅れて2013年3月に策定された。この計画では，2011年3月の東日本大震災や2011年の台風被害を活かして，地域防災計画の見直しが提案されている。

　このように，自然災害発生後に総合計画の防災分野を見直すことは当然であるが，近年の自然災害の発生状況をみると，日本全国あらゆるところで自然災害が，そして，これまで発生頻度の低かった自然災害（例：数十年以上前に起こった自然災害）が起こりうるといえる。そのため，総計画や防災計画の策定・見直しの際に，防災分野については自治体内で発生した，あるいは発生しうる自然災害だけでなく，他所の自然災害も考慮すべきであろう。その際に，前述したように「観

Ⅲ　生活，行動・意識

光地」であること，「観光客」が自治体内に常に滞在しているという視点を忘れてはならない。

また，自治体が観光産業を地場産業として重視しているのであれば，分野別計画として観光計画を策定している。通常，観光計画は，観光地の将来像（イメージや目標数値）を掲げ，それを実現するための施策をまとめたものである。計画期間の外部環境の変化予測も書きこまれることがある。例えば，交通インフラの改善や，新規観光施設の開業等である。しかしながら，自然災害は観光地でも発生しており，今後の観光計画では，「明るい未来」とともに，「自然災害が起こりうる未来」も想定し，観光地・観光業の防災・減災対策を盛り込むことも必要であろう。

長野県白馬村では，2014 ～ 2015 年度の 2 年間をかけて「白馬村観光地経営計画」を策定した。これは同村としては初めての本格的な観光計画である。計画策定期間中（2014 年 11 月）に地震に見舞われたため，同計画には急きょ「自然災害発生時等に対応する危機管理体制の構築」が盛り込まれた [10]。また，2015 年 12 月に同村が策定した「白馬村総合戦略　まち・ひと・しごと創造」においても「汎用防災アプリケーションのシステム構築による防災対策」が提唱されている [11]。白馬村は冬季に外国人スキー客が多く，また村内に居住して観光業を営む外国人も多いことから，自然災害発生時の対応策として，外国人住民を含めた住民向けの情報伝達システム構築を提唱したものである。

観光業（企業・団体）もできうる限りの防災・減災対策を実施する。観光施設の防火・免震対策，観光客用備品類の準備（食料，水，毛布，携帯トイレ等），観光客への避難経路の説明ツール作成，観光客も参加しての避難訓練等である。

表-15.1 は，観光地の防災・減災対策を考える際に考慮すべき事項例を整理したものである。これらを実現できるよう自治体計画に盛り込んだうえで，自治体が観光業を支援する，あるいは自治体から観光業に実施を推奨していく。

15.4.3　観光地としての BCP 策定

(1)　事業継続計画策定の実態

事業継続計画（Business Continuity Plan。以下，BCP）は，「大地震等の自然災害，感染症のまん延，テロ等の事件，大事故，サプライチェーン（供給網）の

第15章 観光地のリジリエンシー向上に向けた地域防災計画とBCP

表-15.1 観光地が自然災害発生前に考慮すべき事項例

	考慮すべき事項例	備　考
計画策定	地域防災復旧計画の中に「観光地」としての施策がある（特に「災害復旧計画」の中に）	
	観光地内および周辺地域の防災・減災のためのインフラ整備を，行政が積極的に行っている，あるいは行うよう，観光関係者が行政に働きかけている	土砂崩れ防止対策，バイパス道路の建設，避難所の増加，防災無線の定期点検，避難所への誘導看板設置
立地条件等	観光地へのアクセスルートが，1方向につき2つ以上ある	国道とその迂回路となる県道，国道と鉄道
	観光地内，あるいは観光地から車で30分以内に総合病院がある	
ハード	避難所の収容人数・備蓄品数に，観光客数も含まれている	毛布，水，食料，携帯トイレ等
	観光施設は，防火・免震対策が済んでいる	
	観光施設に，観光客分の備蓄品が常備されている	毛布，水，食料，携帯トイレ等
ソフト	観光客に対し，避難経路を周知している	観光地内および周辺の案内板，観光施設で配布するチラシ
	観光産業従業員の避難訓練を定期的に行っている	
	観光施設に，観光客を避難場所へ誘導するマニュアルがある	従業員採用後に必ずマニュアルを渡して説明
	観光客も参加しての避難訓練を定期的に行っている	

途絶，突発的な経営環境の変化など不測の事態が発生しても，重要な事業を中断させない，または中断しても可能な限り短い期間で復旧させるための方針，体制，手順等を示した計画」と定義されている（内閣府（2013））[12]。

　BCPは，1970年代以降，金融機関の情報システムのバックアップ対策に萌芽がみられ，2001年9月のアメリカ同時多発テロ発生によって，その重要性・有効性が指摘され，世界各国の企業で策定されるようになった。日本では2005年8月に内閣府防災担当が「事業継続ガイドライン第一版」を発表し，2013年8月に改訂されたもの（第三版に相当）が最新版である。2007年の中越沖地震や2009年のインフルエンザ流行，2011年の東日本大震災といった自然災害発生をきっかけに，BCPへの関心が高まりつつある。2010年6月に閣議決定された「新成長戦略」実行計画（行程表）においては，2020年までの目標として大企業のBCP策定率をほぼすべて，中堅企業は50％が掲げられている[13]。

　「企業の事業継続の取組に関する実態調査－過去からの推移と東日本大震災の

269

Ⅲ 生活,行動・意識

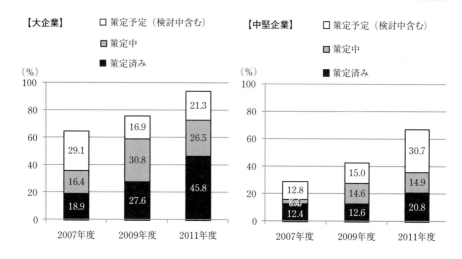

[出典] 内閣府:「企業の事業継続の取組に関する実態調査」より作成[14]

図-15.3 企業規模別BCP策定状況の推移

事業継続への影響−」(内閣府(2012))によると,BCPの策定企業は大企業,中堅企業とも増加傾向にあるものの,大企業に比べると中堅企業の方が策定率は低い(**図-15.3**)[14]。業種別では,観光業に関連する「飲食店・宿泊業」の策定率は14.3%と,小売業(13.3%)に次いで2番目に低く,一方「BCPを知らなかった」の比率は,「飲食店・宿泊業」が20.8%と最も多かった[15]。

(2) BCPと防災計画の違い

BCPは防災計画と混同されやすく,内容もかなりの部分で重なるのも事実だが(**図-15.4**),両者には次のような違いがある。

防災計画は,人命や建築物等,有形資産の被害軽減・保全,二次自然災害の防止を目的に策定されるが,BCPは防災を前提に,事業継続のための早期復旧を目的とした計画である。また,防災計画は地震等の想定される脅威,すなわち「自然災害の原因」から対策を検討するが,BCPは事業中断という「自然災害の影響」から対策を検討する。自然災害の原因は特定せず,自然災害による事業への影響度合いに応じた対応策を講じるのがBCPなのである。

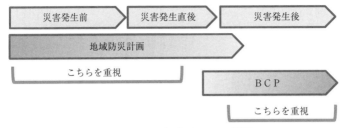

図-15.4 地域防災計画とBCPの関係

(3) 観光業の特性と観光地としてのBCPの必要性

　我が国では毎年何らかの自然災害が発生しているが，観光地は自然災害を避けられず，また製造業や販売業と異なり，「観光地」そのものは移転できない。観光地では，代替性の低い資源や観光業が一体となって人々の生活を支えており，自然災害発生後も同じ場所で観光地として存続し続けなければならないのである。

　BCPの「B」は「Business」を意味しており，観光地においては観光業個々の企業がBCPを策定することが望ましい。しかしながら，観光庁が2015年1月に発表した「平成24年観光地経済調査」（観光庁（2015））によると，観光産業事業所は個人経営が56.8％を占め，会社（35.2％）であっても資本金1 000万円未満が33.4％を占めており[16]，中小企業が多いといえる[3]。前述したように，企業規模が小さいとBCPの策定率や認知度が低いのが現状であり，観光業においても同様のことがいえよう。

　そこで，まずは「観光地」全体を考えるべき組織である自治体（都道府県，市区町村）や観光振興団体（観光協会等）がBCPを策定・運用していくことが，自然災害に強い観光地としての第一歩といえる。BCPは，観光地が自然災害を踏まえて持続していく，つまり自然災害からの「リジリエンシー（回復力，適応能力）」を高め，観光地として迅速な復旧とその後の発展を目指すための計画と位置付けられ，策定者としては自治体が適任者といえる。

　自然災害発生直後は，防災計画に則って復旧・復興事業が進められるが，それと並行してできるだけ早くBCPを発動させるためにも，平時にBCPを策定しておくことが望ましい。

　また，観光地としてBCPが必要な理由の1つとして，自治体の人事異動があ

Ⅲ　生活，行動・意識

げられる。例えば，長野県白馬村では，2005 ～ 2015 年度の 11 年間に観光課長
が延べ 7 人就任し，平均在職期間は 18.9 か月，同村の観光振興組織である白馬
村観光局の事務局長も同期間に延べ 5 人が就任し，平均在職期間は 21.2 か月で
あった[17]。自治体の人事異動はやむを得ないシステムであるが，自然災害発生
後のノウハウが人事異動とともに失われてしまう可能性がある。自然災害対応の
個人ノウハウを組織ノウハウとして蓄積していく 1 つの手法として BCP 策定が
ある。

　なお，自治体の BCP は，あくまで「役所」としての機能回復が目的であり，
観光地としての BCP は，自然災害発生前の状態にできるだけ早く観光地を回復
させることが目的である。「自然災害発生前の状態」については，観光地ごとに
定める事項であり，また可能であれば回復までの想定期間も BCP に盛り込んで
おく。例えば，3 年以内に観光施設をすべて復元・活用を再開する，2 年以内に
観光客数を自然災害発生前の 9 割まで回復させる，といった内容である。

15.4.4　官民連携の防災・減災対策……すぐにできること

　地域防災計画や BCP の策定を待たずとも，すぐに実行できる官民連携の防災・
減災対策がある。もちろん，こうした対策を地域防災計画や BCP に盛り込むこ
とが望ましい。

　一例として，自然災害発生後，あるいは自然災害発生が予測される段階で必要
となる「避難所」としての宿泊施設・観光施設の活用である。地域防災計画には
避難所があらかじめ設定されているが，避難所自体が被災する可能性もある。ま
た，住居被災により仮設住宅を必要とする住民が発生した場合，仮設住宅の設置・
入居までには時間がかかる。そのため，宿泊施設・観光施設が被災せず，自家発
電装置や防災備品の保有等，避難所と同等あるいはそれに近い設備を有している
場合は，それら施設も積極的に避難所・仮設住宅として観光客や住民に開放して
もらうための覚書や協定書を自治体と施設運営者（民間含む）との間で締結して
おく。また，自然災害後のボランティア滞在拠点としても宿泊施設は必要であり，
それも含めて宿泊施設・観光施設に防災・減災の協力を自治体から要請しておく。

　また，自然災害後のボランティアは，各市町村社会福祉協議会に設置された自
然災害ボランティアセンターを経由したり，NPO 等の組織経由でのボランティ

ア等，全国各地から被災地に来訪する。こうした不特定多数のボランティアの力を借りることも必要であるが，市区町村単位あるいは避難所単位でボランティア団体と平時に協力関係を結んでおくことは，迅速なボランティア活動開始には有効であろう。ボランティア団体としては，民間企業，NPO，NGO，商店街，姉妹都市，大学等，多様な組織が想定される。たとえば，淑徳大学（メインキャンパスは千葉県）は，東日本大震災直後の2011年4月に宮城県石巻市の中学校長に赴任した同大卒業生からボランティアの要請があり，避難所となった大須小学校を拠点に学生を派遣，炊き出しや避難所の清掃，地域のがれき撤去等のボランティア活動を行った。その後も，学生によるボランティアや被災地を学ぶツアーを夏休みや春休みに継続している。石巻市（雄勝町）との交流を続けることにより，今後の自然災害発生時には大学としてボランティアに協力できる体制になっている。

15.5 自然災害発生直後——観光地・観光業の対応

15.5.1 観光客・観光業従業員の安全および観光地・観光施設の被害情報の収集

　自然災害発生直後，観光地の自治体や観光振興組織，観光業各社は，まずは観光客および従業員の安全を確保・確認しなければならない。観光施設内にとどめるのか，避難所に誘導するのか，観光施設は観光客の「安全な居場所」を確保する。

　その後，観光客，観光業従業員，観光地，観光施設の被害状況を把握する。この際，被害状況の調査主体と調査内容をあらかじめ決めておかないと，情報が混乱するおそれがある（1つの観光施設に，複数の調査依頼がくる等）。調査主体としては，自治体（観光関係部署），観光振興団体（観光協会等），業界団体（旅館組合，商工会議所等）のいずれかが行うことが望ましい。調査内容については，簡潔に被害状況を把握できる項目を含んだ調査票をあらかじめ定めておく（観光客数と被害状況，従業員の被害状況，建物の被害状況，営業再開予定日等）。調査方法については，たとえば観光振興団体会員への一斉メール，一斉FAX，電話ヒアリング，来訪調査等があり，迅速かつ確実に情報を収集できる方法を採用

Ⅲ　生活，行動・意識

する。

15.5.2　観光客への情報提供

　観光客は，観光地での滞在時間が短いため土地勘がなく，住民以上に自然災害発生時は不安になる。さらに，SNSにより誰もが情報発信者になりうるため，自然災害発生時は情報が混乱しがちである。観光客に対しては，まずは観光業の従業員や住民が避難場所の情報を提供し，そこまで誘導したうえで，自然災害状況や帰宅情報，とくに交通機関の被害状況を提供する。一刻も早く帰宅したいと願う観光客が正確な情報なしに観光地を出て帰路についた場合の二次自然災害を防ぐためにも，観光地周辺の広域被害状況（交通機関含む）の把握・情報提供が必要である。

　また，近年急増する外国人観光客への情報提供対策も自治体や観光業は準備しておかなければならない。平時に外国人観光客の実態（来訪国，滞在時間，来訪施設等）を把握したうえで，使用言語や情報提供手段，翻訳者，発信者を決めておき，自然災害発生時に迅速に情報を提供する。

15.5.3　観光地外への情報発信

　観光地にいる観光客への情報提供だけでなく，広く観光地外にも被害状況等の情報を発信する必要がある。観光客や観光業従業員の親族，観光地への来訪予定者にとっては，観光地がどのような状況にあるのか知りたいのは当然である。

　この場合の情報発信者としては，情報収集者でもある自治体や観光振興団体が観光地を代表して，公式HP・SNS（Twitter，Facebook，インスタグラム，ブログ等）で発信することと，マスコミ経由で発信することができる。マスコミに対しては，プレスリリースの発信や取材を受けることになるが，取材については窓口を一本化し情報源が複数にならないよう（情報が錯そうしないよう）注意が必要である。なお，自治体がマスコミの取材対象者を制限することはできないが，観光客や住民が取材を受けて不愉快・不安にならないよう，マスコミにも慎重な取材姿勢をとるよう協力を求めることが望ましい。

15.5.4 観光客の帰宅支援

観光地としてのミッションは，観光地周辺の被害状況や，交通機関の安全確認後，観光客を帰途につかせるところまでである。土砂崩れによる道路や線路の閉鎖，橋の崩落，空港ターミナルや滑走路の破損・浸水等，交通機関も被災する可能性があり，その安全確認が必要である。マイカーやバスでの観光客のためには，周辺道路や被災箇所の迂回路の通行が可能かどうかの確認，鉄道・航空利用者に対しては，それらの運行再開の確認後，駅や空港までの輸送を行う。観光客を送り出す際，念のため防災備品（水，食料，防寒シート等）を持たせる。

なお，観光施設や自治体から帰宅確認（帰路は安全だったか等）を行うことで，観光地（観光施設）に対する信頼感が増し，将来のリピーター化，口コミ効果の拡大につながる可能性がある。外国人観光客の場合は，大使館へ安否状況を報告し，帰国に必要な支援を行う。

15.6 自然災害発生後——観光地・観光業の復旧・復興

15.6.1 BCP の発動

(1) BCP 発動のタイミング

観光地・観光業が自然災害前の状態に戻るため，BCP を発動する。防災計画と BCP のカバーする時間帯が重複しているため（**図-15.4** 参照），いつ BCP を発動するかの判断は難しいが，1つの目安は自然災害発生時に観光地にいた観光客を全員帰路につかせた後といえる。もちろん，東日本大震災のように，観光地の被害が甚大で，観光施設，観光資源が損壊し，観光業（経営者・従業員）に死者・行方不明者が発生しているような場合は，観光業の生活基盤が安定してからとなる。観光地の BCP は，被害状況の詳細把握を土台として，観光施設・観光資源の復旧と，観光客を呼び戻すための情報発信が核となる。

(2) 観光施設・観光資源の被害状況の詳細把握と復旧

自然災害発生後，ある程度住民の生活が落ち着いたら，観光施設・観光資源の被害状況を詳細に把握し，復旧・復興作業の優先順位や手順を決め，使用・営業再開の目安を立てる。被害の大きさによっては，廃業や，復旧作業完了までに数

年を要する場合もあろうし，軽微な被害の場合はただちに使用・営業を再開できる場合もある。観光業は個人経営や小規模企業が多いことから，自治体は金融機関との連携の上，事業継続のための金融支援（ハード復旧，支払（仕入れ，給与等））を迅速に行うことも望ましい。

また，観光施設・観光資源が大規模な被害を受けた場合の復旧・復興資金として，自治体予算を充当するほかに，広く国民から資金を募る方法がある。ふるさと納税制度やクラウドファンディング等，多様な手法が活用できる。2016年4月の熊本地震で大きな被害を受けた熊本城は，「復興城主」制度を実施している。これは，寄附金を熊本城の復旧・復興の財源に充当し，寄附者には「城主手形」を発行して市内の観光施設に無料で入園できる特典等を付与し，熊本市への誘客も視野に入れた制度である[18]。

(3) 誘客のための情報発信

観光地としての復旧・復興の指標として最もわかりやすいのが観光客数で，自然災害発生前と同程度に回復することを目指して誘客活動を再開する。観光地へのアクセス（ルート，交通手段）の安全と，観光客の来訪目的となる観光資源・観光施設の復旧確認が，その前提となる。

自然災害発生後，多くのマスコミが被災地に殺到し情報を発信するが，その際の情報はあくまで「マスコミが発信したい情報」であり，「観光地・観光業の望む情報」とは限らない。そのため，観光地・観光業としての復旧・復興のためには，地元の自治体や観光推進団体がイニシアチブをとって情報を選択し，多様な手段を用いて発信していくことが不可欠である。

観光地にとっては，実際の被害は少ないにもかかわらず，いわゆる「風評被害」を受ける場合がある。情報発信者・情報発信手段の多様化に伴い，大量の情報が発信されるため，消費者が情報の真偽を確認することも難しい。そうした時代だからこそ，情報発信をマスコミ任せにせず，観光地の自治体や観光振興団体など，信頼のおける組織から正確な情報を迅速かつ定期的に発信し続けることが風評被害を防止し，観光地に対する消費者の安心感や来訪意向を醸成する一助となる。

15.6.2　各種計画の見直し

地域防災計画と総合計画は，見直し時期がある程度決まっているので，その際に防災・減災，自然災害発生時の対応法，復旧・復興についての見直しを行う。観光計画も，自然災害の規模によっては，計画期間途中であっても将来像や目標数値を見直さざるを得ない場合がある。観光地のBCP発動による復旧・復興の現状を踏まえ，柔軟に計画の見直しを行う。観光地のBCP自体も，自然災害発生後の運用状況を振り返り，より迅速な復旧・復興に資する計画に見直す。

なお，地域防災計画は，風水自然災害対策編，震災対策編というように自然災害別に策定されており，それぞれがかなりの分量である。自然災害発生時に自治体がよりどころとすべき同計画があまりにページ数が多いと，迅速な対応ができない可能性がある。また，自治体によっては「自然災害時職員初動マニュアル」のようなものを策定している。自然災害発生時，および復旧・復興時の迅速かつ適切な事業推進のための計画類は，数を絞り，かつ内容もできるだけシンプルにし，平時に計画運用の訓練を行うことが望まれる。

15.6.3　自然災害「記憶」保存の検討

災害は，自然災害，人為災害を問わず，個人にとってはつらい記憶として残るが，社会にとっては二度と同じ被害を繰り返さない，あるいは被害を減らすためにも，「記憶」を残さなければならない。例えば，第二次世界大戦時の原爆投下を忘れないための「原爆ドーム」（広島県）や，ユダヤ人等が大量虐殺された歴史を忘れないための「アウシュヴィッツ・ビルケナウ　ナチスドイツの強制絶滅収容所」（ポーランド）等で，これらはいずれも世界遺産に認定され，訪れる者に「忘れてはならない歴史」を訴えている。

2011年の東日本大震災では，地震と津波により東北地方の太平洋岸が甚大な被害を受けたが，実は明治以降，同エリアは3回に渡り大きな津波被害を受け，死者・行方不明者が発生していた[4]。これらの経験を踏まえ，津波への注意喚起看板等がまちなかに設置されていたり，南三陸町のように1961年（1960年のチリ地震津波の翌年）から毎年津波避難訓練を実施し津波に備えていたものの，大きな被害が発生している。

数十年に一度の自然災害は，体験者が高齢化して減少していくうえ，自然災害

Ⅲ　生活，行動・意識

の「記憶」も薄れていくのは不可避である。しかしながら，将来，同様の自然災害が発生した際に，少しでも被害を減らすためには，「記憶」を文章化・映像化した「記録」を公共財として保存しておくことが必要である。そして，自然災害の「恐ろしさ」を，時間を越えて後世に伝えるためにも，前述した2つの世界遺産のように，被害にあった建物等「目に見えるもの」を保存することには大きな意義がある。

　日本での事例としては，1990年11月に噴火が始まり，1996年6月に終息した雲仙普賢岳の自然災害の教訓を風化させずに後世へ残すべく2002年にオープンした「雲仙岳自然災害記念館（通称がまだすドーム）」がある。ドーム型スクリーンで火砕流・土石流を擬似体験できる「平成大噴火シアター」，焼け焦げた電柱や電話ボックス，噴火噴出物のはぎ取り標本の展示，語り部コーナー等があり，防災学習施設としても活用されている。1995年1月に発生した阪神・淡路大震災の被災地である淡路島には，1998年に「北淡震災記念公園」がオープンした。この公園には地震で地表に露出した野島断層（同年7月31日に国の天然記念物に指定）がそのまま保存されているほか，神戸市長田区の公設市場の防火壁（「神戸の壁」）が移築され，来場者に震災から得た教訓と防災に対する意識啓発を促している。しかしながら，これら2施設の来訪者数の推移（2005～2015年（度））をみると，いずれも減少傾向にある。自然災害発生から時間が経つにつれ，こうした施設を活用しての「記憶」の維持も難しいといえる。

　2011年3月の東日本大震災から6年が経つが，被災地では被災した建物を残すことによって「津波の怖さ」を伝えようという動きがある。「奇跡の一本松」が注目を浴びた岩手県陸前高田市では，震災後，建物から遺体が見つからなかったものに限り，「震災遺構」として残すこととしている。宮城県女川町では，津波で倒壊した建物3棟のうち，中学生の希望で交番を1つ残すこととなった。また，彼らの発案で町内の21の浜に「女川　いのちの石碑」を建てることとし，修学旅行先での街頭募金や企業への寄付依頼等，総額約1000万円の資金も自分たちで集め，20歳になるまでにすべての石碑完成を目指している。

　一方，家族を津波で亡くした遺族からは，被災した建物を残すことに反対する意見も出ている。南三陸町の防災対策庁舎は，屋上に避難した町職員ら約30人のうち助かったのはわずか10人であり，鉄骨の骨組みだけが残された。震災の

第 15 章 観光地のリジリエンシー向上に向けた地域防災計画と BCP

図-15.5 震災遺構（岩手県陸前高田市の「旧道の駅」）

記憶としてこれを残すかどうか，町と住民は議論を重ねたもののどうしても結論が出ず，2015 年 6 月，宮城県が震災の 20 年後に当たる 2031 年 3 月 11 日まで県有化し，一時保存することが決まった（2015 年 12 月 18 日に県有化）。町は，約 15 年かけて，防災対策庁舎の解体か保存かを判断する。

復興庁が震災遺構保存の初期費用は出すとしたものの，維持管理は地元自治体が負担しなければならず [19]，震災遺構として保存するかどうかの判断は非常に難しい。

震災遺構は，楽しみのための旅行目的ではないため観光資源とは言えないが，日本ばかりでなく世界中の人が自然災害の恐ろしさを「学ぶ」ための旅行目的となりうる。被災前に観光地でなかったところにも，自然災害をきっかけに多くの人が来訪することで防災・減災につながるよう，自治体や観光業は住民とともに慎重に有形無形の「自然災害の記憶」の活用を検討していかなければならない。

＜注釈＞

[1] 2015 年 5 月 6 日に噴火警戒レベルが 1 から 2 に，6 月 30 日にレベル 3 に引き上げられたが，9 月 11 日にレベル 2，11 月 20 日にレベル 1 に引き下げられた。
[2] 有効回答数は 781 団体，内訳は都道府県 28，市区 472，町 281。
[3] 総務省が実施した「平成 26 年経済センサス―基礎調査」（2015 年 11 月 30 日公表）によると，我が国の企業数 409.8 万企業のうち，個人経営は 51.0％，会社企業は 42.7％であり，これに比較しても観光産業は個人経営が多い。

Ⅲ　生活，行動・意識

［4］　明治 29（1896）年 明治三陸地震津波，昭和 8（1933）年 昭和三陸地震，昭和 35（1960）年 チリ
地震津波。

＜参考文献＞

1)　箱根町：「記者発表資料」(2015.5.6)

2)　観光庁：「旅行・観光消費動向調査　平成 27 年年間値（確報）」(2016)　http://www.mlit.go.jp/
kankocho/news02_000286.html

3)　日本政府観光局：「2015 年　国籍別 / 目的別 訪日外客数（確定値）」(2016)　http://www.jnto.
go.jp/jpn/statistics/tourists_2015.np.pdf

4)　京都市：「平成 27 年京都観光総合調査」(2016)　http://www.city.kyoto.lg.jp/sankan/page/0000202863.
html

5)　内閣府：「避 難 行 動 要 支 援 者 対 策」(2017.2.15 閲覧)　http://www.bousai.go.jp/taisaku/
hisaisyagyousei/youengosya/index.html

6)　内閣府：「自然災害救助法」(最終改定 2014.5.30) 第 4 条　http://www.bousai.go.jp/taisaku/kyuujo/
kyuujo.html

7)　総務省：「地方自治法の一部を改正する法律の公布について（通知）」，第 4（2011)　http://www.
gichokai.gr.jp/keika_gaiyo/pdf/h23_kouhu.pdf

8)　朝倉はるみ：「観光地のリジリエンシー向上に向けた事業継続計画（BCP）に関する研究―
Phase1」，『第 28 回日本観光研究学会全国大会学術論文集』，pp.125–128（2013)

9)　朝倉はるみ：「観光地のリジリエンシー向上に向けた事業継続計画（BCP）に関する研究―
Phase2」，『第 29 回日本観光研究学会全国大会学術論文集』，pp.349–352（2014)

10)　白馬村：『白馬村観光地経営計画』，p.57（2016)

11)　白馬村：「白馬村総合戦略　まち・ひと・しごと創造」，p.41（2015)　http://www.vill.hakuba.
lg.jp/somu/plan/comprehensive_strategy/comprehensive_strategy.pdf

12)　内閣府：「事業継続ガイドライン－あらゆる危機的事象を乗り越えるための戦略と対応－（平成
25 年 8 月改訂）」，p.3（2013)

13)　閣議決定「新成長戦略」，p.71（2010)

14)　内閣府防災担当：「企業の事業継続の取組に関する実態調査－過去からの推移と東日本大震災の
事業継続への影響－」，p.7（2012)

15)　前掲書，p.9–10

16)　観光庁：「平成 24 年観光地経済調査」，pp.4–5（2015)

17)　朝倉はるみ：「観光地のリジリエンシー向上に向けた事業継続計画（BCP）に関する研究―白馬
村編　Phase2」，『第 31 回日本観光研究学会全国大会学術論文集』，pp.221–224（2016)

18)　熊本市：熊本城公式ホームページ「復興城主」　http://wakuwaku–kumamoto.com/castle/fukkou
(2017.2.15 閲覧)

19)　復興庁：「震災遺構の保存に対する支援について」（記者発表資料）(2013)

第16章

コミュニティの継承と復興事業
―被災者における交流の継続と自治組織の機能強化―

堂免隆浩

16.1 コミュニティ継承の重要性

　自然災害からの復興では，被災者個人の生活再建とともにコミュニティの継承が重要となる。阪神・淡路大震災後，応急仮設住宅等での高齢者の孤独死が社会問題となった（神戸新聞 NEXT, 1996 年 2 月 15 日）。そして，復興におけるコミュニティの重要性はますます強調されている。自然災害からの復興を扱った既存研究を整理すると，用語としての「コミュニティ」の使われ方は，交流の側面と組織の側面に分類できる。交流の側面には，視線や気配等の弱いコミュニケーション（塩崎（2009））や人と人とのつながり（菅（2007））が含まれる。交流の喪失が被災者個人に与える影響は大きく，鬱病傾向，無気力傾向，アルコール依存，そして，孤独死に至る問題，が報告されている（室崎（1987），塩崎（2014））。一方，組織の側面には，避難時や復興期における組織が含まれる。組織の機能不全に関して，東日本大震災の事例では，いち早く自治組織が立ち上がり運営できた避難所もあれば，自治組織が結成されず行政依存の避難所もあった（山崎（2011））。また，阪神・淡路大震災の事例では，復興期に住民の意見をまとめて行政や専門家と協働できた地域もあれば，住民間の意見集約まで到達できなかった地域も存在した（横田他（2006））。

　なぜ被災後にコミュニティは継承されなかったのか，また，どうすれば継承できるのか。この問いに迫るため，本章では阪神・淡路大震災以降の地震災害と津波災害を対象として，既存研究等を引用しながら考察を進めていく。16.2 節では，

Ⅲ　生活，行動・意識

コミュニティが継承されなかった原因を，交流の喪失と組織の機能不全に分けて
確認する。後述のとおり，コミュニティの被災は，復興事業の弊害である場合が
多い。とくに，阪神・淡路大震災では，行政による復興事業の一方的な決定がそ
の後のコミュニティに大きな被害をもたらした。阪神・淡路大震災を教訓として，
復興事業の支援内容や事業内容が改善されてきた。そこで16.3節では，改善さ
れた復興事業を整理する。しかし，行政による復興事業の一方的な決定を許した
制度上の欠陥に対する改善は未だ十分とは言えない。問題の克服には，復興事業
の決定におけるコミュニティの関与が必要となると考える。16.4節では，コミュ
ニティが復興事業の決定に関与するにあたり，事前の制度化と住民の組織化が重
要であることを論じる。

16.2　コミュニティの被災

16.2.1　交流の喪失

　交流の喪失は，被災者における人間関係の喪失，孤立，引きこもり，そして，
孤独死等，の確率を高める。阪神・淡路大震災の復興過程で，交流の喪失が深刻
な問題となった。本来，復興事業の目的は，被災者が復興前の生活を取り戻すこ
とである。その復興事業が被災者の生活を悪化させるという本末転倒な状況で
あった。そして，交流の喪失を招いた原因は，(1) 応急仮設住宅等への入居方針，
(2) 事業の長期化，そして，(3) 地価・家賃の上昇，に整理できる。

(1)　応急仮設住宅等への入居方針

　応急仮設住宅等への入居方針が交流の喪失を引き起こす要因には，① 弱者優
先の原則，および，② 公平性の原則，がある。
　① 弱者優先の原則に従い応急仮設住宅等への入居を進めてしまうと，住民の
　　多くが高齢者や障害者等で構成されることになってしまう。阪神・淡路大震
　　災では，高齢者や障害者等の社会的弱者が応急仮設住宅や災害公営住宅に優
　　先的に入居できるようにした。過酷な避難所生活から応急仮設住宅への移行，
　　そして，仮の住まいである応急仮設住宅から恒久な住まいである災害公営住
　　宅への転居を進める場合，弱者を優先することが当然と思われる。しかし，

282

結果として社会的弱者ばかりが災害公営住宅等に集中することになった（塩崎（2014））。住民が社会的弱者ばかりになってしまうと住民相互での助け合いが困難となってしまう。

② 公平性の原則に従い入居を進めてしまうと，ばらばらでの応急仮設住宅等への入居となってしまう。阪神・淡路大震災では，応急仮設住宅が被災地から離れた郊外や臨海部に建設された（吉川（2009），塩崎（2014））。結果，元の居住地から遠く離れた郊外部等に建設された応急仮設住宅に多くの住民が転居せざるを得なかった。さらに，入居先は抽選により決定された（山崎（2011），塩崎（2014））。運よく被災地内で転居できても，抽選による入居であるため，従前からある隣保組織とは無関係に見ず知らずの者で隣近所になった（塩崎（2009））。そして，避難所から応急仮設住宅，さらに，応急仮設住宅から災害公営住宅と2度にわたり人間関係が断絶することになった（塩崎（2009），村田（2012））。応急仮設住宅等への入居順を決定する場合，公平性の観点から抽選方式が採用されることは妥当と思われる。しかし，抽選方式は個人間（あるいは世帯間）の公平さを保障できてもコミュニティを維持することができない。

(2) 事業の長期化

復興事業の長期化が交流の喪失を引き起こす要因には，被災者における生活再建の遅延がある。阪神・淡路大震災では，土地区画整理事業等の完了まで応急仮設住宅での生活が3〜5年以上に及んだ住民もいた（塩崎（2009））。東日本大震災では，地盤沈下した地区でのかさ上げ工事に伴う住民の一時的な移住や津波被害を受けた地区での高台移転が実施された（大西（2013））。これらの事業では，地盤安定や宅地崩落対策のために時間が必要とされる（間野（2013））。さらに，東日本大震災では災害公営住宅の建設の遅れが指摘された。その原因として，用地取得の難航，人材不足，資材・人件費の高騰，東京オリンピック開催決定による公共事業の増加，が挙げられている（塩崎（2014））。

事業が長期化することで，住民は生活再建の見通しを立てられなくなる。土地区画整理事業等では完了に何年もの期間を要するため，本建築を建てられない等，長期的視野を持った判断が困難という問題が生じた（岩崎他（1997））。東日本大

Ⅲ　生活，行動・意識

震災でも復興事業が完了しなければ住まいを再建できない人が大半である（間野（2013））。事業が長期化するほど，被災者の生活は苦しくなる。そのため，住民の意識が変化し，需要と供給のミスマッチが生じ，災害公営住宅への入居の取り止めや集団移転への不参加が選択される（塩崎（2014））。

　元の土地での住宅再建の見通しが立たないと住民は地区外へ転出し，住民の転出はコミュニティの離散につながる（真野（2009））。たとえば，取引先との関係の継続が必要な商工業者は転出を余儀なくされる（塩崎（2009））。住民が地域に戻らなければ，建設した災害公営住宅や土地区画整理事業等で整備した土地が有効に使われないという矛盾も生じる（間野（2013），塩崎（2014））。

(3)　地価・家賃の上昇

　市街地再開発事業等に伴う地価や家賃の高騰が交流の喪失を引き起こす要因には，元の場所での生活再建の困難さがある。たとえば，阪神・淡路大震災の復興事業として進められた新長田駅南地区再開発事業では，分譲住宅等の価格が従前権利の評価額より高額になるとともに新たに共益費・管理費等のランニングコストが発生した。そして，従前から地区に居住する住民の内，約45％の人が転出を余儀なくされた（塩崎（2014））。追加資金を持たない賃貸居住者層や自力再建困難層は，地区内での居住や生業を継続することが難しい。

　高台や内陸への移転に伴う費用も大きい。東日本大震災では，防災集団移転促進事業等で山を切り崩して大規模な造成が進められている。そして，一つの住宅につき2 000〜4 000万円もの費用がかかる可能性がある（塩崎（2014））。資力のない住民にとって高台や内陸移転の事業への参加は難しい。

16.2.2　自治組織の機能不全

　自治組織の衰退は，自治会や町内会等が備えている多様な機能の低下につながる。本章では町内会や自治会を自治組織と見なす。自治組織は多様な機能（親睦活動，行政サービスへの協力，自衛的活動（防災・防犯），環境衛生（美化）活動，地域の伝統文化の維持，福祉活動，住民運動）を有している（倉田（1990））。自然災害や被災後の復興事業は，住民にとって不可欠な自治組織を機能不全に陥れる。そして，自治組織が機能不全となる原因は，(1)構成員の減少，(2)避難所

284

等への機械的な収容，そして，(3) 高齢者等の割合の高さ，に整理できる。

(1) 構成員の減少

　自然災害や復興事業に伴い自治組織の構成員が減少すると，自治組織の活動の担い手やまとめ役の不在につながる。スマトラ地震では，津波によりコミュニティのリーダーが死亡した地域があった。リーダーを失った地域では，外部支援者と被災者との媒介がうまく機能しなかった（田中（2007））。また，新潟県中越地震では，一部の集落において被災後の防災集団移転促進事業に伴い世帯数が大幅に減少した。この集落では，祭り等のイベントが中止となり集落運営の人手不足や予算不足の問題が発生した（青砥他（2006））。活動の担い手が減少しまとめ役が不在となると自治組織の弱体化が進んでしまう。

(2) 避難所等への機械的な収容

　救助者を避難所等へ機械的に収容してしまうと，従前からある自治組織の機能を活用することが難しくなる。たとえば，新潟県中越地震では，被災者がヘリコプターにより救出された順番で避難所に入った。その結果，集落という機能が失われ，家族という最小限の機能のみとなった（青木（2011），長島（2012））。被災直後は，迅速な救助と避難所等への収容が求められる。しかし，迅速さや効率性にとらわれてしまうと避難所等への機械的な収容につながる。そして，元からあった自治組織の機能を避難所等において生かすことが困難となる。

(3) 高齢者等の割合の高さ

　高齢者等の割合が高い場合でも，自治組織の設立や運営が困難になる。阪神・淡路大震災では，高齢者や障害者が災害公営住宅等へ最優先に入居できる方針をとった。そのため，要援護者が団地に集中することになった（菅（2007））。要援護者ばかりで構成される災害公営住宅等の団地では，自治組織の設立が非常に困難となる。また，自治組織を設立できたとしても，役員の引き継ぎが難しい，役員の仕事が重い，活動の協力者を得にくい等，組織を継続する上で多くの課題が残る（柴田（1997））。

Ⅲ 生活，行動・意識

16.3 コミュニティに配慮した復興事業への改善

16.3.1 交流継続の取り組み

交流の継続のためには，住民が土地と人間関係から切り離されないことが求められる。住民が土地と人間関係から切り離されないための取り組みとして，(1) 自主再建の促進，(2) 応急仮設住宅等の立地および入居方針，そして，(3) 新たな交流の形成，を挙げることができる。

(1) 自主再建の促進

自己の土地に住宅を自主再建できれば，被災後も住民は従前の地域で生活を継続できる。そして，従前の地域で継続して生活できれば，交流の継続や自治組織の維持にもつながる。そこで，自主再建を，① 自力仮設住宅，および，② 本建築，に分けて検討する。

① 自力仮設住宅は，被災後，応急仮設住宅に入居せず自己の敷地で仮住まいを始めるために建設される（塩崎 (2011)）。阪神・淡路大震災では少なからず自力仮設住宅が建設された。建物の 7 ～ 8 割はプレハブ建築で，素早い住まいの確保と営業再開を目的としていた。そして，従前からの生活との連続性とコミュニティの保全を実現した（塩崎 (2009)）。しかし，日本ではまだ自力仮設住宅に対する公的支援は行われていない（塩崎 (2014)）。

② 本建築は，自己の敷地における恒久的な住宅等のために建設される。被災した住宅等の再建には多額の費用を要する。これに対し，本建築の再建に対する公的支援が存在する。1998 年に制定された被災者生活再建支援法では，2004 年と 2007 年の改正を経て，住宅再建に最大 300 万円の支援金を支給している。ただし，被災者生活再建支援法に基づく支援制度は，発動要件や適用範囲が限定的である。そのため，独自の支援金制度を用意している都道府県や市町村もある（山崎 (2014)）。他方で，多くの持ち家被災者は，被災した住宅等のローンを残して新しい住宅等を再建するためにさらにローンを組むという二重ローンに苦しめられる（岩崎他 (1997)，吉川 (2009)）。これに対し，被災ローン減免制度等が導入されている（平山 (2013)）。

286

第 16 章　コミュニティの継承と復興事業

(2)　応急仮設住宅等の立地および入居方針

　応急仮設住宅や災害公営住宅ではこれまで培ってきた交流の継承が重要となる。従前の居住地で自力仮設住宅や本建築の再建が難しい場合，応急仮設住宅等において生活することになる。そこで，応急仮設住宅等の制度を，① 立地，および，② 入居方針，に分けて検討する。

　① 　応急仮設住宅や災害公営住宅の立地は，被災地にできるだけ近い場所が望まれる。応急仮設住宅の用地は，公有地が原則とされてきた。そして，阪神・淡路大震災では，この原則に従い，多くの応急仮設住宅が被災地から離れた郊外や臨海部の広大な公有地に建設された（吉川（2009））。これに対し，東日本大震災では，応急仮設住宅が民有地でも建設された（大水（2013））。他方，災害公営住宅の用地では，新潟県中越地震において，集落の近くに建設するために市による民有地の買い上げが行われた（長島（2012））。

　② 　応急仮設住宅等への入居方針は抽選によらない入居管理方式で進める必要がある（山崎（2011），大水（2013），塩崎（2014））。東日本大震災では仙台市において，5 世帯でまとまって応急仮設住宅に入居するグループ入居[1]が取り組まれた（新井他（2015））。新潟県中越地震では，集落単位での災害公営住宅への入居となった。伝統的に培われた共同体的な意識を被災後の生活でも継続できることが大切であるためである（青木（2011））。また，東日本大震災における防災集団移転促進事業でも集落ごとの移転が進められている（読売新聞，2017 年 3 月 6 日朝刊）。

(3)　新たな交流の形成

　被災前に培ってきた交流が喪失した被災者にとっては，新たな交流の形成が重要となる。もちろん応急仮設住宅等への入居時に交流の継続が十分配慮される必要があるものの，すべての被災者が交流の継続を実現できるとは限らない。交流が喪失した被災者に対する支援が不可欠となる。そこで，新たな交流の形成を，① 行政による取り組み，② 自治組織やボランティアによる日常的な取り組み，そして，③ 交流の空間，に分けて検討する。

　① 　行政による取り組みでは，災害公営住宅等における生活援助員による見守り活動が挙げられる。生活援助員は，被災前に住民同士が日常的に行ってい

287

Ⅲ 生活，行動・意識

た安否確認を代わりに担う。しかし，十分な成果があがっていないとの指摘もある（塩崎（2014））。一方，東日本大震災では，宮城県が独自に「復興まちづくり推進員」を被災地に配置した。復興まちづくり推進員は行政と被災者とのつなぎ役を担った（櫻井他（2013））。また，2012年より「復興支援員」が国により制度化された。復興支援員は応急仮設住宅等のコミュニティへの支援等に取り組んでいる（石塚（2013））。

② 自治組織やボランティアによる日常的な取り組みでは，孤独死をなくす運動（柴田（1997））や声掛け活動（村田（2012））が挙げられる。また，自治組織等が外部支援団体と協働して発足させたクラブ活動が多くの住民にとって親睦の場となっていた応急仮設住宅に関する報告もある（新井他（2015））。

③ 交流の空間として集会所が挙げられる。能登半島地震では，山岸地区仮設住宅において，集会所がボランティアや慰問活動だけでなくイベントがない時も住民同士がコミュニケーションをとれる憩いの空間となった（村田（2012））。また，東日本大震災では，復興支援員が集会所に常駐している応急仮設住宅もある（立木（2016））。ただし，集会所があれば必ず新たな交流が形成されるとは限らない。阪神・淡路大震災では，災害公営住宅のコミュニティプラザや集会所が必ずしも利用されなかったと指摘されている（塩崎（2011））。

16.3.2 自治組織の機能強化

自治組織は，新しい交流の形成だけでなく，発災直後，避難期，そして，復興期においても被災者の支援や生活再建に有効に機能する。発災直後には，阪神・淡路大震災において，迫る火災に住民や地元企業がバケツリレーや自主消防設備で立ち向かい被害を最小限に食い止めた下町コミュニティがあった（山崎（1996））。避難期には，自治組織が中心となり避難所が運営された（山崎（2011））。復興期では，「親交的コミュニティ」[2]や少数のリーダーに依存しすぎのコミュニティでは復興まちづくりの態勢に脆弱性をはらんでしまうのに対し，成熟した「自治的コミュニティ」[3]では制約条件を乗り越えつつ主体的な取り組みが実施された（横田他（2006））。

機能不全が生じた自治組織に対しては支援が求められる。自治組織の機能強化

第16章　コミュニティの継承と復興事業

に資する取り組みとして，(1) 自治組織に対する直接的支援，そして，(2) 多様な主体による連携，を挙げることができる。

(1)　直接的支援

　自治組織の機能強化に対する直接的支援は，組織の設立や運営に対して行われる。東日本大震災の被災自治体が策定した復興計画では，自治組織に対する支援として，人材育成，活動支援，交流連携支援，設立支援，運営支援，訓練支援等，が明記されている（堂免（2014））。他方，2013 年の災害対策基本法改正により，防災計画体系の中に「地区防災計画制度」が新たに創設された（内閣府（2014））。この制度では，「市町村地域防災計画」に「地区防災計画」を含めることで市町村と自治組織との連携が企図されている。地区防災計画には，自治組織の活動体制の構築，初動対応の方法，指定避難所等の開設や運営方法，そして，食料・飲料水・資機材の備蓄方法等，が含まれる。

　自治組織を自治的コミュニティへ発展させることを目的とした行政による取り組みには，地域住民による公共施設の自主管理を挙げることができる。東日本大震災では，地域住民による公民館の運営を復興計画に明記している市を確認できる（堂免（2014））。地域の自治機能の強化を期待し，地域住民に公共施設の管理運営を委託する先進的取り組みとして，武蔵野市におけるコミュニティセンターの整備運営がある。ただし，武蔵野市の取り組みでは，管理運営を越えた地域問題への対応や地域の総意形成といった点が弱く，地域自治や都市内分権の方向への展望が描きにくいと評価されている（牧田（2007））。平常時から深刻な地域課題に多くの住民が参加し自主的解決を図った蓄積がなければ，復興まちづくりの事業や計画でコミュニティ全体の合意を得ることは困難との指摘もある（横田他（2006））。そのため，自治的コミュニティの発展に関する取り組みには課題が残されていると考えられる。

(2)　多様な主体による協働

　自治組織の単独では克服が困難な課題も，多様な主体との協働であれば克服の可能性が高まる。阪神・淡路大震災において野田北部地区では，被災前のまちづくり協議会の経験を生かし，「野田ふるさとネット」と呼ばれる場が設立した（真

Ⅲ　生活，行動・意識

野（2009））。多様な機関や団体がこの場に緩やかに包み込まれ，関係者は時間を
かけて議論や情報交換を行った。他方，2013年に創設された「地区防災計画制度」
に基づく「地区防災計画」の内容には，自治組織と他の団体（自主防災組織，消
防団，事業者，NPOやボランティア団体）との連携が含まれる。平常時から，
複数の主体間における友好関係の構築が重要となる（内閣府（2014））。

16.4　コミュニティ継承のための復興事業

16.4.1　復興事業の決定過程に対する再検討

　復興事業はコミュニティに配慮した改善が進みつつあるものの，住民の意向を
事業計画に反映できるようにするための改善は進んでいない。行政による復興事
業の一方的な決定は，交流の喪失や自治組織の機能不全をもたらす。阪神・淡路
大震災では，行政が反射的に復興都市計画事業を発想し（塩崎（2009）），復興を
急ぐあまり三週間足らずのうちに計画を行政主導で決めてしまった（山崎（1996），
塩崎（2009））。実際，建築制限や都市計画決定が被災者の意向を踏まえず強行さ
れ（塩崎（2011）），手っ取り早く応急仮設住宅等の建設戸数の実績をつくるため，
計画や設計に充分な時間をかけず標準的なプランで大量建設する等された（塩崎
（2014））。さらに，神戸市真野地区では，地域住民が応急仮設住宅にまとまって
入居できるようにとの地元からの要望が行政により却下された。その後，地域住
民のまとまっての入居は正しい要望だったと評価されている（今野（2007））。そ
れでも，計画に合理性があり行政と被災者との間に信頼関係が生まれた地区では
苦闘しながらも復興計画が進んだ（吉川（2009））。しかし，必ずしもこのように
復興計画が進んだ地区は多くない。行政主導の一方的な都市計画はまちの荒廃と
対立を招く（山崎（1996），横田他（2006））。

　そもそも非常時下では，被災後の経済・社会状況や被災者の生活状況に基づき
復興事業を一から検討し直す必要がある。平常時におけるまちづくりでは，事業
決定にかかわる経済・社会状況が過去から現在，未来にかけて連続的で緩やかに
変化すると想定されていると考えられる。この時，住民の生活状況の変化も比較
的緩やかで想定内である。しかし，平常時の状況を前提として策定された計画は，
被災後の非常時下において進める復興事業の計画として適切ではない可能性があ

第 16 章　コミュニティの継承と復興事業

る。たとえば，阪神・淡路大震災の事例では，行政が被災前に決定済みの都市計画道路等を復興事業の土地区画整理事業で一挙に事業化しようと考えたのに対し，住民は必要ないと考えた。そのため，過激な反対運動が展開された（塩崎（2009））。

　表-16.1 では，平常時と非常時における事業決定の前提を対比している。被災後の非常時下では，事業決定を至急行う必要がある。そこで，行政は，被災前の計画を被災後の復興事業の計画としてそのまま追認し父権主義的に決定する可能性が高い。他方，地域外へ避難する住民もいるため，事業決定の影響を受ける住民は分散する。そして，個々の住民の生活は，将来の見通しがまったく立たず不安定で悪い状態に暗転する。そのため，復興事業では，これまで平常時下で進めてきたまちづくりの内容を追認するのではなく，被災後の状況に応じて計画を一から検討できることが望ましい。

表-16.1　平常時および非常時における事業決定の前提

	平常時	非常時（被災後）
時　間	不急，時間をかけられる	至急，時間をかけられない
内　容	一から見直す余裕あり	被災前の計画を追認
住民の所在	地域内に居住	分散（地域外にも避難）
住民の生活	安定的，継続的，想定内	見通しが立たない，不安定，悪い状態に暗転

［出典］　著者作成

16.4.2　コミュニティ関与の必要性

　交流の継続や自治組織の機能強化には，自治組織や市民グループ等を含むコミュニティが復興事業の決定に関与できることが望ましい。復興事業の決定には，復興（防災）都市計画と生活再建の対立（吉川（2007a）），あるいは，復興の論理と地域の論理の対立（今野（2007）），がある。これらを乗り越えるためには，フリーハンドで議論し協議を積み重ね（吉川（2007b）），上からの押し付けではなく，地元住民自身の冷静な判断，決断によって決定されること（塩崎（2011）），が求められる。そして，さまざまな情報を伝え理解を深め，民主主義的な議論を通じて納得できる結論を導ける支援が重要となる（塩崎（2011））。そのためにも，コミュニティが復興事業の決定に関与できることが望まれる。

　復興の担い手として地域住民等の役割は大きいものの，事業決定へのコミュニ

291

ティ関与に対する法的な裏付けはない。たとえば，2013年に創設された「地区防災計画制度」に基づく「地区防災計画」は，市町村防災会議が策定するだけでなく，コミュニティの地区居住者等からも提案できる（計画提案制度）。ただし，地区居住者等からの提案が採用されるか否かは市町村防災会議により判断される（内閣府（2014））。このように，計画提案制度により地区防災計画づくりへのコミュニティ関与の道が開かれているものの，「地区防災計画」の内容は自発的な防災活動に限定され，復興事業の決定へのコミュニティ関与までは含まれていない。

16.4.3　コミュニティ関与の事前制度化

　被災後の非常時にコミュニティが事業決定に関与できるためには事前の制度化が必要となる。被災後の都市計画事業における合意形成の限界等は，事前の仕組みと制度ビジョンの性格により大きく規定される（真野（2009））。そのため，コミュニティが事業決定にどのように関与するかを被災後から検討し始めたのでは遅い。コミュニティが事業決定に関与できる仕組みが事前に用意されていなければ，関与が公式に認められていないことを理由にコミュニティが決定から排除されることも予想される。この問題に対し，「事前復興」の考え方が応用可能と考える。事前復興とは，被災前に，業務内容を整理し事業導入のプロセスを検討しておくことで災害に備える考え方である（吉川（2007b））。そこで，コミュニティによる事業決定の関与を事前制度化する場合は，事前計画に関与できる者，関与できる計画の範囲，そして，関与の手順等，をあらかじめ確定させておくことが重要となると考える。

　コミュニティが事業決定に関与できる事前制度の創設は，事業決定に関与する正当性を自治組織等へ付与することにつながる。事業決定への関与の正当性を獲得するために，コミュニティは地域を代表すること（代表性）を条件として備える必要があると考えられる。代表性の担保に関して参考になる事例は，神戸市のまちづくり協議会である。神戸市のまちづくり協議会は，1981年に制定された「神戸市地区計画及びまちづくり協定等に関する条例（以下，神戸市まちづくり条例）」に規定されている。そして，神戸市まちづくり条例第4条において，市長が自治組織をまちづくり協議会に認定するとしている。その認定条件は，① 地区の住民等の大多数により設置されていると認められるもの，② その構成員が，住民等，

第16章　コミュニティの継承と復興事業

まちづくりについて学識経験を有する者その他これらに準ずる者であるもの，③その活動が，地区の住民等の大多数の支持を得ていると認められるもの，である。

　非常時下の事業決定にコミュニティが関与する場合，地域住民等の組織化が重要となる。組織化には，「頑強性」，「透明性」，そして，「継続性」の条件が求められると考える。頑強性は，被災しても組織の機能を維持できることである。たとえば，被災により元のリーダー役が地域外に転出したり失われたりしても他の者が代わりを務められることが重要となる。透明性は，関与のプロセスに関する情報が公開されることである。たとえば，地区外への避難者にも情報の提供が求められる。継続性は，平常時から事業決定への関与の訓練を繰り返し実施することである。コミュニティによる事業決定への関与を事前に制度化するにあたり，これらの条件を被災前から補強補完する支援制度が必要となる。さらに，被災によりコミュニティに求められる条件が失われた場合でも，条件を回復するための支援を受けられる体制が作られていることが望ましい。被災により失われた条件をコミュニティ自らで回復するには限界がある。そのため，行政やNPO等からの支援内容をあらかじめ検討しておく必要もある。

16.5　まとめ

　自然災害からの生活再建においてコミュニティが果たす役割は非常に大きい。自然災害からの復興における「コミュニティ」の問題は，交流の側面と組織の側面に分けられる。交流の側面における問題は，従前からの交流が自然災害やその後の復興事業により喪失することである。交流が喪失する原因は，弱者優先および公平性を重視しすぎる入居方針，事業の長期化，そして，事業に伴う地価・家賃の上昇，に整理できた。他方，組織の側面における問題は，復興の一端を担う自治組織が機能不全に陥ることである。自治組織が機能不全に陥る原因は，構成員の欠如，避難所等への機械的収容，そして，高齢者等の割合の高さ，に整理できた。阪神・淡路大震災以降，コミュニティを継承できるよう復興事業が改善されてきた。交流継続のための取り組みでは，自己の土地での本建築の再建に対する支援金の支給，応急仮設住宅等において従前の交流が継続できる入居管理方式の採用，防災集団移転促進事業等におけるグループや集落単位での移転や入居，

293

そして，交流が喪失した被災者に対する新たな交流形成の支援，が行われてきた。
さらに，自治組織の機能強化のための取り組みでは，組織の設立や運営等への支
援，自治的コミュニティへの発展を目的とした取り組み，そして，多様な主体に
よる協働，が行われてきた。

　復興事業の改善は進みつつあるものの，事業決定に対して住民の意向を反映す
る改善策は十分とはいえないと思われる。従来の事業決定の手続きは平常時を前
提として作られている。被災後の非常時下では，この前提が根本から覆る。その
ため，被災後に一から事業計画を見直せるほうが望ましい。そして，多くの住民
が元の居住地に継続して住み続けられる計画が求められる。そのためには，コミュ
ニティが事業決定に関与できることが重要となる。実際，復興の担い手として自
治組織等のコミュニティに対する期待は大きい。しかし現状では，被災後におい
て，コミュニティの事業決定への関与を保証する制度は存在しない。

　そこで求められるのが，コミュニティによる事業決定への関与の事前制度化で
ある。これにより，事業決定に関与する正当性がコミュニティに公式に付与され
ることになる。単なる私的な意向である場合，意向が事業内容に反映される保証
はない。これに対し，公式に認定されたコミュニティの意向である場合，行政は，
事前制度化に基づく関与の手順に従い，コミュニティの意向を事業内容に反映さ
せる義務と責任を負うことになると考えられる。他方，コミュニティは，事業計
画に関与できると見なされるために，代表性（地域を代表している），頑強性（被
災後も組織の役割を果たせる），透明性（情報が公開されている），継続性（平常
時から事業決定への関与の訓練を行えている）を条件として備える必要があると
考える。コミュニティがこれらの条件を保持できるためには，行政やNPO等か
らの支援が求められる。

　阪神・淡路大震災では，行政による性急で一方的な事業決定が行政と住民また
は住民間に亀裂や対立を持ち込み，そのしこりは震災後10年経過しても残った
といわれる（塩崎（2014））。事業決定の影響はその後の被災者の生活に大きく影
響する。そのため，コミュニティが被災後の事業決定に関与し，行政と地域住民
が協力してまちづくりを進められる制度づくりが求められる。

第16章　コミュニティの継承と復興事業

コラム　被災者生活再建支援の変遷

　被災者の生活再建にとって住宅再建は不可欠である。そして，従前の土地での住宅再建は，コミュニティの継承にとっても重要である。

　被災者の生活再建を支援する制度として「被災者生活再建支援法（以下，支援法）」がある。支援法の目的は「自然災害によりその生活基盤に著しい被害を受けた者に対し，都道府県が相互扶助の観点から拠出した基金を活用して被災者生活再建支援金を支給することにより，その生活の再建を支援し，もって住民の安定と被災地の速やかな復興に資すること」である（支援法第一条）。

　1998年の支援法制定時，支援制度はまだ住宅再建に対応していないかった。支援制度の発動要件は，「10世帯以上の住宅全壊被害が発生した市町村」等である。財源は，国と都道府県が1対1で負担する。そして，支給要件として世帯の年収や世帯主の年齢等が規定された。支援金は，住宅が全壊相当の被害を受けた世帯（以下，全壊世帯）に最大100万円が給付された。ただし，使途は，家財の購入費や引越代等の生活資金に限られた。これは，私有資産の形成に税金を投入できないという考えが背景にあった（吉川（2009），平山（2013））。一方，2000年に発生した鳥取県西部地震では，コミュニティ継続のため，当時の片山善博元知事が住宅再建支援として最大300万円を支給できるようにした（片山（2006））。

　2004年の改正において，支援対象および支援金の使途が拡大したものの，住宅本体の再建は含まれなかった。この改正では，支援金が「生活関係経費」および「居住関係経費」となった。「生活関係経費」は，使途が日常生活用品の購入等に限定され，全壊世帯のみに支給された。一方，「居住関係経費」は，使途が被災家屋のガレキ撤去や住宅ローンの利子等に限定されたものの，大規模半壊世帯にも支給された。しかし，この仕組みは，使い勝手が悪く，支給要件が複雑で，支給率が3割に満たなかった（手塚（2016））。

　2007年の改正で，住宅再建にも支援金を利用できることになった。この改正では，年齢と収入の要件が撤廃され，使途を限定しない定額の渡し切り方式に変更された。財源は国と都道府県で1対1の負担であるものの，大

295

III　生活，行動・意識

表-1　複数世帯に対する被災者生活再建支援金の支給額（2007 年改正後）

		基礎支援金 （住宅の被害程度）	
		全壊・解体・長期避難 100 万円	大規模半壊 50 万円
加算支援金 （住宅の再建方法）	建設・購入 200 万円	300 万円	250 万円
	補修 100 万円	200 万円	150 万円
	賃借 50 万円	150 万円	100 万円

［出典］　被災者生活再建支援法をもとに著者作成

規模災害であった東日本大震災では国と都道府県で 4 対 1 の負担となった。支給対象者は，全壊世帯，やむを得ず解体した世帯，居住不能な状態等が長期間継続している世帯，そして，大規模半壊世帯である。支援金の種類は，住宅の被害程度に応じて支給する「基礎支援金」と，住宅の再建方法に応じて支給する「加算支援金」に変更された。そして，両支援金の合計額が支給されることになった（表-1 参照）。単数世帯（世帯数の構成員が単数）の場合，支援金の支給額は複数世帯（世帯数の構成員が複数）の 4 分の 3 となる。

　支援法の発動要件が限定的であることから，都道府県や市区町村は住宅再建等を独自に支援している。支援法の支援金額では不足の場合，支援金を増額する上乗せ的支援が行われる。また，支援法の適用外である被災世帯に対して支援金を支給する横出し的支援が行われる（山崎（2014））。

　被災者の生活再建支援には課題が残されている。支援法では，大規模半壊より軽い被害程度の世帯と原発災害被災者が適用外である（亀井（2014），塩崎（2014））。そして，都道府県や市町村による独自支援では，支給金額の自治体間格差が生じている（平山（2013），手塚（2016））。今後，これらの問題を克服し，被災者生活再建支援のさらなる発展が望まれる。

<注釈>

[1]　当初は 10 世帯以上でまとまっての入居方針であった。詳しくは，大水（2013）を参照。
[2]　園部（1984）参照。
[3]　園部（1984）参照。

第16章　コミュニティの継承と復興事業

＜引用文献＞

1) 青木勝：「第2章(2)　中山間地ではなぜ共同社会が大事にされなければならないか？―旧山古志村の経験から（新潟県中越地震）」，山崎丈夫編『大震災とコミュニティ―復興は"人の絆"から』，自治体研究社，pp.50-71（2011）

2) 青砥穂高，熊谷良雄，糸井川栄一，澤田雅浩：「新潟県中越地震による中山間地域集落からの世帯移転の要因と世帯移転が集落コミュニティに及ぼす影響に関する研究」，『地域安全学会論文集』，Vol.8，pp.155-162（2006）

3) 新井信幸，戸村達彦，三矢勝司，浜口祐子：「コミュニティ非継続型仮設住宅における自治の形成過程―仙台・あすと長町仮設住宅を対象に」，『日本建築学会計画系論文集』，Vol.80，No.716，pp.2183-2190（2015）

4) 石塚直樹：「東日本大震災連続ルポ1 動き出す被災地　復興支援員制度の一年目」，『建築雑誌』，Vol.128，No.1647，pp.2-3（2013）

5) 岩崎信彦，伊藤亜都子：「Ⅵ　一　アンケート調査による統計的分析」，神戸大学＜震災研究会＞編『阪神大震災研究2　苦闘の被災生活』，神戸新聞総合出版センター，pp.179-193（1997）

6) 大西隆：「1章　復興を構想する」，大西隆，城所哲夫，瀬田史彦編著『東大まちづくり大学院シリーズ　東日本大震災　復興まちづくり最前線』，学芸出版社，pp.14-35（2013）

7) 大水敏弘：『実証・仮設住宅―東日本大震災の現場から』，学芸出版社（2013）

8) 片山善博：『日本居住福祉学会　居住福祉ブックレット11　住むことは生きること―鳥取県西部地震と住宅再建支援』，東信堂（2006）

9) 亀井浩之：「第1章　被災者生活再建支援法の成り立ちと現状」，関西学院大学災害復興制度研究所編『検証　被災者生活再建支援法』，自然災害被災者支援促進連絡会，pp.3-15（2014）

10) 倉田和四生：「第6章　社会システムとしての町内会」，倉沢進，秋元律郎編著『都市社会学研究叢書②　町内会と地域集団』，pp.160-190，ミネルヴァ書房（1990）

11) 神戸新聞NEXT：「830人の無念　被災地発　問わずにいられない（9）孤独死危険群」（1996.2.15）https://www.kobe-np.co.jp/rentoku/sinsai/02/rensai/199602/0005472284.shtml（閲覧日2017.3.15）

12) 今野裕昭：「第3章第3節　1…真野の事例」，浦野正樹，大矢根淳，吉川忠寛編『シリーズ災害と社会2　復興コミュニティ論入門』，弘文堂，pp.103-109（2007）

13) 櫻井常矢，伊藤亜都子：「震災復興をめぐるコミュニティ形成とその課題」，『地域政策研究』，Vol.15，No.3，pp.41-65（2013）

14) 塩崎賢明：『住宅復興とコミュニティ』，日本経済評論社（2009）

15) 塩崎賢明：「第2章(1)　阪神・淡路大震災に学ぶコミュニティの復興」，山崎丈夫編著『大震災とコミュニティ―復興は"人の絆"から』，自治体研究社，pp.36-49（2011）

16) 塩崎賢明：『復興＜災害＞―阪神・淡路大震災と東日本大震災』，岩波新書（2014）

17) 柴田和子：「Ⅳ　二　仮設住宅街における自治会活動の実状」，神戸大学＜震災研究会＞編『阪神大震災研究2　苦闘の被災生活』，神戸新聞総合出版センター，pp.129-137（1997）

18) 菅磨志保：「第3章第2節　2…新しいコミュニティの形成と展開」，浦野正樹，大矢根淳，吉川忠寛編『シリーズ災害と社会2　復興コミュニティ論入門』，弘文堂，pp.98-100（2007）

19) 園部雅久：「Ⅶ　コミュニティの現実性と可能性」，鈴木広，倉沢進編著『都市社会学』，アカデミア出版会，pp.315-342（1984）

20) 立木茂雄：『災害と復興の社会学』，萌書房（2016）

21) 田中重好：「第6章第3節　スマトラ地震とコミュニティ」，浦野正樹，大矢根淳，吉川忠寛編『シリーズ災害と社会2　復興コミュニティ論入門』，弘文堂，pp.235-244（2007）

Ⅲ　生活，行動・意識

22)　手塚洋輔：「第5章　被災者への現金支給をめぐる制度と政治」，五百旗頭真監，御厨貴編著『検証・防災と復興1　大震災復興過程の政策比較分析—関東、阪神・淡路、東日本三大震災の検証』，ミネルヴァ書房，pp.109–128（2016）

23)　堂免隆浩：「震災復興計画におけるコミュニティ政策」，『計画行政』，Vol.37, No.3, pp.59–62（2014）

24)　内閣府：「地区防災計画ガイドライン」（2014）

25)　長島忠義：「第8章　新潟中越地震からの復興—「帰ろう，山古志へ」の実践」，早川和男，井上秀夫，吉田邦彦編『居住福祉研究叢書第5巻　災害復興と居住福祉』，信山社，pp.209–222（2012）

26)　平山洋介：「第6章　「土地・持家被災」からの住宅再建」，平山洋介，斎藤浩編『住まいを再生する—東北復興の施策・制度論』，岩波書店，pp.107–124（2013）

27)　牧田実：「3.3　東京のモデル・コミュニティ—東京都武蔵野市西久保地区—」，『コミュニティ政策』，Vol.5, pp.68–83（2007）

28)　間野博：「第7章　試されるプランニング技術—復興まちづくりはどこへ向かうか」，平山洋介，斎藤浩編『住まいを再生する—東北復興の施策・制度論』，岩波書店，pp.125–140（2013）

29)　真野洋介：「第5章　阪神・淡路大震災からの教訓—事前と事後/連続復興を支えるコミュニティの力」，日本建築学会編『日本建築学会叢書8　大震災に備えるシリーズⅡ　復興まちづくり』丸善，pp.147–177（2009）

30)　村田隆史：「第9章第2節　能登半島地震から3年目の被災者の生活実態—「生活被害」の拡大と「復興」における長期的視点」，早川和男，井上秀夫，吉田邦彦編『居住福祉研究叢書第5巻　災害復興と居住福祉』，信山社，pp.239–252（2012）

31)　室崎益輝：「Ⅳ　一　仮設住宅の建設と生活上の問題点」，神戸大学＜震災研究会＞編『阪神大震災研究2　苦闘の被災生活』，神戸新聞総合出版センター，pp.115–128（1987）

32)　山崎丈夫：『現代自治選書　地域自治の住民組織論』，自治体研究社（1996）

33)　山崎丈夫：「第1章　どのような支え合いが行われたのか」，山崎丈夫編著『大震災とコミュニティ—復興は"人の絆"から』，自治体研究社，pp.11–34（2011）

34)　山崎栄一：「第2章　自治体の独自施策」関西学院大学災害復興制度研究所編『検証　被災者生活再建支援法』，自然災害被災者支援促進連絡会，pp.16–29（2014）

35)　横田尚俊，浦野正樹：「第4章　災害とまちづくり」，岩崎信彦，矢沢澄子監，玉野和志，三本松政之編『地域社会学講座3　地域社会の政策とガバナンス』，東信堂，pp.103–118（2006）

36)　吉川忠寛：「第1章第3節　復旧・復興の諸類型」，浦野正樹，大矢根淳，吉川忠寛編『シリーズ災害と社会2　復興コミュニティ論入門』，弘文堂，pp37–48（2007a）

37)　吉川忠寛：「第2章第3節　「事前復興」の到達点と災害教訓から見た課題」，浦野正樹，大矢根淳，吉川忠寛編『シリーズ災害と社会2　復興コミュニティ論入門』，弘文堂，pp.66–75（2007b）

38)　吉田仁：「第1章　復興まちづくりの歴史とこれから」，日本建築学会編『日本建築学会叢書8　大震災に備えるシリーズⅡ　復興まちづくり』，丸善，pp.15–50（2009）

39)　読売新聞「震災6年　移転しても地域の輪」（2017.3.6朝刊）

第17章

津波非常襲地域の防災意識と備え

氏原岳人・阿部宏史

17.1　なぜ，津波非常襲地域なのか？

　近い将来，発生が懸念される南海トラフ巨大地震への社会的関心が高まっている。この地震では，過去に津波被災経験のほとんどない地域（以下，津波非常襲地域）への津波来襲も予想されており，各地で津波防災対策を見直す動きがある。津波防災対策には，防波堤の整備や避難ビルの設置等の行政が主体となって実施するハード対策と，津波防災教育や啓発活動などの住民一人ひとりが対象となるソフト対策に分類される。とりわけ，東日本大震災以降は，想定外の津波によって防波堤が機能しなかったことや釜石の奇跡と呼ばれる津波防災教育の効果が発揮されたことから，ソフト対策に注目が集まっている。住民個人の備え（防災対策）としては，避難経路や避難場所等を考える，非常持ち出しグッズの準備をする，津波避難訓練に参加する，津波に関する正しい知識を習得する等々が考えられる。これら備えは，個別に取り組めばよいというのではなく，総合的かつ複合的に取り組むことで，より効果を発揮することが期待される。

　津波非常襲地域の場合，南海トラフ巨大地震において想定される津波の高さは相対的に低いことが想定されるが，たとえ高さ1mであっても人命に影響することは東日本大震災の教訓からも明らかである。また，このような地域は過去に津波被災経験がないために津波常襲地域のように津波に対する備えや津波避難に関する知識の伝承はほとんどないことが考えられる。さらにいえば，被災経験がない故に住民の防災に対するそもそもの関心や危機意識自体も低いことが懸念さ

Ⅲ 生活, 行動・意識

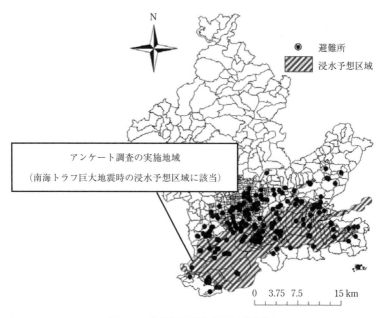

図-17.1 分析対象地域（岡山市沿岸部）

れる。また，南海トラフ巨大地震において被害を受ける可能性のある津波非常襲地域（たとえば，関西・中国地方）は，我が国の人口や産業の集中する地域を多く含むため，その地域での被害が国全体に影響を及ぼす可能性も否定できない。

本章では，津波非常襲地域である岡山県岡山市の沿岸部居住者（図-17.1）に焦点を当てて，津波避難に関する意識等の実態と課題および，それをふまえた上での本章の著者の取組みについて述べる。なお，この地域は，過去に大きな津波被災経験はほとんどないが，南海トラフ巨大地震では沿岸部で3m程度の津波が約3時間後に来襲すると想定されている[1]。また，岡山平野は広大な干拓地から構成されており，近くに高台がなく，津波による被害が拡大する恐れもある地域である。

17.2 人々の防災意識と備え

まず，津波非常襲地域（岡山県岡山市）と津波常襲地域（和歌山県）の防災意

識を図-17.2，17.3 に示す．ここでは，既存の調査と比較するために東南海・南海地震を想定した設問を用いて比較した．和歌山県実施の調査[2]では，東南海・南海地震による津波によって，「全域もしくはほとんどが浸水深1m以上とされる地域」を津波危険地区，それ以外の地域を全県と定義している．岡山市調査は，本章の著者らが2012年11月〜12月に岡山市沿岸部の居住者を対象に独自に実施したものである．配布部数1 000に対して有効回収部数は444であった．

東南海・南海地震への関心は，非常に関心がある方が和歌山県ではそれぞれ45％，44％に対して，岡山市の沿岸部居住者は27％と低い．また，東南海・南海地震が起こる可能性についても，明日起きても不思議はないと思っている方が，和歌山県ではそれぞれ47％，45％であるのに対して，岡山市では24％と低い．このことからも冒頭で述べたように「津波非常襲地域の居住者は，防災意識や危機感が相対的に低い」ことが確認できる．

次に，岡山市沿岸部の居住者の津波に対する備えの状況を把握した．その結果を図-17.4 に示す．避難場所や避難経路，交通手段などを決めているかについては，「決めている」がそれぞれ41％，31％，37％であった．一方，非常持ち出しグッズは，「準備している」はわずか17％であり，8割以上の住民が準備をしていない．地域の津波避難訓練やワークショップ等の津波に関する勉強会への参加

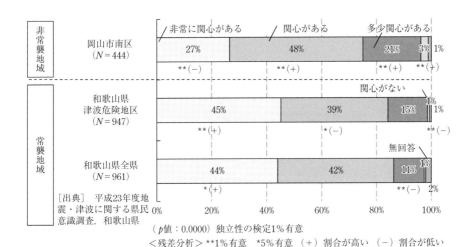

図-17.2　東南海・南海地震への関心

III 生活，行動・意識

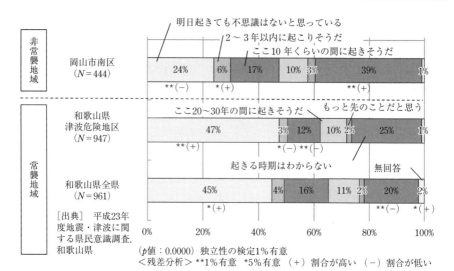

図-17.3 東南海・南海地震が起こる可能性への考え

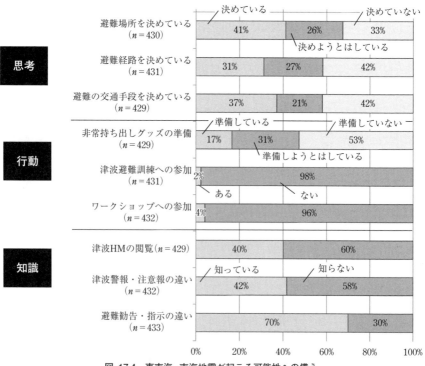

図-17.4 東南海・南海地震が起こる可能性への備え

の有無は，「参加したことがある」は，それぞれ2%，4%と他の項目と比較しても著しく低い（過去に大きな津波被災経験のない岡山市沿岸部では，津波避難訓練や津波に関するワークショップの開催自体が少ない）。津波ハザードマップ（以下津波HM）を「閲覧したことがある」は40%，津波に関する警報・注意報の違いは「知っている」は42%，避難勧告・指示の違いは「知っている」は70%であった。津波災害がほとんどない岡山市沿岸部であるが，高潮や洪水の被害は過去にあるため，避難勧告・避難指示の違いについては多くの住民が知っていると考えられる。以上をまとめると，① 津波非常襲地域の居住者は，相対的に津波に対する意識は低く，② 備えの状況は，避難方法等を頭の中で考える，あるいは知識を持っている方は多いものの，実際に体を動かした備えをする方は少数派であるといえる。

17.3 人々の備え方の特性を知る

　次に，人々の備え方と個人・世帯属性との関係をみる。備え方のパターンとしては，**図–17.4** の思考，行動，知識に基づいて，「オールラウンド」，「思考」，「行動」，「意識」，「無対策」に分類し，それぞれがどのような居住者なのかを把握した。なお，「行動」の3項目は実施率がきわめて低いため，「行動タイプ」と分類されても，行動に該当する備えをすべて実施しているわけでない。あくまで，被験者間の相対的評価に基づくグルーピングであることに留意する必要がある。詳しくは，章末で紹介する論文を参考にしてほしい。

　その結果をまとめると，「思考タイプ」は，その場所に30年以上住むような方が多く，そのような方々は避難場所や避難経路は考える傾向にある（一方で，「行動」や「知識」を伴う備えができていないという問題もある。他の「行動」，「知識」グループも同様のことがいえる）。「行動タイプ」は，30代以下で居住年数も比較的短い，若年層に多く見られ，頭で考えるよりもまず実際に行動に移す。また，「知識タイプ」は60代の方に多い。津波に対して，いずれの備え項目でも相対的に高く評価された「オールラウンドタイプ」は，70歳以上の高齢者，高齢者のいる世帯，三世代同居や夫婦のみ世帯が多く，他タイプと比較しても統計的に明確な傾向が見られた。一方，備えをいずれの項目においても行っていない

Ⅲ 生活，行動・意識

「無対策タイプ」は，単身世帯に多い。要援護者を有する世帯だけでなく，このような世帯についても，円滑な津波避難を考える際の課題となるといえる。

17.4 備えが避難行動にどのように影響するか

ここでは，先に述べた備えが，実際に南海トラフ巨大地震が発生した場合の避難行動にどのように影響するのかを考える。具体的には，それぞれの備えタイプと，南海トラフ巨大地震が発生した場合の，「津波避難時の交通手段」，「避難開始のタイミング」，さらに実際に津波が発生した場合の「避難意向」との関係性をみる。その結果を図-17.5 に示す。「津波避難時の交通手段」，「避難意向」は統計的な有意差が確認できたが，「避難開始のタイミング」に有意差は見られない。「津波避難時の交通手段」は，「オールラウンドタイプ」，「思考タイプ」の方は徒歩での避難を想定し，「知識タイプ」，「無対策タイプ」は，自動車での避難

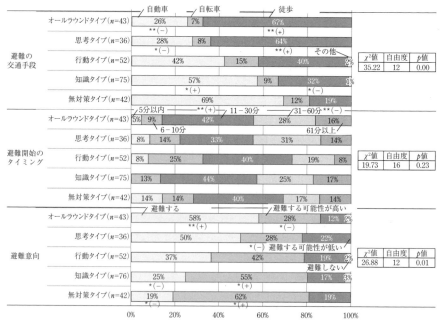

図-17.5 備え特性と避難行動の関係

を想定する傾向がある。つまり，津波に関する知識を持っている「知識タイプ」よりも，避難時の経路や避難場所を考えている「思考タイプ」の方が，徒歩での避難を想定できている。したがって，自動車避難を考える居住者に徒歩避難を促す場合には，津波に関する知識を与えるより，むしろ実際に避難経路や避難場所を住民自身に考えさせることが効果的といえる。いい換えれば，事前に避難ルートや手段を考えていない居住者は，突発的に発生する地震災害の場合に自動車を選択する傾向にあることも類推される。次に「避難意向」は，"避難する"，"避難する可能性が高い"を避難意向があると考えると，タイプによる違いはあまり見られない。しかし，実際に"避難する"と考えている人は「オールラウンドタイプ」，「思考タイプ」に多く，「知識タイプ」，「無対策タイプ」に少ない。また，「避難開始のタイミング」は，備え特性によって統計的な有意差は見られないが，タイプごとの特徴はある。例えば，「オールラウンドタイプ」，「思考タイプ」は似た傾向が見られ，10分以内に避難を開始する人がそれぞれ14%，22%であるが，61分以上経ってから避難を開始する人もそれぞれ16%，14%であった。また，「行動タイプ」は，他のタイプと比較して，10分以内に避難を開始する人が33%と最も多く，61分以上経ってから避難を開始する人は8%と最も少ないことから，迅速な避難を考えているタイプである。「知識タイプ」は，5分以内に避難を開始する人がおらず，61分以上経ってから避難を開始する人が最も多い17%であり，津波に関する知識だけ持っていても，迅速な避難には繋がらない可能性がここでも示された。最後に，「無対策タイプ」では，5分以内に避難する人が他のタイプと比較して最も多い14%であった。以上をまとめると，「思考タイプ」は，備えが相対的に高く評価された「オールラウンドタイプ」と類似した傾向にある一方，「知識タイプ」は備えがまったくできていない「無対策タイプ」と似た避難行動をとる傾向にある。つまり，防災に関する知識があるからといって，必ずしもそれが安全な避難行動につながらないことが示唆される。

17.5 自動車避難とその抑制可能性

　2011年3月11日の東日本大震災以降，津波避難時の自動車利用についてさまざまな議論がなされている。内閣府中央防災会議によれば，東日本大震災時の生

Ⅲ　生活，行動・意識

存者（岩手，宮城，福島）の57％が自動車で避難したといわれている[3]。一方，多くの方々が自動車で避難したことで，各所で渋滞が発生し，立ち往生した車が津波に襲われたことで被害拡大に繋がったことも周知の事実である。このように津波避難時の過剰な自動車利用は渋滞の発生により危険にさらされるおそれがあるとともに，徒歩避難者や緊急車両の通行の妨げにもなる等，多くの弊害を引き起こす可能性がある。その一方で，地理的要因や身体的要因により，自動車を利用しなければ避難できない場合も少なからずあると考えられる。これらを踏まえて，国は津波避難方法を「原則徒歩」とし，例外的に自動車避難を認めており[4]，各自治体においては自動車避難に関する独自のルールを定める動きも見られる。

　そこで，ここではまず岡山市沿岸部の居住者における津波避難時の自動車利用意向の特性を把握する。加えて，津波避難時の自動車利用抑制に関する各種政策の効果についても検証する。この検証データは，本章の著者らが2013年12月に岡山市沿岸部の居住者を対象に独自に実施したアンケート調査である。配布部数5 000に対して有効回収部数は1 694であった。この調査では，具体的な被災状況について以下の仮定を置いている。

　「南海トラフ沿いで巨大地震が発生し，岡山県沿岸部では震度6強の揺れが観測されました。地震発生から数分後に，あなたの居住する地域にも津波警報が発令され，高さ3mの津波が約3時間後に到達すると発表されました。また，市町村からの避難指示も出ています。なお，このとき，あなたは自宅にいて，同居している家族全員と一緒にいる状況です。」

　はじめに，津波避難時の自動車利用の可能性を図-17.6に示す。「車で避難する」，「車で避難する可能性が高い」を合わせると50％となり，約半数の住民が自動車での避難を想定している。次に，避難時の自動車利用の可能性と日常の自動車利用頻度の関係を図-17.7に示す。日常の自動車利用頻度に関して，「ほぼ毎日利用する」と回答した人の32％が「車で避難する」としており，日常の自動車利用頻度が高いほど，避難時に自動車を利用する傾向にある。そのほか，自動車避難を想定する方々の特徴を以下にまとめると，

- 世帯人数が多いほど自動車を利用する傾向にある。

306

第 17 章　津波非常襲地域の防災意識と備え

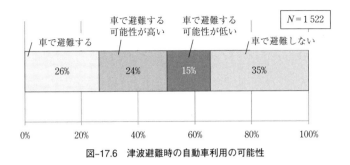

図-17.6　津波避難時の自動車利用の可能性

図-17.7　津波避難時の自動車利用の可能性と日常の自動車利用頻度

- 世帯に要援護者の方がいると自動車を利用する傾向にある。
- 世帯内の幼児の人数が2人以上になると自動車を利用する傾向にある。

次に，自動車による避難を想定している方々に対して，津波避難タワーの設置や要援護者の支援体制の強化，危険性の周知等々，自動車利用の抑制策を想定した受容度（その政策によって自動車利用を控えるかどうか）を検証した。その結果の一例を述べる。

- 全体的に，単身世帯などの小規模世帯は徒歩への転換可能性が高いが，ファミリーや三世代家族などは自動車を利用して家族全員でまとまって避難した

Ⅲ 生活，行動・意識

いと考えており，転換可能性は相対的に低い。

- 避難所まで徒歩で移動困難な世帯や要援護者を含む世帯は，避難タワーの設置というハード整備によって，自動車避難を抑制し，徒歩避難への転換可能性が見られたものの，世帯人数が多くなると，その効果は低減する。

- 要援護者支援体制の強化は，要援護者を含むどの世帯においても高い効果が見られた。なお，要援護者が幼児の場合にはその効果は高く，単独移動困難な高齢者の場合には，その効果は低くなる。

- 徒歩での避難訓練の実施は，個人・世帯属性に関係なく，幅広い効果が見られた。

17.6 リスクの見える化

本章の著者のこれまでの経験から，（冗談のような話ではあるが）過去に大きな地震災害に見舞われたことの少ない岡山県では，南海トラフ巨大地震であっても，「（津波到達まで3時間あるのだから）ゆっくり荷物を準備して車で避難すればよい」と考える方が少なからずいた。つまり，津波到達まで，「3時間あるから大丈夫」といった誤った安心感を与えていることが懸念される。そこで，災害時の基本的な避難手段である「徒歩」に着目し，南海トラフ巨大地震を想定した徒歩避難ネットワーク解析を実施することで，岡山市沿岸部の徒歩避難における課題を検証する。対象地域は，岡山県が公表した「南海トラフの巨大地震による津波高・浸水域」に基づいて作成した津波ハザードマップの浸水区域とする[1]。対象建物は，対象地域内の学校，商業施設，病院等の施設と一般住宅を合わせた全建物としており，85 671棟の建物を対象に分析を行った。具体的には，① 南海トラフ巨大地震時の浸水想定区域，② 岡山市沿岸部の浸水想定区域内の全建物データ（ゼンリン住宅地図）③ 道路ネットワークデータ（拡張版全国デジタル道路地図データベース）を用いて，地理情報システム（GIS）上にデータベースを構築した。また，内閣府[5]や和歌山県[6]のガイドライン等を参考にして，高齢者以外の徒歩避難速度を3.6 km/h（1.0 m/s），高齢者を1.8 km/h（0.5 m/s）とした。さらに，地震による建物の倒壊や液状化，疲労などの影響に配慮するため，高齢者以外と高齢者それぞれの場合について，徒歩速度が20％低下するシ

ナリオも設定した。これら設定条件に基づいて,「浸水想定区域外まで逃げるのにどれくらいかかるか,またどの程度の移動距離が必要になるのか」を,約85 000棟の建物を対象とした徒歩避難シミュレーションにより検証した。

その結果,浸水想定区域外に避難する場合,3 km以上の避難が必要になる住民が建物ベースで9%(7 710棟)存在した。これは,岡山市沿岸部は平野部が広く,高台が少ないことが起因している。次に,仮に津波来襲までを3時間と仮定し,「3時間で避難できない可能性のある建物数」を「浸水区域内建物数」で除した数値を「危険建物率」として,避難開始のタイミングと危険建物率の関係性を把握した結果を図-17.8に示す。高齢者とそれ以外の住民とでは,避難開始のタイミングによって危険率が大きく異なること,さらに避難開始が揺れて1時間後の場合,高齢者の徒歩速度が20%低下すると,危険建物率が2倍近く上昇することがわかる。つまり,液状化や建物倒壊の程度によって被害がより甚大になる可能性が示された。図-17.9に,高齢者を対象とした避難所要時間(徒歩速度時速1.8 km)を地図上に示した。津波来襲が3時間後の場合には,揺れてすぐ避難したとしても,逃げ切れない可能性のある建物が存在することがわかる。また,それぞれの速度が20%低下した場合,高齢者以外の場合でも,沿岸部の人口集中エリアにおいて1時間以上の避難時間が必要となる。岡山市沿岸部は岡

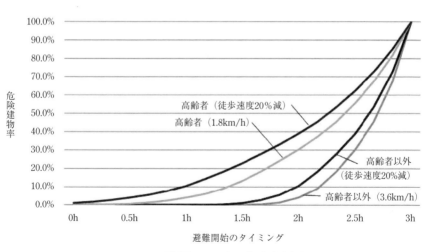

図-17.8 避難開始のタイミングと危険建物率

III 生活,行動・意識

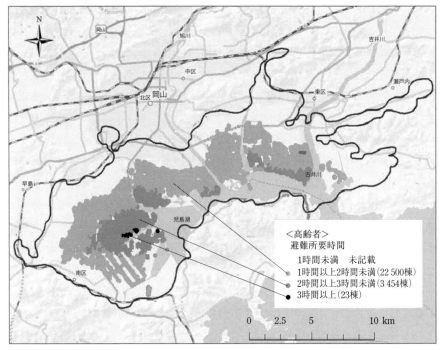

図-17.9 高齢者を対象とした避難所要時間（徒歩速度時速1.8 km）

山県内でも液状化のしやすい地域とされ，実際に巨大地震が発生した場合には，円滑な避難が容易でないことが想定される。

以上より，岡山市沿岸部では「原則徒歩」で「浸水想定区域外」に避難する場合には，長距離移動を要する居住者が多く存在しており，たとえ津波到達まで3時間あっても，その危険性は高いことが定量的に示された。加えて，液状化や建物倒壊の程度によってはその規模が倍増する可能性も明らかとなった。それ故，浸水想定区域内の緊急的な避難施設の存在が重要になるとともに，「徒歩」，「自動車」の二者択一ではなく，「自転車」での避難も有効な選択肢となり得る。また，津波避難は「原則徒歩」ではあるが，科学的根拠を十分に蓄積した上で，地域の実情にあわせて自動車避難などの可能性も具体的に検討することが望ましい。

17.7　地域とともに意識を変える

　本章の著者は，これまでに述べた分析結果を根拠に，まずは「地域の方々に現状をきちんと知ってもらう」をコンセプトに，主に岡山市沿岸部を拠点に活動している。ここでは，その活動の一つである小中学校の危機管理マニュアルの見直し作業についてご紹介する。この取組みは，平成24年度より岡山市教育委員会が実施している「学校防災アドバイザー事業」の一環である。本章の著者は，平成25年度より防災アドバイザーとして参画しており，これまで岡山市沿岸部を中心に15程度の小中学校を担当した。なお，地震災害，地盤工学，気象学などの専門家も防災アドバイザーとして，この事業にかかわっているが，ここでは本章の著者の取組みについてのみ述べる。

　取組内容としては，1) 災害リスクの理解，2) 危機管理マニュアルの見直し，3) 避難訓練や引渡し訓練の改善が主に挙げられる。そのうち，1) は，学校の防災担当者や校長，教頭，PTA，地域の方々を対象に，① 津波避難に関する基本的知識，② 岡山市民の津波避難に対する考え方（低い危機意識の明示），③ 対象となる小中学校周辺の災害リスク（分析結果の紹介），④ 東日本大震災の事例紹介（釜石の奇跡，大川小学校の悲劇。きちんと備えれば助かる命がある），⑤ 忘れないでほしいこと（具体的にこれから何をすべきか），以上の五段階構成で説明し，「適切な情報」を得て，「適切な危機感」を持ってもらうことを目標としている。2) は，先に述べた災害リスクをふまえた避難方法（避難場所，タイミング，ルート等）を再検討する。想定される津波高や避難施設の耐震性，立地条件，そのほかの災害危険性などをふまえて議論・検討する。3) は，その時点で想定される状況を考慮した避難訓練や引渡し訓練を実施し，関係者らと一緒になって改善点等を洗い出している。

　防災アドバイザーとしてこの活動を4年間担当し，現在も続けているが，活動当初は，「岡山に津波なんてくるはずない」，「堤防があるから大丈夫」，「車で逃げればよい」というような地元の方々の声を直接，間接的に耳にしてきた。これら言葉の根底には，「岡山は安全な場所だ」という意識があることはいうまでもない。本章の著者は，この意識こそ防災上の対敵であるととらえて，先に述べた

ように，さまざまな調査・分析を通じて「適切な情報」を把握・整理し，それを地域の方々にわかりやすく伝えることで「適切な危機感」を持ってもらうことに力を注いできた。これまでの数多くの方々の熱心な取組みによって，（津波非常襲地域で危機意識の低い）この岡山の地においても，少しずつ変化が見られてきた。たとえば，「過度な安心感は防災上のリスクになる」という言葉を地域の方々から聞くこともあるし，これまでは，学校だけ，あるいは特定の団体だけの防災活動が主だったが，当たり前のように学校，保護者，地域の方々が一体となって取り組むことが増えた。そのほか，避難訓練にしても，さまざまな被災状況を想定したものになっており，子供達の命を守る小中学校の先生方の意識も高まっている。

東日本大震災から6年が経過した今，これまで，どこか対岸の火事のように考えていた津波非常襲地域の方々にも，その教訓が少しずつ引き継がれようとしている。

※本章の一部は，以下の論文を再構成したものである。詳細はこれら論文を参照されたい。

- 氏原岳人，阿部宏史，佐々木麻衣：「津波に対する"備え"特性の類型化と避難行動への影響」，『都市計画論文集』，Vol.49，No.1，pp.120–127（2014）
- 佐々木麻衣，氏原岳人，阿部宏史，鈴木理恵：「南海トラフ巨大地震を想定した津波避難における自動車利用意向とその動機及び抑制可能性」，『都市計画論文集』，Vol.49，No.3，pp.861–866（2014）

＜参考文献＞

1) 岡山市：「津波ハザードマップについて」（2014）　http://www.city.okayama.jp/soumu/bousai/bousai_00180.html
2) 和歌山県：「平成23年度地震・津波に関する県民意識調査」
3) 内閣府中央防災会議：「自動車で安全かつ確実に避難できる方策（防災対策検討推進会議　津波避難対策検討ワーキンググループ第5回会合資料）」（2012）
4) 内閣府中央防災会議：「東北地方太平洋沖地震を教訓とした地震・津波対策に関する専門調査会（最終報告書）」（2011）
5) 内閣府：「津波避難ビル等に係るガイドライン検討会「津波避難ビル等に係るガイドライン」」（2005）
6) 和歌山県：「和歌山県津波避難計画策定指針」（2005）

第18章

減災の文化化
——序論

若井郁次郎

18.1 防災から減災へ

　防災は，社会生活でもよく使われ，日常語になっているが，減災は，新しく生まれた言葉であり，防災と合わせて国民に広まり定着しつつある。現在のところ，新しい用語「減災」は，多くの辞書において見出されない。減災を載せている『現代標準 国語辞典 改訂第3版』（学研プラス，2016年12月）では，減災は「火災・地震などの災害による被害が，できるだけ少なくするようにすること」とし，防災の「火災・地震などの災害をふせぐこと」に比べ，より具体的に説明している。これは，災害が多発する国土を背景に説明していると思われる。つまり，防災は，日本は人為災害や自然災害が時と場所を選ばずに頻繁に生じる国土であり，毎年のように繰り返し受けた被災経験より，災害を防ぐことを当然として意識している国民の気質を前提に記述している。一方，減災は，想定される人為災害や自然災害の発生時，災害の種類と規模，位置や範囲，時間などの災害情報を生かして，事前・事後において実行可能な避難や回避などの有効な方法を考え，被災や被害を最小化できる行動につながる，新しい意識を持つ必要性を説いている。この両者の説明の違いは，減災文化を考えるうえで大きな示唆を与えている。

　これまで，予測される人為災害や自然災害に対して万全の安全対策を行えば，被害を少なくできるのが，防災であると，国民の間で受け止められてきた。そこには，防災全般は，行政の社会的役割であり，人命や資産を安全に守ってもらえるものと，全幅の信頼を寄せていた面が少なからずあった。このため国民は，置

313

Ⅲ　生活，行動・意識

かれている各自の自然・社会環境の中で事前・事後において積極的に災害を防ぐため，自身にとって安全な方策を考え，災害を防止する実践的な行動へ至ることが少なかったように思われる。これは，国民が防災サービスを行政に委任してきた，受動的な立場にあったといえる。構図として見れば，防災を担う行政と，防災サービスを受ける国民とが分離した重なりの少ない社会集合からなる，二極化した防災構造であったと見ることができる。このため，国民に防災意識の希薄さがあり，防災対策への参加の意欲が少なかった，という事情がある。

　減災は，二極化した防災構造では，近年の巨大化，複合化，広域化する自然災害に対して，防災サービスを担う行政だけでは，十分な対応ができなくなってきたことから，国民一人ひとりも防災活動に参加し，平常時に自身にとって最も安全な避難や回避の行動を考えて，災害時に冷静に行動することを必要とする考え方である。それは，自然災害は一様でなく，災害現象は，自然地形や気象，社会や都市・地域の構造などにより局地的に異なるからである。そこで，防災サービスを担う行政と，防災サービスを受ける国民とが多面的に重なり合い，相乗効果を生み出す，両者の和集合の防災構造へと移行させていくことが必要になる。このため，避難や回避に関係する自然特性や社会特性などの基礎情報を有している，地元地域の住民は，行政が提供する防災サービスの情報支援をふまえ，自主的に実行可能で有効な避難や回避の方策を考え，安全に行動するという，新しい局面を迎えている。そして，国民は，地域に応じた防災の機能を自主的に担い，災害時に避難や回避に有効な実践的行動を発現し，減災できる文化力を増進していく必要がある。

18.2　減災の文化化

　国民が自主的に防災を考え，安全に行動するには，自然特性や社会特性を理解したうえで，防災に関連する基礎知識を災害時における避難や回避につながる智恵へと展開・定着させることが重要になる。これには，地域で想定される被災状況の下で災害を可能な限り小さくし，また復旧・復興が速やかにできるためには，減災の文化力が地域に深く根付くことが基礎条件となる。それには，減災を文化化することを考えなければならない。

　一般に文化は，原形を深耕するほどに無駄が少なくなり，より良い内容へと洗

第18章　減災の文化化

練されていくことが知られている。この文化力を減災に応用し，減災文化と呼べ
る知識や知恵を都市や地域の風土の中で形成・定着させ，人びとの減災感性を豊
かにすることが，今後の自然災害に対応する柔軟性や復元性を高めることになる
と思われる。

　ここでの減災文化とは，固有の自然特性や社会特性を共通に持つ地域の人びと
が，地元社会で共有する価値観を生かし，精神的活動により創りだされる，物心
両面にわたる有形，無形の減災力である，とする。

　そこで，減災文化の形成を確実に進め，洗練する実践的な方法の一つとして，
有形，無形の文化力を深耕させるため，Plan（計画），Do（実行・運用），Check
（点検・是正），Act（見直し・改善）を継続的に繰り返す，PDCAサイクルを導
入することが有効であると考えられる。それは，自然災害の種類や規模，被災状
況，復旧・復興の進度などが，地域の防災水準や社会条件が一様でなく，しかも
経年的に変化するからである。いい換えれば，地域ごとに災害の規模，被災程度，
防災装備の種類などが異なるためである。

　このため，まず過去の類似の自然災害から受け継がれるべき巨大な自然力の減
殺方法や，安全な避難・回避の教訓などの有形，無形の減災の知識や知恵を学び，
減災につて一般化できる社会規範や方法を文化化し，減災文化を形成し体系化す
る。そして，現在および将来の科学・技術，社会構造などを視野に入れ，与えら
れた防災条件の下における，今後の自然災害に対する地域準備が大切になる。つ
まり減災の温故知新である。

　形成された減災文化は，さらに有効に利用される必要がある。それには，現実
味のある自然災害は再現できないため，過去の過酷な自然災害を想定し，シミュ
レーションにより疑似体験を繰り返し行い，見えてこなかった問題や課題を明ら
かにし，より実践的に洗練された減災活動に高めていくことが大切である。また，
被災現地での疑似体験が加われば，減災の実践力をより高めることになる。これ
らのプロセスを繰り返し，訓練と改良・改善を重ねることが減災文化の定着への
最短の道であるといえる。

　実際には，既設の防災関連施設の活用や，関係機関・組織へのヒアリング調査
などが考えられる。すなわち，有形の減災文化には，ハードウェアとしての避難
道路や避難所などの防災関連施設の構築物がある。また。無形の減災文化には，

315

Ⅲ　生活，行動・意識

ソフトウェアとしての防災ネットワークの運用，避難や回避の行動規範，防災関連施設の管理・運営などがある。そして，両者を1つにして，多様な防災機能を統合化できる減災文化力が今，必要とされている。

18.3　減災文化の形成基礎

18.3.1　**自然力の理解**

　自然は，人間が生み出しえない，とてつもない巨大な力を持っている。我々は，この事実をもっと理解する必要がある。たとえば，地震の規模を示す震度は，数字で示されるが，人間による地震力の再現の不可能性を考えると，実感として理解できていないのが，本当のところである。また，洪水の流速は，速度として自動車などの交通機関で体感しているが，実際には同じ速度であっても，洪水の水勢はまったく異なる。このような例を示すのは，科学・技術の発展とその普及により人間が，あたかも自然力を十分に理解している気持ちになっているからである。こうした表面的な理解が自然力を軽視する傾向を招き，地震や洪水などによる人的，物的な被害を大きくしている側面があると思われる。いい換えれば，耐震構造物，防潮堤や防波堤などの構築物は，巨大な自然力に対抗できるから，地震や洪水などが起こっても，安全で大丈夫という安心感が生まれ，その結果，意表を突かれ，一定の予測に基づく以上の災害が生じることになる。

　これについては，具体的に安全率で考えるとわかりやすい。たとえば，構築物においては，与件とする自然力（外部力）に対する設計構築物の抵抗力（内部力）の比率を安全率と定義される。多くの場合，構築物の安全率は費用などの関係で2〜3である。この安全率の読みが重要になる。つまり，安全率が高いと，構築物が大きく強固であるから，構築物によって自然力の猛威から安全に守られる，という過信を招き，この思い込みが大きな被害をもたらすことになる。これは，人間の意識の問題であり，その改革には科学・技術をふまえた文化力が必要になる，と思われる。

　また，地震や洪水などに関連する自然現象そのものを知ることも大切である。科学・技術の急速な進歩により自然現象の解明にかかわる大量の関連情報が流通しているが，自然現象そのものを真に理解することは，体験や経験を積み重ねな

第18章 減災の文化化

いと困難である。それは，自然界で起こっている自然現象は，それぞれ現象として異なるが，多数の自然現象に見られ，再現性の高い共通する静態や動態は，原理や法則，公式などで表現されているからである。つまり，原理や法則，公式は，自然現象の複雑性のある側面を単純化し表現している。こうした自然現象の原理や法則，公式が，自然現象の見方やとらえ方を表面的な理解，誤解を生み出していて，人びとの自然力の真の理解を遠ざけているように思われる。そして，地震や洪水などの被害を助長しているようにも思われる。こうした現状を改めるためにも，自然力の理解・普及が重要であり，老若男女や世代を問わず，減災につながる，わかりやすい自然教育が必要になっている。

18.3.2　社会力の理解

　人間は，多様な価値観をもつ人びとから構成される集団で共同生活をする。そこには，共有できる社会価値観が生まれ，より良い生活や活動を行うための社会規範が創られ，個人の力で対応・対処できない問題や課題の解決に向けて智恵が結集される。そして，新しい文化が生まれ，継承されていく。この人間集団が持っている，文化を形成する潜在的な力を社会力と呼ぶことにする。

　社会力は，平常時において秩序ある効果を発現している。しかしながら，地震や洪水などの自然の異常現象が起こると，日常の生活や活動が停止し，一時的に社会混乱が生じ，社会力が低下する。低下した社会力は，平常時の生活再建や，活動回復に向けて作用する。この過程における，被災前の社会状態を取り戻すための復旧・復興の進度は，社会力による量的，質的な対応・対処に強く依存する，と考えられる。

　また，災害時における応急的な避難や回避についても，混乱が少なく，安全になるようにしなければならない。それには，秩序ある集団行動や，冷静な判断などが必要になる。こうした災害時における社会の健全性を維持するにあたっても，社会力は必要になる。

　さらに，被災後の生活再建や活動回復が一段落し，日常性を取り戻す中で新しい社会環境や活動条件が生まれ，これらに適用する一定の社会規範の準備と運用が必要になってくる。つまり，被災前の社会規範をふまえ，被災後の新しくできつつある社会で運用する規範づくりが行われるようになる。そこでも社会力が前

Ⅲ 生活，行動・意識

提となる。

　避難者の生活の目に転じると，避難者は，被災後においても同じように避難所や仮設住宅で共同生活をするが，被災前とまったく異なる居住空間・環境の中で制約のある生活が続くことになる。新しい仮の共同社会での生活順応は，短期間であっても，居住空間の狭さに伴う圧迫感，活動の制限などによる精神的ストレスなどが起こり，困難になることが多い。こうした避難生活の状況や，極限状態での人間関係などを緩和するときにも，社会力が必要になる。

　ソフトウェアとしての社会力は，被災時や被災後の人間性の復興はもとより，相互依存関係の強い人間集団の安寧秩序を保つための不可欠な基盤である。頑健な減災基盤は，自然災害に対する社会の安全性を高め，速やかな復旧・復興を促すことになる。そこで，減災への意識改革や社会価値観づくりを人びとに広く浸透させていき，社会力の熟度を高め，被災前を超える社会づくりに積極的に取り組むことが必要になっている。その推進には，自然力の理解と同じように，ここでも老若男女や世代を問わない，減災につながる，わかりやすい社会教育が必要になっている。

18.4 最近の巨大地震被害の相違

　この約20年間，阪神・淡路大震災，新潟県中越震災，東日本大震災，熊本震災といった，巨大地震が頻繁に日本で起こり，多数の死者・行方不明者や避難関連死者，避難者が出ている（**表-18.1**）。また，私的・社会的資産が大きな損害を受け（**表-18.2**），機能損失が生じ，生活や産業の諸活動に多大な支障がでている。しかしながら，これらの大震災を詳しく見ると，それぞれ異なることがわかる。阪神・淡路大震災では，既成市街地での火災が起こり，東日本大震災では，原子力発電所が被災した（**表-18.3**）。これは，社会を構成する社会機能の高度化と集積化，科学・技術の高度利用などに要因がある。こうした震災被害の相違は，今後の防災や減災を考えるうえで，非常に重要である，と考えられる。つまり，震災は，地震の起こり方そのものも異なるが，それ以上に人間が生活し，活動する基盤である，都市や地域の自然地形や社会構造により量的，質的に異なる被害をもたらすことを教えているように思われる。そして，これらの被災の相違情報は，

318

第18章　減災の文化化

今後の防災や減災を計画するうえで生かされるべき基礎情報になるといえる。

　こうした情報は，発生した大地震の詳細な調査・研究の成果の他，過去の震災記録やそこに残されている教訓なども有用な情報源である。

表-18.1　主な大震災のあらまし

震災名	熊本地震	東日本大震災	阪神・淡路大震災	新潟県中越地震
発生年月日	2016 年 4 月 16 日（本震）	2011 年 3 月 11 日	1995 年 1 月 17 日	2004 年 10 月 23 日
規　模	M7.3	M9.0	M7.3	M6.9
震　度	7	7	7	7
死者・行方不明者（人）	50	18 452	6 437	68
全壊住宅（棟）	7 417	121 806	104 906	3 175

注）　震度は最大
［出典］　讀賣新聞（2016.6.11）などより著者作成

表-18.2　主な大地震の被害額（内閣府試算）

震災名	熊本地震	東日本大震災	阪神・淡路大震災	新潟県中越地震
発生年月日	2016 年 4 月 14 日（前震）同年 4 月 16 日（本震）	2011 年 3 月 11 日	1995 年 1 月 17 日	2004 年 10 月 23 日
総　額（兆円）	2.4 ～ 4.6	16.9	9.6 ～ 9.9	1.7 ～ 3
建築物（住宅・店舗など）	1.6 ～ 3.1	10.4	6.3 ～ 6.5	0.7 ～ 1.2
インフラ（道路，港湾など）	0.4 ～ 0.7	2.2	2.2	0.3 ～ 1.2
電気，ガス，上下水道	0.1	1.3	0.5 ～ 0.6	0 ～ 0.1
その他（公園，農地など）	0.4 ～ 0.7	3	0.5 ～ 0.7	0.2 ～ 1

［出典］　讀賣新聞（2016.5.24）に著者加筆

表-18.3　大震災の主な相違

震災名	熊本地震	東日本大震災	阪神・淡路大震災	新潟県中越地震
特　徴	前震（4 月 14 日）と本震（4 月 16 日）の 2 度の大地震の発生	巨大津波の襲来	近代都市の崩壊	群発地震の発生
相　違		原子力発電所の事故	密集市街地の火災	

319

Ⅲ　生活，行動・意識

18.5　震災の教訓の利活用

　震災の教訓を生かすには，過去の事例を再見する必要がある。その具体的な事例として，1993 年に起こった昭和三陸地震津波を取り上げる。この震災津波では，**表-18.4** に示すように，時系列で見ると，小さな自然の異常から始まり，やがて大きな異変へと連続して異変が起こっている。このような人間の五感による異変の感知は，避難や回避のための 1 次情報として重要であり，速やかな避難行動を促すものである。高度に文明化した現代社会では，こうした感知の感性は低下しているようであり，このことも被害を大きくしている要因になっていると考えられる。

　しかし，1 次情報の兆候があっても失敗する場合がある。たとえば，避難や回避にとって重要な 1 次情報を得ても，**表-18.5** に示すように，体験知や経験知の教訓が避難や回避の失敗につながることも学ぶべきことである。この教訓に見ら

表-18.4　津波による襲来例－地震，急な引き波，異常音の感知－（1933 年の昭和三陸地震津波）

① 人々は震度 5 の激しい揺れで起こされる。
② 地震から 30 分ほどして津波が襲来。
③ 小さな押し波から始まる。
④ まもなく潮が引き始める（傾斜の急な浜では「ザワザワ」，「ゴロゴロ」と砂礫の音）。
⑤ 約 5 分後，津波の第 1 波の襲来（水深の大きな所は波の前面が屏風のように切り立ち，遠浅の所は風波のように泡立ち，重なり合い，湾口から急に水深が浅い所は山のように盛り上がる）。
⑥ 津波が海崖に衝突すると，発破音や落雷音のように音が聞こえる。
⑦ 泡立つ津波は，「嵐が近づいてくる音」，「重量トラック数台の走行音」のように聞こえる。

［出典］　中央防災会議『災害教訓の継承に関する専門調査会』編：災害史に学ぶ―海溝型地震・津波編
（2011.3）より

表-18.5　体験知や経験知の教訓による失敗－2 次情報－
（1933 年の昭和三陸地震津波）

① 「寒いときには津波はない。」
② 「夜には津波はない。」
③ 「人間一代に二度とは津波はない。」
④ 「地震が弱いと津波は大きい。地震が強いと津波は小さい。」
　　だから「今度は地震が大きいから津波は大丈夫。」
⑤ 「この前は地震から 30 分で津波が来た。もう 30 分以上経つから。」

［出典］　中央防災会議『災害教訓の継承に関する専門調査会』編：災害
史に学ぶ―海溝型地震・津波編（2011.3）より

れる失敗は，経験者の主観による判断が影響したものである．

東日本大震災から得られた教訓に，チリ地震と比較して，安心した（比較の失敗），先生たちが校庭でどこに逃げるかを相談していた（即行の遅れ），安全な避難の選択（避難場所の選択の失敗）の失敗の実例がある．これらの失敗の教訓は，判断や意思決定の大切さを述べたものであるが，さらに見ると，自然の異変で伝達される1次情報による避難判断の困難さ，五感（感性）力や自然観察力の低下などに遠因があると思われる．

そこで，教訓に見られた判断や意思決定の遅れを防ぐために，避難行動を**図-18.1** に示すようにモデル化し，自然の異変を素早く気づき，速やかに避難行動ができるよう，震災の教訓を位置づけ，今後，詳細に分析し，減災を軸にして，地域の自然地形や社会構造に最適な避難のあり方や方法を体系的につくり上げることが重要になる．

さらに被災経験の有無の視点より，減災につながる行動に違いが現れる．この違いを無くすための触媒として学習や訓練によるシミュレーションが有効であると考えられる．これを示したのが，**図-18.2** である．

ところで，最近の話題として考古学からの震災分析がある．これは，**表-18.6**

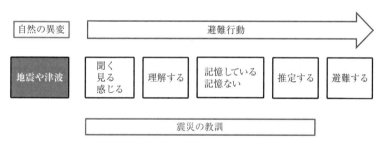

注）自然の異変（情報）を感知した人間が，危険と判断し避難するまでの初動モデル

図-18.1　感知と避難行動

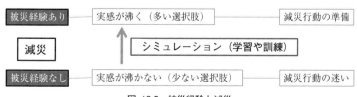

図-18.2　被災経験と減災

Ⅲ 生活，行動・意識

表-18.6 考古学からの教訓

869年（貞観11年）貞観地震（東北地方で発生）
約2000年前の弥生時代中期（東日本大震災に匹敵する津波災害が発生）
南相馬市の弥生人は，被災後，高台に集落形成。
しばらく経つと，再び沿岸部居住（このサイクルの反復）。なぜ？
大きな理由：地域社会の発展のために，あえて災害リスクを容認し，他地域との交流を選択。
物資運搬に「水上交通」利用。
宮城県や福島県の太平洋岸や主要河川沿いに集落や古墳が造られる。
「被災地の真の復興には，交流が不可欠。」

［出典］古川匠：災害と考古学上（毎日新聞2016年7月21日掲載）より

に示すように，今日の復興の考え方や方法と同じものが見られる。これらの中で，速やかな被災地の復興には，交流が重要であることを教えている。

上述した教訓は，いずれも判断と意思決定にかかわるものを最重要とすることを示唆している。

18.6 ハードウェアとソフトウェアの結合

自然災害が起こる要因は，誘因と土地素因がある。誘因は，大雨，強風，地震などの自然現象であり，土地素因は，地形，地盤条件の地表面の状態である。誘因としての自然の外部力と，素因としての自然の抵抗力とが掛け合わさり，巨大な自然災害が起こる。

こうした自然災害とは別に，社会構造で起こる災害を社会自然災害と呼ぶことにすれば，これが減災の原点になると考えられる。そして，人口，資産など人間の営為による社会ストックを社会素因として導入すると，社会自然災害は，誘因と土地素因と社会素因とを掛け合わせた災害となる。

このように社会自然災害を定義すると，減災は，被災の程度を軽減や回避に加え，これまでの震災で経験してきた関連被災の実情，生活再建や活動復旧を考慮して，衣食住の復旧・再生から職やふるさとの復興・再生までを範囲に含めることができる。そして，ここに自助・共助・公助といわれている3つのソフトパワーを重ねることにより，速やかな復旧と復興が可能となる。

100年単位の周期で起こると予測されてきた大震災は，近年，多発する傾向に

322

第18章 減災の文化化

ある。そして，多数の死傷者や資産被害を生じ，その影響は国内だけでなく，海外にまで影響を及ぼしている。こうした被災による自然現象の異変や社会現象の機能麻痺を背景にあって，過去の被災で生まれた教訓と，経年的に変化する自然条件や社会条件の最新情報をふまえ，人間の知識に基づく智恵を駆使した減災文化化を進め，ハードウェアに過度に依存した防災から，ソフトウェアによる減災へと移行し，両者を統合することが重要になっている。

具体的な例として，防災関連施設計画の立案には，必ず減災効果を期待する避難の考え方やあり方を内容とる減災計画を盛り込むようする。たとえば，ハードウェアとしての防災根幹道路の計画・指定，避難案内の視認性を高めるために防災根幹道路沿道の広告看板の設置禁止や防災カラーの導入，夜間の避難も速やかにできる自家発電によるLED照明の防災幹線道路沿道整備などが考えられる。そして，ソフトウェアには，自助や共助の基礎となる住民主体の社会づくりや，防災活動の訓練などが考えられる。

減災文化の確立には，長い時間を必要とすることから，初等・中等教育において減災文化の学習と訓練を重点的に導入し，減災文化に明るい世代を育てることが重要である。

減災文化は，これまでの防災施設の機能を補完する以上に，都市や地域の住民が主体となり，形成していくものであり，ひいては災害弱地から災害強地へと脱却させる21世紀の防災サービスの増進のための新しい文化創造である。

コラム　自助・共助・公助

自助・共助・公助は，災害時，自分や人を守り，救うための防災標語として知られ，使われているが，3つの言葉は，人命危機からの脱出状況が異なる。自助は独力で助かること，共助や公助は，複数の人が協力して被災者を救助・救出することである。人間を集合的に見れば，自助は孤立性，共助・公助は社会性である。いずれも減災の立場から人的被害の最小化につながるが，ここでは，被災時の自力とコミュニティ力の驚異を学ぶために，自助と共助の実例を紹介する。

まず，自助の実例である。東日本大震災において大津波と闘い，消耗しきっ

たが，自力で助かった人がいた。この方は，津波が襲いつつある中で，他人を助けていたが，背後に迫る津波に自身への危険を察知し，電柱に飛び移った。しかし，電柱にいれば，津波から助からないと思い，通電していなかった電線にぶら下がりながら，少しずつ移動し，最後の電柱にたどりついたところ，電線が切断されていて絶望した。そこで意を決し，動物や人間の死体が浮かぶ濁流に飛びこみ，冷水の中を必死で泳ぎ続け，ぶつかった防波堤の残骸に上がり，最初の津波が引いたのち，よろめきながら歩いていたところ，第二波の津波に襲われ，もみくちゃにされた。流される中で捕まえた鉄柱にしがみつき，耐え，津波が引いたのち，とぼとぼと歩きだした。そうするうちに体力が尽き仰向きに倒れ，死を覚悟したところ，建物内の灯りに気付き，その建物の階段を長い時間かけて登り切り，建物内にいた人に助けられた。これは，耐久力のある人が津波から助かった実例である。

　もう１つは，熊本地震での共助の実例である。熊本市から約 20 km 東に西原村がある。ここの大切畑地区は 26 軒の集落である。未明の地震発生により９人が倒壊した家屋の下敷きになった。そこで，消防団員が中心になり，村人が団結して下敷きになった人全員を３時間ほどで救出した。集落コミュニティの強い団結力と速やかな行動力が人命の危機に瀕した人を救助した好例である。他方，最悪となった実例もある。阪神・淡路大震災では，地元の人びとが，倒壊した家屋に埋もれた被災者を救助・救出しようとしたが，壊れた壁や折れた木材などの除去や撤去に必要な道具類がなく，救助・救出できず，人命を失うことになった。こうした共助の実例は，コミュニティの団結力や行動力が減災の原点であることを教えている。

　いかに過酷な災害から安全に逃れるか。人は，この解決困難な課題を持ち続け，生きる宿命を抱えている。とすれば，各人が，自然地形，生活空間や社会空間の中で減災シミュレーションを行い，災害時の自助や共助の方策を自身で立案し，現実味のある被災リスクを小さくする，心の訓練をすることが重要になる。減災に王道はない。

　なお，東日本大震災の実例は村井俊治『東日本大震災の教訓－津波から助かった人の話－』，熊本地震の実例は毎日新聞に基づいた。

第18章　減災の文化化

＜参考文献＞

1) 梶秀樹，和泉潤，山本佳世子編著：『東日本大震災の復旧・復興への提言』，技報堂出版（2012.3.1）
2) 村井俊治：『東日本大震災の教訓』，古今書院（2011.8.20）
3) 吉村昭：『三陸海岸大津波』，文春文庫，文藝春秋（2011.4.25）
4) 中央防災会議『災害教訓の継承に関する専門調査会』編：『災害史に学ぶ―海溝型地震・津波編』，内閣府（防災担当）災害予防担当（2011.3）
5) 長尾義三：『土木計画序論－公共土木計画論－』，共立出版（1973.6.20）

結 章
教訓の継承と提言のまとめ

梶 秀樹

1 教訓の継承

　我々は大災害のたびに，ふたたび同様の被害が起こらないよう，その経験を教訓として生かすことを誓う。しかし，教訓は継承されず忘れ去られて，ふたたび同様の被害を経験する，ということを繰り返してきた。

　どうしてこのようなことになるのか？ 理由の一つは明らかに，災害の起こる間隔が人間の営みよりもはるかに長く，「忘れた頃にやってくる」からであろう。

　寺田寅彦は関東大震災後に過去の記録を調べて，昔の人が同様の経験をしていながら，それがまったく忘れられてしまったことを嘆いているが，徳永（第3章）は，東日本大震災の大津波を経験し，自分もまた同じ思いに駆られると述懐する。そして，畑村洋太郎（2011）の言葉を引用して，「記憶の減衰には法則性があり，組織では人の入れ替わりによって30年で途絶え……地域では，体験者がいなくなる60年で忘れる。社会では，文書や文化として残っていても300年もするとなかったことになる」ため，結局，三陸沿岸各地では高台移転と低地再開発を繰り返すという歴史をたどった（山口弥一郎「津波と村」，2011）としている。

　実際，忘れるということは人間が「前向きに生きるための1つの知恵」だとしても，災害の歴史・教訓をどう伝えていくかは重要な課題であることは間違いない（徳永）。

　教訓の継承の仕方の一つは，被害に遭った建物等を公共財として保存することであり，朝倉と鎌田（第15章）は，「目に見える」形での保存は，記憶の保存と

して大きな意義を持つとしている。その最たるものは，広島の「原爆ドーム」であるが，大災害の後でも，こうした遺構が多くの被災地で保存されている。東日本大震災では，岩手県陸前高田市の「奇跡の一本松」や宮城県女川町の「被災交番」などが震災遺構として残されることになった。

また，被災した形跡を留める物品の標本展示や活断層の実物標示，あるいは災害の疑似体験などができる装置やジオラマなどを備えた「災害記念館」のような施設もつくられているが，時間が経つにつれ来訪者が減少し，こうした施設を活用しての「記憶」の維持も難しい（朝倉・鎌田）が，こうした遺構や記念施設という形での記憶の保存は，一般の人々の防災意識の風化を防止し，自助防備を継続させるのにはある程度の効果があろう。

近年は，災害を経験した人を「語り部」として支援し，講演会などを通じて教訓の継承を図ることも行われている[1]。また，1982（昭和57）年7月に発生した，長崎市の豪雨災害の記憶を伝承するため，被災した中心市街地にある小学校では，社会科の授業で，長崎市の防災担当者による授業が行われたという（片山，第5章）。小学生は，被災した地域住民と一緒に「まちあるき」をして，当時の体験談を学ぶとともに，危険な場所を示したマップをつくり，地域に配布した。こうした試みが継続的に行われれば，教訓の伝承として効果的であることは疑いない。

しかし，こうした被災体験の風化を防ぐ意味での教訓とは別に，教訓として是非とも継承されるべきものがある。地域や組織の，災害直後から復旧・復興に至る対応経験である。とりわけ，次の災害を見据えた復興計画の立案と実施における教訓は，社会全体で共有され継承されるべきものである。しかし，「組織では人の入れ替わりによって30年で途絶え（畑村）」とあるように，とくに行政組織では，その傾向が顕著であるといわざるを得ない。

ただ，近年の地震に関する限り，阪神・淡路大震災以来，十勝沖地震，新潟県中越地震，同中越沖地震，東日本大震災，熊本地震と，忘れる間もなく立て続けに起こっているため，嘗て被災し，応急対応や復旧・復興を経験した多くの行政職員が，その後の地震の被災自治体に応援に駆け付けていることから，多くの教訓が継承されたであろうことは想像に難くない。

教訓が継承されないもう1つの理由として，災害被害が，毎回毎回異なった形をとり，過去の教訓が直接的に関連付けられないことが挙げられよう。1923（大

正12）年の関東大震災は，海溝型の地震で，死者の90％が地震後の火災による
ものであった。阪神・淡路大震災は，都市直下の地震で，逆に死者の90％が建
物崩壊による圧死であった。2004（平成16）年の新潟県中越地震は，中山間地
域の地震で土砂崩れによる河道閉塞や集落の孤立被害が問題となった。東日本大
震災は津波と原発損傷によって被害が広域化したし，熊本地震は震度7の揺れが
2回立て続けに起きたことで被害を拡大した。

　その意味で，災害対策は教訓に基づくだけでなく，科学的根拠に基づく想像力
を必要とするため，ともすれば教訓が軽視されることになるのかも知れない。瀬
田（第2章）は，こうした状況を，防災・減災の計画の根拠は（教訓等による）
経験主義と科学的予測によるものとがあるが，現代は，地球温暖化などの影響に
より，経験に頼ることができない課題を多分に含んでおり，不確実な情報と分析
を基にしながらも，未知の災害へ対応することが求められている，と指摘する。

　とすれば，過去の災害の教訓を継承しつつ，新しい災害に対応するための想像
力を駆使して「災害に対応できる強靭な社会」を実現するにはどうすればいいの
だろうか？　それを，現状のように，地方自治体の努力に任せておいたのではう
まく行かないであろうことは容易に想像できる。いいかえれば，常にそのことを
考える専門集団としての常設組織が必要だということになろう。阪神・淡路大震
災後に設立された「人と防災未来センター」は，教訓の継承と実践的災害研究の
機能を備えた組織であり，この要件の一部を満たしてはいるが，計画立案権限を
もたないことと，地方組織であることでその影響力は少ない。

　そこで考えられるのが，東日本大震災復興のための時限立法によって設立され，
復興庁設置法によって，復興期間の終了する2021（平成33）年3月には廃止の
予定されている復興庁と復興局を，その機能を変えて常設機関として存続させる
ことである。

　これだけ災害の多発する我が国では，災害の発生するたびに復興の体制を整え
るのではなく，米国のFEMAのような常設機関とすべきであるといった議論も
あるが，平時にも必要とされる所掌事務がないこと，防災・減災のための総合調
整は，内閣官房や内閣府を中心として現状の体制がうまく機能しているとして否
定された。しかし，第1章で述べたごとく，「東日本大震災に対する復興庁と復
興局の体制は，通常は都道府県や各府省の地方支分部局に分散されている機能が，

管制塔としての復興庁および復興局にワンストップ集約されているため，中央と地方を結節する機関としてきわめて有効であり，こうした管制塔機能を持った常設機関として存続させるべきである」という主張もある[1]。

　したがって，筆者としては，復興庁・復興局が今回築き上げた結節機能と管制塔機能を維持しつつ，平時の所掌事務としては，現在，全国の自治体に対して策定が義務付けられている，国土強靭化地域計画の指揮監督権限を託することを提案したい。当然，機関の名称も「国土強靭化庁」，「同局」と変更し，窓口としての「局」も各県に必要となろう。そして，災害が起こった時には，それを復興庁・復興局として役割転換させるのである。本提案の最大の眼目は，それによって，東日本大震災の復興過程で蓄積された膨大なノウハウが，震災の教訓としてこの組織によって将来に継承されると同時に，国土強靭化計画等に反映されるということである。そうした組織の実現に期待したい。

2　提言のまとめ

　本書を通読されると明らかなように，各章の内容には多くの重複がある。また，その主張も著者によって食い違いがある。しかし，編者としては，それらをいちいち正すことはしなかった。重複は，自然災害という大枠の下で書かれている以上，それぞれの文脈で当然起こるものであり，主張の違いも各著者の価値判断基準の差に基づくもので，それを調整すべきではないと考えたからである。その意味では，本書は第1章から終章まで，ある一貫した思想に基づいて書かれたものというより，論文集といった体裁を取っている。したがって，どの主張に与するかは読者に任せたい。ただ，どの主張についても，この国のあり方に関する著者らの熱い思いを感じ取っていただけるものと確信する。

　「自然災害－減災・防災と復旧・復興への提言－」という本書のタイトル通り，各章の中には，現在の対策の紹介や解決すべき問題の提起に止まらず，独自の政策提言を行っているものも少なくない。その提言には，平常の活動における減災・防災にかかわるものから，災害後の復旧・復興にかかわるものまで多様であるが，最後に，これらの提言について簡単にまとめておきたい。

　まず，髙尾（第8章）は，日本の漁業政策について分析した結果，従来の漁業

協同組合をベースにした集団規制ではなく，個別取引可能漁獲割当（ITQ）制度を適用し，漁業者一人一人に有償の漁獲割当を実施することで，漁業者と国民と政府の「三方が一両得」となると提言する。我が国の漁業の構造改革は焦眉の急であり，東日本大震災からの復興でどこまでの改革ができるかが期待されているが，本稿はその指針を与えるものであろう。

　浅野（第10章）は，東日本大震災や熊本地震における復興の遅れの原因の一つが，災害廃棄物置場や応急仮設住宅建設用地の確保にあったとして，仮設住宅については，学校区単位程度での「候補地の充足度評価マップ」を，また，その他復興に必要な活動や施設用地については，5年程度を期限とする「暫定的土地利用計画」をつくっておくことを提案する。仮設住宅用地については，2015年3月に，内閣府が全国の都道府県に対し，市町村と協力して仮設用地の事前確保を求める通知を出しているが，熊本地震では，益城町など少なくとも6市町村で仮設住宅用地が事前選定されていなかった。仮設住宅の建設は公有地に限定されていることから，用地が見つからなかったなどの理由によるが，充足度マップで不足がわかれば，民間用地の借り上げなどの事前協定の締結が可能であろう。

　苦瀬（第11章）は，緊急支援物資の効率的補給のために，災害時のロジスティクスのあり方を提案している。災害時のロジスティクスとは，被災者と供給者の取引流通（需要と供給のマッチング），および，物的流通（輸送・保管・流通加工・包装・荷役・情報）の両方を合わせたもので，効率的補給のためには，それを支えるインフラの強靭化はもちろん，被災者の備蓄のあり方を見直し需要を少なくするなど，総合的視点からの策が必要であるとしている。

　山本（第12章）は，独自に開発した三段階のソーシャルメディアGISを紹介している。それらは，平常時における災害情報の蓄積を目的とするもの，災害発生時の避難行動支援を目的とするもの，復興時に複数地域間での情報交換を行うものである。現段階では，地域社会における本格的な実施運用にはまだいくつかの課題を残すが，減災マネージメントのIT化に向けた大きな可能性を提示している。

　朝倉と鎌田（第15章）は，観光客を災害時要援護者と同等の保護対象である一時住民とみなし，災害発生後に適切な処遇をするための「観光地のBCP」策定手順について提案している。ここには，被災地からの情報発信のあり方なども

含み，第1章で述べた風評被害の防止にも有効であると思われる。

　堂免（第16章）は，災害からの復興には，被災前のコミュニティの継承が重要であり，そのために，コミュニティレベルの自治組織による（復興）事業決定の関与を事前制度化することを提案している。同時に，その自治組織が，平時から地域の意見を集約するものとして健全に機能している必要があり，そのための支援策と併せて創設されることを求めているが，逆にいえば，従前強固なコミュニティの連携を保ちながら，復興過程でそれが崩壊してしまったようなケースの防止にこそ有効であろうと思われる。

　以上の各著者の提言は，読者の便宜を考慮し，索引的な意味合いを持たせて編者の権限で独断的に取りまとめたものであるが，誤って解釈している可能性や簡略化したことにより誤解を招く表現となっている可能性を否定できない。本編を精読して正確にご理解願えれば幸いである。

＜注釈＞

　　［1］　人と防災センター活動報告参照。

＜参考文献＞

　1）　寺迫剛：「集中復興期間最終年の復興庁－『司令塔機能』から『管制塔機能』へ」，『季刊行政管理研究』，No.150，pp.27-35（2015.6）

書籍のコピー，スキャン，デジタル化等による複製は，
著作権法上での例外を除き禁じられています。

自然災害－減災・防災と復旧・復興への提言－　　定価はカバーに表示してあります。

2017 年 9 月 15 日　1 版 1 刷発行　　　　　　ISBN 978-4-7655-1849-9 C3051

編著者　梶　　　　秀　　　樹

　　　　和　　泉　　　　潤

　　　　山　本　　佳　世　子

発行者　長　　　　滋　　　彦

発行所　技 報 堂 出 版 株 式 会 社

日本書籍出版協会会員
自然科学書協会会員
土木・建築書協会会員
Printed in Japan

〒101-0051　東京都千代田区神田神保町 1-2-5
電　　話　営　業　（03）（5217）0885
　　　　　編　集　（03）（5217）0881
　　　　　Ｆ Ａ Ｘ　（03）（5217）0886
振 替 口 座　00140-4-10
Ｕ Ｒ Ｌ　http://gihodobooks.jp/

ⓒ Hideki Kaji, Jun Izumi and Kayoko Yamamoto，2017

落丁・乱丁はお取り替えいたします。　　　　　装丁　ジンキッズ　　印刷・製本　昭和情報プロセス

JCOPY　＜（社）出版者著作権管理機構 委託出版物＞

本書の無断複写は著作権法上での例外を除き禁じられています。複写される場合は，そのつど事前に，（社）出版者
著作権管理機構（電話：03-3513-6969，FAX：03-3513-6979，E-mail：info@jcopy.or.jp）の許諾を得てください。